TAB Make Great Stuff!

Mc Graw Hill

[美] 科琳·格雷夫斯（Colleen Graves）
[美] 亚伦·格雷夫斯（Aaron Graves） 著
糜修尘 译

The Big Book of Space Projects

创客空间项目宝典

创客妙趣 "大" 项目 50例

人民邮电出版社
北京

图书在版编目（CIP）数据

创客空间项目宝典 ：创客妙趣"大"项目50例 /
（美）科琳·格雷夫斯（Colleen Graves），（美）亚伦·
格雷夫斯（Aaron Graves）著；糜修尘译. -- 北京：
人民邮电出版社，2019.8
　　（i创客）
　　ISBN 978-7-115-51431-8

　　Ⅰ．①创… Ⅱ．①科… ②亚… ③糜… Ⅲ．①电子产
品－制作 Ⅳ．①TN05

中国版本图书馆CIP数据核字(2019)第110136号

内 容 提 要

　　本书将带你走进"创客空间"，让你全面了解创客们都在做什么。书中包含各种有趣的制作项目，涉及简单电子制作、基础编程项目、手工乐器制作、电子织物制作、Makey Makey、可编程机器人、IittleBits、3D打印，等等。这些制作项目将带领读者学习各种软硬件知识，锻炼动手能力，同时还能提高他们的创新创造力，并最终帮助他们成为快乐的创客。

◆　著　　　　[美] 科琳·格雷夫斯（Colleen Graves）
　　　　　　　[美] 亚伦·格雷夫斯（Aaron Graves）

　　译　　　　糜修尘
　　责任编辑　魏勇俊
　　责任印制　彭志环

◆　人民邮电出版社出版发行　　北京市丰台区成寿寺路11号
　　邮编　100164　　电子邮件　315@ptpress.com.cn
　　网址　http://www.ptpress.com.cn
　　大厂聚鑫印刷有限责任公司印刷

◆　开本：880×1230　1/16
　　印张：16.25　　　　　　　　　　2019年8月第1版
　　字数：433千字　　　　　　　　 2019年8月河北第1次印刷
　　著作权合同登记号　图字：01-2018-2542号

定价：89.00元
读者服务热线：**(010)81055493**　印装质量热线：**(010)81055316**
反盗版热线：**(010)81055315**
广告经营许可证：京东工商广登字 20170147 号

关 于 作 者

    科琳·格雷夫斯（Colleen Graves）是一位对学习常见改进设计、创客教育、创客空间以及手工制作都十分热爱的图书馆主任。她为图书馆带来了充满激情的艺术能量。正是这股能量让她获得了2014年学校图书馆期刊（SLJ）与学校图书馆员年度联合入围奖，以及2016年图书馆期刊（LJ）行动与推动创新奖。她通过演讲和展示在全美积极推广创客空间和创客活动。

    亚伦·格雷夫斯（Aaron Graves）是一名有着18年丰富教育经验的学校图书馆员。他既是机器极客和科技鬼才，也十分热爱书籍。亚伦作为Good/Bad艺术家联盟中的一员，在联盟的很多经历使他更富创造力。他致力于通过演讲和展示推广图书馆、创客空间以及研究技巧。在业余时间，他还会写作、修复微型汽车或者是发明一些令人开心的小玩意！

感谢我的母亲，苏珊·普莱斯，感谢她教导我的一切东西，

它们都成为我前进动力的一部分，

同时也感谢她的独立和创新给我的激励。

科琳

感谢格伦·格里夫斯和C.F.艾利斯，

他们虽然作为"助手"，但教会和启发了我很多。

感谢你们分享自己的技能，

展现自己的技艺和创造力！

亚伦

致　　谢

如果没有在我们遇见困难、无法继续或仅仅是发牢骚的时候那些耐心倾听的创客，这本书也许永远都没法完成。

感谢杰伊·西尔弗（Jay Silver）和整个Makey Makey团队，感谢你们的发明套件给我（科琳）足够的创作信心来创造出够写一本书的全部设计！

我们还要感谢乔什·伯克（Josh Burker）提供的支持、鼓励和智慧。

没有杰夫·布兰森（Jeff Branson）作为科琳的"创客医生"，她在调试代码的时候不会这么顺利。感谢他长久以来提供的帮助。

感谢贝夫·鲍尔（Bev Ball）和齐洁（音译）给我们的鼓励和对我们的设计表现出的热情！（以及展示将艺术和工程完美地结合在一起给我们带来的启发！）

感谢电路大师马绍尔·加斯·汤普森（Marshall Garth Thompson）和肖恩·科尔普（Shane Culp）指引我们保持在正确的道路上！

向我们来自丹顿公立图书馆的"师傅"特雷·福特（Trey Ford）致以崇高的敬意，感谢他耐心地帮助科琳编写Arduino相关的代码。

感谢蒂姆·桑切斯（Tim Sanchez）向我们分享物理学的相关知识，以及如何将它们教授给广大读者。

感谢瓦尔（Val）和维芙（Viv）与我们一起制作不同的设计，并且给我们足够的时间写作。我们爱你们。

感谢同是作者的克里斯·巴顿（Chris Barton）和杰夫·赞特纳（Jeff Zentner）在我们写作过程中提供的帮助。

感谢迈克·麦克卡比（Michael McCabe）和整个McGraw Hill的编辑团队（以及帕蒂）激发出我们的全部潜能！在此之前我们从未想象自己能够完成一部书。是你们的编辑、校对和远见帮助我们完成了这个令人兴奋的计划！

最后，我们希望感谢所有购买本书的读者。我们希望书中介绍的各个设计能够激发你们实验、创造和学习新事物的信心。我们等不及想要看到你们创作出的伟大作品了！

目　录

第一章

创客入门

我们在写作本书时希望它能够成为创客们的工作手册。书中的设计将会带你了解"创客空间"的各种基本知识。即使没有任何创客经验，你也绝对能够在阅读本书之后完成其中超过一半的设计。在尝试过这些设计之后，你能够成为一名经验丰富的创客，然后就可以完成剩下的那些了！对于那些已经是资深创客的读者，你可以在书中找到一些只属于硬核玩家的乐趣！此外，你也可以享受帮助身边的初学者完成各种设计的过程，帮助我们传播创客运动。

不过有一点需要说明，我们并不鼓励照葫芦画瓢式的制作。我们希望你和其他的创客一起试着创造并完成书中的设计，然后用所学的知识来设计、创造出属于你的有趣发明！

任何人都可以根据说明来动手制作，但是作为创客，真正的目标应当是学习创造和在创造中学习。我们希望你能够学会这种思维方式，并且把它和书中的各种设计都变成你知识库的一部分。创造不仅仅是一种技能，也是一种习惯。这是你在懵懂时就有的行为，并且只需要一点点努力就可以重新学会它！对于那些觉得创造很困难的读者，书中的每个设计都搭配了一些挑战，这些挑战能够帮助你思考设计之外的内容，还能帮助你在完成设计之后进一步地创造。但是不要满足于此，在我们的设计基础上大胆地尝试创造，并且突破我们给你的指南，看看你能够将创意延伸到什么地步。这也是我们在每一章的最后设计一个终极挑战的原因之一。利用你获得的创作自信将每一章里学到的想法融合发明出一些全新的东西吧。

我们希望通过本书教会你各种必需的技术，并且充实你的创客工具箱，让你有能力设计、制作、改进和创造属于自己的东西。我们等不及想要看到你们创造出的产物了！我们对于你按照本书制作出来的设计会感到十分开心，但是我们更希望你在通过本书掌握了创造的基本概念之后能自己制作出令人惊奇的设计！我们希望看到你们的成果、创意和发明，因为这意味着你们也参与到了创客运动之中。学习新知识和回馈社区是创客运动的内核。相信在创客空间当中，创客们会共同学习、共同创造，这样能够帮助创客们累计创造自信。

分享

这是我们在书中介绍我们的 Twitter 和 Instagram 话题的原因。欢迎随时和我们联系，以及向全世界的创客社区分享你的设计。分享创意和给他人提供灵感是对全球的创客社区做出贡献的重要方法。你可以通过 #bigmakerbook 标签来分享自己的创意。

贡献你的创意

书中的许多设计已经被创客们制作了很多年了。我们并不声称自己是这些原始创意的发明者。

对于这些设计，我们研究并且比较了许多不同的教程，然后将它修改成适合所有水平创客的设计。举例来说，我们想要一个能够让创客空间的主持者十分简单地帮助学生制作吉他的项目。我们希望你能够很轻松地帮助学生在创客空间里完成这项设计。当我们在研究吉他制作的教学方案时，首先找到了几百个不同的用雪茄盒制作吉他的设计方案。但是其中大多数设计在我们自己的创客空间里制作时显得过于复杂，或是会耗费大量的时间。因此亚伦花了很多时间来检查和尝试各种不同的方案，并且最终创造出了一个我们认为能够让所有人动手完成的单弦吉他设计！我们试着向自己的学生教授这个设计方案，并且发现它十分成功，趣味十足。实际上在过去的几年当中，本书中的许多设计都已经在我们的图书馆教室当中验证过了。

教学提示

为了帮助创客空间的主持者教授创客，我们在每一章里都提供了许多教学提示。我们希望能够尽力避免让所有学生最后制作出千篇一律的作品。一个好的创客设计会给创新、创造力和独特性留出足够的空间！

书中的每个设计都可以以课程的形式进行讲授，课堂上学生能够在创造中学习知识，同时用知识来进行创造！作为创客空间的主持者，你也许会很想打印出详细的指南。但实际上，最好是让学生在玩耍和创造的过程中学习。你的作用应当是教授学生一些基本的技能，然后让他们自己进行学习和探索的过程。你需要做的是给他们提供鼓励创新和允许他们寻找不同解决方案的环境。

主持创客空间工坊，关键在于准备好充足的材料和工具，以及做好应对各种问题的准备方案。

我们在写作时尽可能地尝试了各个设计当中可能出现的错误，并且给出了对应的解决方案，但是如果你在实践过程中发现了我们没有涉及的问题……这是好事！排错过程能够锻炼你的毅力和创造耐性，这也是学生亟须培养的特性。实际上，排错能力（调试能力）是创客最重要的技能之一，并且在大多数情况下，犯各种不同的错误也许能让你学会和发明一些全新的内容。

动手制作吧！

我们在自己图书馆的创客空间里的主要目的就是让所有学生都能够参与到创造和制作的过程中。我们也会用同样的心态来对待每一位读者。勇敢向前开始创造吧！

安全提示

创造的过程很容易使人入迷，从而忽视各种安全事项。我们强烈建议你在完成每项设计的时候多花点时间，并且注意挑选合适的工具，因为安全永远是最重要的。如果你需要陪伴年龄较小的儿童进行制作，那么请注意强调安全的重要性。虽然我们鼓励年轻人自己动手进行创造，但是在创客活动中一定要照顾好年龄较小的孩子，穿戴合适的安全装备，并且教会学生使用各项设计里用到的工具。我们发现在遵守相应的安全注意事项时，学生们制作出的东西会更加优秀，因为他们会在设计上花费更多的时间和精力。同时在制作过程中也不要忘了休息，因为规律的工作习惯能够帮助你发现错误或者获得灵感。另外最重要的：一定记住使用结束后断开电烙铁的电源！

第二章

从低成本的小制作开始

这些初学者设计是我们精挑细选出来的，不管什么技术水平的创客都能够完成它们。此外，它们用到的材料也基本是日常生活中常见的事物。

设计1： 刷子机器人

设计2： 纸板竞技场

设计3： 自制回形针和夹子开关

设计4： 涂鸦机器人

设计5： 使用 littleBits 的画圆机器人

设计6： 用气球制作轨道车

设计7： 用气球制作气垫船

设计8： 通过气球推动的车 / 船

第二章的挑战

制作出能够动起来的东西！

设计1：刷子机器人

书中介绍的大多数机器人只要用日常的家用品就可以制作出来。你也许曾经见过别人制作的刷子机器人，现在是时候自己动手试试了。

制作时间： 10～15分钟

所需材料：

材料	描述	来源
日用品	鞋刷、电动牙刷、橡皮筋、橡皮擦、5号电池、胶带、充当偏心配重的橡皮擦或是胶棒	百货店
电池盒	单节5号电池电池盒	电子元器件商店、网上商城
鳄鱼夹测试线	带有鳄鱼夹的跳线	电子元器件商店、网上商城
绝缘体和接线端子	热缩管、扭转式接线端子、绝缘胶带、胶带	电子元器件商店、五金店

第一步：获得电机

你可以拆开电动牙刷或者小风扇来得到刷子机器人所需的电机（图2-1）。如果你使用的是电动牙刷里的电机，那么它本身就是不平衡的。仔细观察电机上伸出来的转轴，看看上面是否有一个使其稍稍偏离中心的配重块？如果有，那说明电机配备了偏心配重，意味着它可以直接用来制作机器人（图2-2）。如果你拥有的是风扇上的电机，那么你需要自己在电机上加上偏心配重来打破电机的平衡。

为什么我们需要打破电机的平衡呢？因为这样才会产生振动使你的机器人动起来！从技术上说，你并不需要拆开风扇就可以用它来制作机器人。你只需要折断某个叶片或是在某个叶片上添加类似于活页夹这样的配重，然后用大量的胶带固定住加上的配重（因为你需要防止它飞出来弄伤你！），并将整个风扇固定在鞋刷上就可以了。但是这样做的乐趣何在呢？所以还是找出你的尖嘴钳，从风扇里拆出电机吧（见图2-1）。

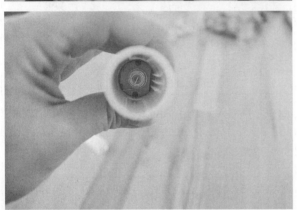

图2-1 从电动牙刷上拆卸电机

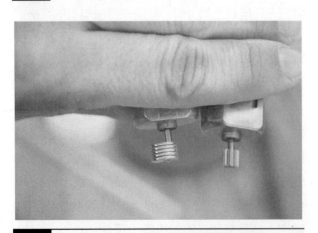

图2-2 偏心配重（左）。装有齿轮的平衡电机（右）

教学提示：如果你准备教授整个班级如何制作机器人，那么最好事先准备好所需的电机，但是可以保留一个完整的电动牙刷来向创客们展示如何通过日常物品获得电子设计所需的材料。你也可以介绍偏心配重会对电机产生的影响。这也是一个向创客们讲解偏心配重是如何改变物体重心，以及震动是如何使机器人运动的好时机！

第二步：加装偏心配重

如果你的电机没有偏心配重，或是只有一根光秃秃的转轴，那么你需要自己在转轴的末端添加一个不会影响电机转动的配重块。这个配重块可以是一小块胶棒，当然也可以用铅笔末端的一小块橡皮擦来充当配重块。这个配重块需要稍微偏离电机的中心，使电机产生足够驱动机器人的振动（见图2-2）。由这种偏离中心的重量产生的振动正是机器人脱离静止状态并在地板上移动的动力。

此外会影响机器人运动状态的还有刷子的朝向以及电池和电机固定的位置。如果你将电池固定在刷子正中间的位置，会出现怎样的情况？固定在两端又会怎样呢？这正是创造的乐趣所在。

第三步：固定电机和电池

由于我们使用的都是日常常见的材料，因此你可以在家里找找看有什么能用的素材。橡皮筋对于这个设计来说通常就足够了，不过如果你有热熔胶枪的话，也可以用它来固定你的电机，但是这样就不能实验各种不同的固定位置了。因此你可以先用橡皮筋来测试不同的固定位置，然后再拿出热熔胶枪进行最终的固定。在为本书进行研究的时候，我们在Exploratorium的网站上发现了一个很棒的改进方案，它使用了魔术贴来固定刷子机器人的电机，这样创客们可以更轻松的实验不同的固定位置。

教学提示：在教授学生制作简单的电子设计时，你也可以同时向他们介绍与电池相关的安全注意事项。你可以向学生介绍电路实际上就是有电子流动的闭合回路。电池是电路中电子的来源。在制作机器人时，这些电子能够在电路闭合之后驱动电机转动。因此在这里注意永远不要用鳄鱼夹测试线把电池的正极和负极连接起来，因为这样会使电池短路。短路会使电路在短时间内流通大量的能量，从而导致电池过热，甚至出现燃烧或者爆炸。在制作完成之后，保存时需要将机器人上的电池都断开并恰当地储存起来。

图2-3　制作导线（续）

第四步：制作鳄鱼夹导线

我发现在这个设计当中，由于并没有使用开关，因此你只需要通过是否在电机上夹上鳄鱼夹就可以很方便地控制机器人的开关了。所以首先我们需要将一根鳄鱼夹测试线从中间对半剪开，然后将得到的两根导线在剪开的地方剥去一些绝缘层暴露出里面的铜线。然后用扭转式接线端子把铜线接在电池盒上（见图2-3）

第五步：给机器人接线

现在是时候给机器人接线了！但是，我们不希望机器人在准备好之前就动起来，因此我们可以用胶带自制一个简单的开关。你只需要将一小片胶带对折然后放在电池正极与电池盒上的触点之间即可。当然你也可以用其他任何不导电的物质来替代胶带充当简易的开关（见图2-4）。现在我们就可以将电池盒和刚才制作的导线连接起来了，电池盒的两端各需要连接一根导线。不过它们之间并没有对应关系。你可以将电池盒上的导线和剥出来的铜线扭在一起，然后在另一端重复这个操作。为了尽可能减少裸露出来的铜线，你可以在连接处用热缩管将它包裹住；如果你的电池夹已经连接了导线的话，你也可以利用接线端子将它和带有鳄鱼夹的导线连接起来

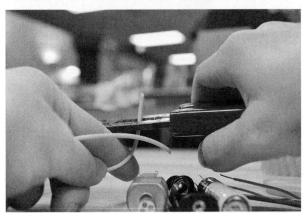

图2-3　制作导线

图2-4　用胶带充当开关

（见图2-3），然后用鳄鱼夹夹在电机的金属触片上。通常情况下，夹子连接的方式会决定电机转动的方向。

教学提示： 创客们在第一次使用电池的时候通常都会担心是否会触电。但是对于普通的5号和7号干电池来说，触电的风险是很小的，因为皮肤导电性是很差的。虽然在同时接触电池的两极时会产生由电池流向身体的电流，但是这个电流的大小通常不能让人体感受到。

第六步：启动机器人

是时候了！将你的机器人和其他人制作的机器人一起放在纸板竞技场上（制作方法在下一节），然后取下胶带开关让机器人动起来（见图2-5）吧！如果发现机器人的速度不够快或者在原地绕圈子，你可以轻轻推动机器人，或者是尝试修剪刷毛（见图2-6）。如果你还是对机器人的运动不满意，那么可以尝试着变更电机或者电池的固定位置。只有最强壮的刷子机器人才能赢！

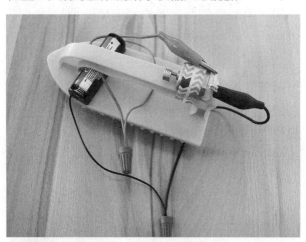

图2-5　组装好的刷子机器人！

挑战

- 如果在机器人上安装两个由同一个电池驱动的电机会发生什么情况？用两个电池驱动同一个电机呢？
- 修剪刷毛的角度会对机器人产生怎样的影响？

- 如果对调电机上的夹子，会对机器人产生怎样的影响？哪个方向的效果更好？
- 如果你的刷子有一头是方形的，那么怎么改装才能让它不会卡在墙边呢？
- 多试几种不同的刷子，看看哪种刷子的效果最好？

exploratorium.edu/tinkering上介绍了更多与刷子机器人有关的创意。

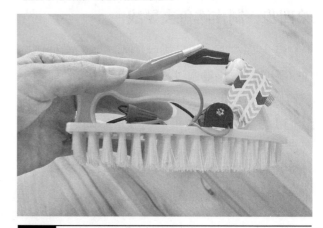

图2-6　修剪刷毛

设计2：纸板竞技场

制作时间：15～30分钟

所需材料：

材料	描述	来源
可回收物	大硬纸板盒和一次性筷子	回收物箱
办公用具	布胶带或包装胶带	办公用品店
工具	美工刀、尺子、记号笔	百货店

第一步：找一个好盒子

首先你需要一个大盒子，它需要尽可能长，尽可能宽，但是不用特别高。我们需要盒子能够提供一个巨大的平面供机器人战斗。盒子的侧壁只需要有8cm高，因此你可以将高出8cm的部分都剪下来裁成8cm宽的长条，然后用它们来规划机器人能够行进的轨道（见图2-7）。

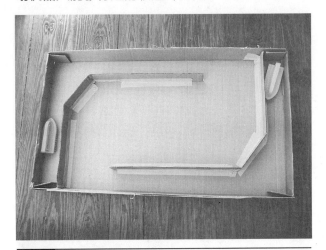

　长而宽的纸板竞技场

第二步：使用胶带

如果需要的话，可以用胶带加固盒子的边角。然后用胶带将裁剪成长条的纸板粘贴在离纸盒边10cm的位置（这个宽度使机器人不会掉头，而是由振动推动着一直向前）。纸片需要与纸盒的边缘完全平行，同时垂直于纸板的底面（见图2-8）。

图2-8　轨道的宽度需要适合机器人的大小

第三步：制作弯角

接下来你需要在侧面离顶部四分之一的位置制作一个让机器人转弯的钝角（见图2-9）。

图2-9　粘贴纸片来制作钝角

第四步：镜像对称

在纸盒的另一侧制作一个镜像对称的轨道，使得对手的机器人也有前进的道路。

测试

- 先用两个机器人进行一次测试，看看在中间没有障碍物的情况下它们的运动轨迹是怎么样的？
- 根据测试的结果，你可以在它们通常不会到达的地方制作一些陷阱。（这样机器人就需要将对方推到陷阱里来获胜。）

教学提示：在制作纸板竞技场之前，你需要让学生了解刷子机器人的行进方式，你可以通过观看视频或者是动手制作的方式进行介绍。在学生们掌握了刷子机器人的运动模式之后，你可以让学生组成3～4人的小组来协同制作竞技场。一起完成竞技场之后，他们就可以用刷子机器人在自己制作的竞技场里比赛了。

障碍物和陷阱

第一步：厄运之坑

　　将竞技场垫高，这样就可以在底部挖坑来困住机器人（见图2-10～图2-12）。我们挖的是一个圆形的坑，并且开口像切比萨饼一样，这样能更容易地困住刷子机器人。

图2-10　垫高的竞技场

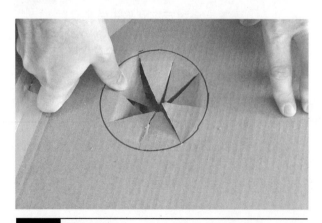

图2-11　厄运之坑

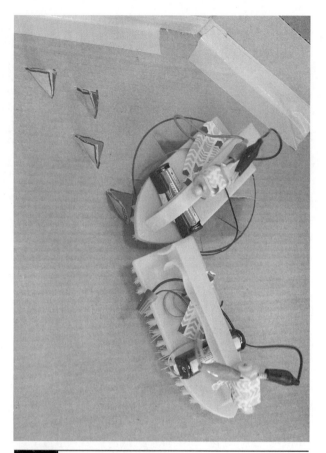

图2-12　陷在坑里的刷子机器人

第二步：障碍物

　　在纸板上剪出牙齿状的障碍物来妨碍对手的机器人，这些障碍物也可以防止机器人掉进厄运之坑里（见图2-12）。你也可以制作可转动的陷阱来旋转或者捕捉刷子机器人。制作可转动陷阱的材料只需要一根筷子、胶带和L形的纸板就够了。用铅笔在纸板上扎出固定筷子的孔，然后将筷子穿过两片纸板固定住，这样转动陷阱才比较稳固（见图2-13）。

挑战

- 试试看能不能制作出带有两个钝角和两个锐角轨道的竞技场。
- 利用创客空间里的物品来制作一些陷阱。试试看利用各种可回收物能够制作出哪些不同的陷阱？

- 试着制作一个让机器人按照特定路径前行的角斗场？
- 能不能制作出一个纸板迷宫让机器人尝试通关？

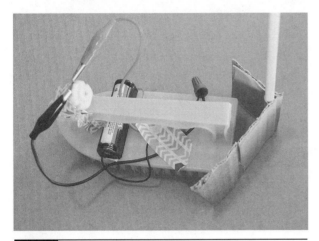

图2-13 困在陷阱里的刷子机器人

设计3：自制回形针和夹子开关

制作时间：5～10分钟

所需材料：

材料	描述	来源
可回收物	塑料餐盒、硬纸板	回收物箱
办公用品	金属回形针、双脚钉	办公用品店
开关	牙刷或者其他日常用品当中的开关	废弃物抽屉

制作回形针开关

第一步：剪一小片长方形的塑料片（也可以用硬纸板，但是记住，开关上是会通电的。因此塑料是更安全的选择）。

第二步：在塑料片上用美工刀割开两个小口用来穿双脚钉。

第三步：将双脚钉穿过塑料，然后用一个双脚钉固定住回形针的一端。记住电流会寻找最短的路径流通，因此你需要按照图2-14那样固定回形针。

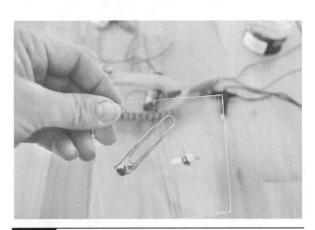

图2-14 自制回形针开关

第四步：将电池盒一端的导线通过鳄鱼夹测试线正常接在电机上。

第五步：将电池盒上没有连接电机的导线压在回形针和双脚钉之间（见图2-15）。

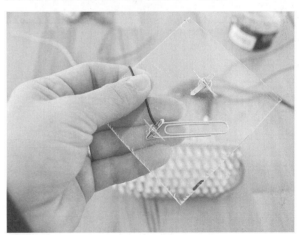

图2-15 将电池另一端的导线固定在自制开关上

第六步：将剥线之后的鳄鱼夹测试线固定在另一个没有接触回形针的双脚钉上（见图2-16）。

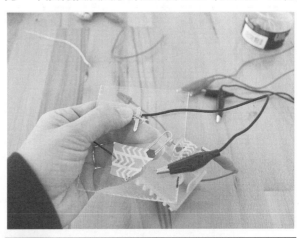

图2-16 将鳄鱼夹测试线剥线的一端固定在开关上

第七步：用胶带将双脚钉和导线固定住，然后将鳄鱼夹夹在电机上。现在刷子机器人只有在回形针与双脚钉触碰的情况下才会开始工作（见图2-17）。

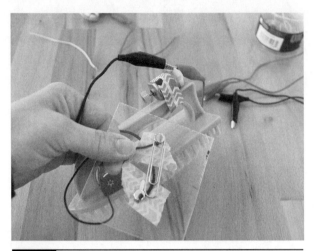

图2-17　完整的自制开关

回收利用现有的开关

还记得我们拆开的那个电动牙刷么？它里面肯定会带一个开关，为什么不把它也用上呢？按照接下来的说明，你可以轻松地重复使用一个开关来控制你的刷子机器人。

材料	描述	来源
电动牙刷的零件	弹簧、开关底座、电池、电池盒	百货店
办公用品	胶带、橡皮筋、铅笔	办公用品店
工具	尖嘴钳	五金店

第一步：检查开关的结构

首先，我们需要将开关的底座和电池盒按照它们在牙刷里的结构组装起来（见图2-18）。确保开关侧面的金属片互相接触。

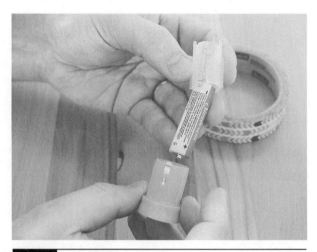

图2-18　组装开关

第二步：固定连接

然后用胶带或者橡皮筋将侧面触碰在一起的金属片固定住，使它保持持续触碰的状态。这样延伸到电池盒底部和顶部的金属片就会持续接触电池的正极（见图2-19和图2-20）。

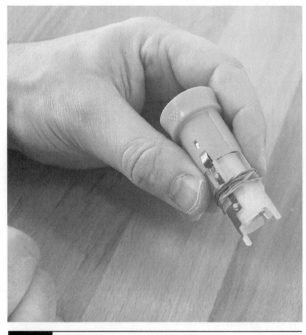

图2-19　用橡皮筋固定住开关的连接

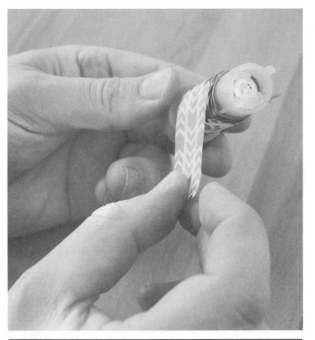

图2-20　用胶带进行进一步的固定

图2-21　重新绕制弹簧

第三步：弹簧

接下来，你需要用牙刷中电机和电池之间的弹簧来制作电池负极的触点。这个弹簧在从牙刷中拆卸电机的时候通常会被拉得很长；你可以用筷子或者铅笔重新绕制一个弹簧（见图2-21）。这个弹簧并不需要十分精密，只需要保证它有一定的弹性以及足够触碰电池负极的长度，并且能用橡皮筋固定住即可。最后在用橡皮筋纵向固定整个开关时可能需要多绕几圈，同时尽量避免影响底部开关的运作。

第四步：接线和测试

现在可以测试电池组了。将一根鳄鱼夹测试线夹在电池的正极上（即图2-22中的红色夹子），然后将另一根测试线夹在电池的负极上（即图2-22中的黑色夹子）。然后将两根测试线都接在电机上。拨动电池组底部的开关，观察电机是否开始转动。如果电机没有开始转动，检查电池的负极和弹簧之间是否互相接触，以及检查电池盒侧面的两个金属片是否互相接触（见图2-23）。

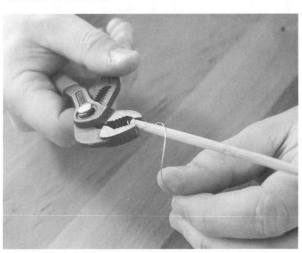

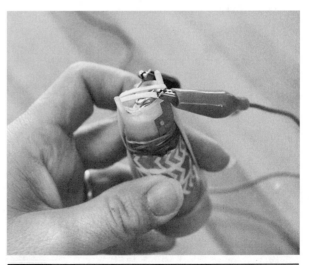

图2-22　在开关上夹上夹子

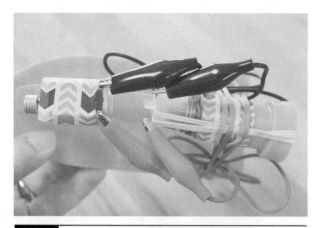

图2-23　刷子机器人和重复利用的开关的完整接线图

设计4和5：涂鸦装置

画画很有趣，不过既然我们已经学会了制作简单的机器人，就让我们试着用上这些新学的知识吧。接下来我们要介绍的两种涂鸦机器人都只需要简单的电机和记号笔来进行制作。

设计4：涂鸦机器人

在玩腻了刷子机器人之后，你可以重复利用所有的材料来制作一个能够帮你画画的机器人！也许画出来的东西没有那么美妙，不过这个涂鸦机器人绝对能给所有人都带来乐趣。

制作时间：10～15分钟

所需材料：

材料	描述	来源
日用品	塑料杯或其他塑料容器、胶带、记号笔、橡皮筋、电动牙刷、5号干电池	百货店
可回收物	塑料杯、可回收餐盒、记号笔	回收物箱
电池盒	单节5号电池盒	电子元器件店
测试线	鳄鱼夹测试线	电子元器件店
绝缘体（可选）	热缩管、小号扭转式接线端子、绝缘胶带、胶带	电子元器件店五金店

第一步：给机器人装上能画画的脚

挑一个杯子或者其他的塑料容器，用胶带在它的内侧或是外侧固定三到四根记号笔。确保记号笔牢牢地固定在杯子上，这样电机的震动才能传导到记号笔上。如果记号笔没有固定住，那么很可能会松脱，然后你的机器人就动不了了。

第二步：固定电机和电源

将电机用胶带固定在杯子的顶部（见图2-24），使偏心配重悬在杯子的边缘。但是注意不要使用过多的胶带，因为胶带会影响电机的震动，进而影响机器人的运动。在电池盒里装上干电池，然后同样用胶带把它固定在杯子顶部剩余的空间上。如果容器够大的话，你可以用大量的胶带把电池盒牢牢地固定在容器的顶部。在实验确定了合适的固定位置之后，同样可以用热熔胶枪将电机和电池盒彻底固定住。

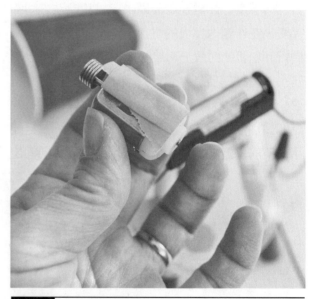

图2-24　用胶带固定电机

第三步：接线和绘画

将一根鳄鱼夹测试线从中间剪成两半，然后在导线的末端各剥去5mm左右的绝缘层（或者是重复利用在制作刷子机器人时制作的导线）。利用扭转式接线端子将制作的导线和电池盒的导线连接在一起。准备好之后，在桌面或者地板上铺上一张大纸，然后将夹子夹在电机的触点上即可（见图2-25和图2-26）。（你也可以按照我们之前介绍的方法自制一个开关，这样你的机器人会像图2-27里那样拥有充足的动力！）

教学提示：在课堂上介绍的时候，你可以把整

张桌子都用纸盖住，这样各个小组之间就可以一起作画了！年龄较小的创客在剥线时可能会需要帮助，而对于一大群创客，如果时间有限的话，事先准备好所有的导线也是一个不错的选择。如果在课堂上跳过了某个步骤，请一定记得向他们展示这一步是如何完成的，例如剥线的操作方式以及所用到的工具。

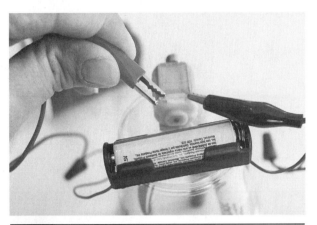

图2-25　用鳄鱼夹连接电机

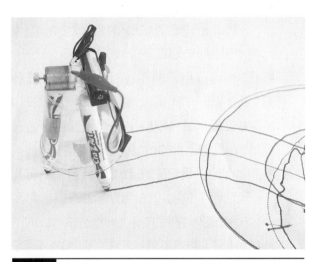

图2-26　涂鸦机器人的艺术

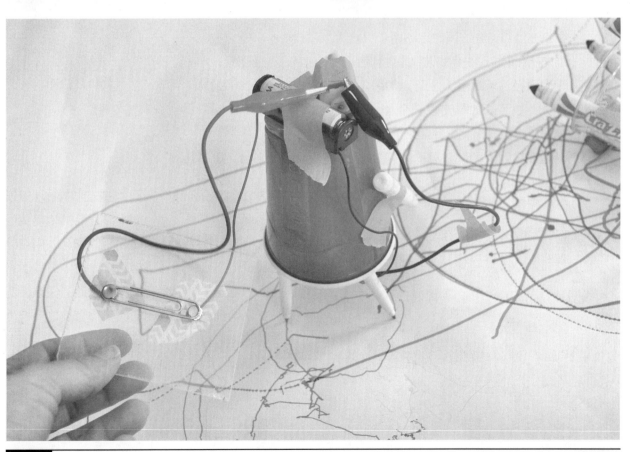

图2-27　加上自制的开关

挑战

- 怎样让机器人画一条直线？
- 试试看在机器人动不了之前最多能在杯子上面固定多少根记号笔？
- 怎样让机器人画出虚线？
- 用记号笔或者筷子将两个机器人连接在一起。最先翻倒或是停止运动的机器人就算输！（见图2-28。）
- 你也可以用它来充当相扑机器人。先在纸上画一个大圆，然后将机器人放在中央位置。最先被推出圆的范围或者自己走出圆的范围的机器人就算是输了。
- 你也可以用它来充当拔河机器人，首先确定两个机器人各自的前进方向，然后分别在它们的后方夹上一根测试导线的两个夹子。在测试导线的中央位置粘一段胶带作为标记，同时在桌面上画出起点线。接着在离起点线15cm的位置画两根平行线来充当终点线。同时启动两个机器人，谁先把标记拉过终点线谁就是胜利者。
- 想想看在涂鸦机器人上可以加装怎样的开关？你可以试着安装一个littleBits遥控开关（在下一节里会介绍），这样就可以遥控机器人了！注意：你需要搭配使用littleBits电机并且自己给它加装一个偏心配重。

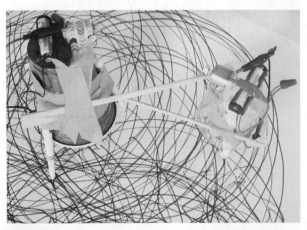

图2-28   正在决斗涂鸦机器人

设计5：使用littleBits的画圆机器人

制作时间：10～15分钟

所需材料：

材料	描述	来源
littleBits套件	电源组件（p1）、遥控触发组件（i7）、接线组件（w1）、直流电机组件（o5）*	littleBits.cc
45转黑胶唱片和转接头	不要用崭新的黑胶唱片或是家里收藏的珍贵唱片	二手市场
小号塑料扎线带	15～20cm长的塑料扎线带	五金店
遥控	电视机、投影仪或其他电器的遥控	客厅
工具	记号笔、尺子	学校或是办公用品店

*表示可选项。如果你不想用遥控而准备自己制作开关来控制机器人，那么可以选择下面这些素材：开关电路所需的电源、按钮开关（i3）、滑动调光器（i5）、红外LED（o7）等。

第一步：测试电路

这个电路由电源、i7遥控触发组件、w1接线组件、o5直流电机和MotorMate电机转接头组成。在组装完littleBits组件之后，你可以用红外遥控测试电路是否能够正常工作。首先你需要连通电路的电源，然后就可以按遥控上的任意按钮来触发i7组件让电机开始工作了！在按住遥控上的按钮时，它会让i7组件连通电机和电源，使电机开始转动（见图2-29）。

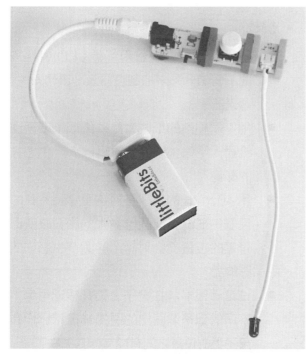

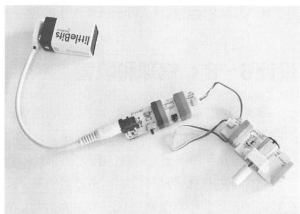

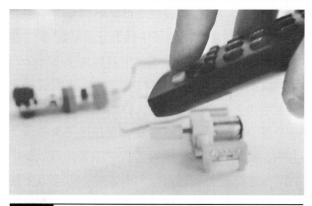

图2-29　littleBits遥控电路和接收器电路

第二步：将Bits电路固定在尺子上

剪一小片硬纸板，将它放在o5直流电机下方

的bits组件接口之间，这样能够防止接口弯向中央。然后将电机的转轴与尺子上15cm标尺的位置对齐（如果尺子较长你可以固定在离中央位置2.5cm的位置）。接着用两根塑料扎线带将电机固定在尺子上。在这里你需要注意让塑料扎线带的结朝向桌面，因为画圆机器人需要它们来充当转动的支点。确定扎线带的结位于尺子的下方之后，修剪右侧的扎线带，留出5mm的长度。这样它就能够充当画圆机器人的一个支点（见图2-30）。对于左侧的第二根扎线带，修剪的时候离结的位置留出3mm的长度，这样它就不会影响画圆机器人的转动了。然后用w1接线组件连接电机组件和i7遥控组件的另一端。最后，将电源也固定在尺子上，同时连接电池和电源线。在这里我们将电源组件固定在了电池上，然后用橡皮筋将电源部件和电池固定在尺子上20cm标尺的位置上。

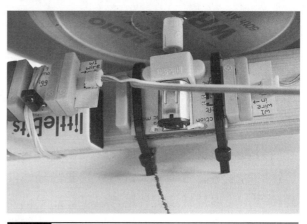

图2-30　靠扎线带支撑的尺子

第三步：放上唱片

在Motor Mate转接头上装上一片45转黑胶唱片，然后再把转接头装在电机组件的转轴上。在进行测试的时候，我们发现使用不需要唱片转接头的唱片效果比较好。如果你的唱片上有塑料的45转唱片转接头，用胶带将它固定在Motor Mate转接头上。固定之后，将尺子倾斜过来使唱片接触到纸面，同时用扎线带的结支撑住尺子。

第四步：记号笔和调节平衡

将一根大号的记号笔固定在尺子上没有固定电路的那一端。这样记号笔就能够平衡另一侧电池和电路的重量。调节记号笔的位置，使它的笔尖刚好能触碰到纸面。同时也可以调节电路和电池的位置来使整个机器人保持平衡。要画出一个完美的圆，你需要反复实验和调整两者的位置来获得完美的平衡（见图2-31）。

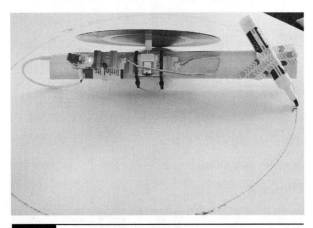

图2-31 完成后的机器人

第五步：按下按钮

见证奇迹的时候到了。按下遥控上的按钮，然后看着你的机器人开始缓缓转动。当然它在运行的时候可能会卡住，这时候只要轻轻地推动尺子，让唱片继续旋转就可以了。如果机器人完全没有运动，那么回到第二步检查扎线带的平衡是否正确，以及到第四步检查记号笔和电路之间的平衡。必须确保最终尺子的两端能够保持平衡。

教学提示：在课堂上介绍的时候，你可以考虑组织一场利用littleBits制作艺术机器人的比赛，然后看看学生们能够发挥想象力创造出怎样的画图机器人！看看它们能想到用怎样的方式来制作出画圆机器人？如果用littleBits的部件来改造我们的涂鸦机器人又会怎样呢？能不能让它画出完美的圆呢？

挑战

- 不要用遥控，试着用红外LED组件搭配不同的开关来控制机器人（滑动开关、调光器等）。
- 用不同种类的纸或者是硬纸板垫在画圆机器人下面。这样会对机器人产生怎样的影响？
- 用40cm长的尺子替换这里25cm长的尺子，试试看能画出多大的圆？改变记号笔的位置又会对画出的圆产生怎样的影响呢？
- 试试看最多能在尺子上装几根记号笔？不同的记号笔画出的圆的半径和它们在尺子上的位置之间有没有什么关联？
- 怎样才能让机器人画出一个虚线的圆？

设计6~8：气球和吸管

你肯定看过别人在吹气球的时候，刚给气球吹满气，在绑口的时候却一不小心松手了，这时气球会立刻从手中飞出，然后在房间里四处游荡，因为它内部的气体会从开口的地方喷射出来。那么我们能不能想个办法利用气压带来的动力，来制作轨道车、气垫船甚至是推动玩具车呢？接下来的几个设计里都用到了牛顿第三运动定律："对于一切作用力，一定存在一个与其大小相等、方向相反的反作用力"。要利用空气（或者说相对作用定律）产生的推进力，我们需要让空气通过一个更小的开口或者是喷嘴。而在接下来的设计当中，我们只需要一根可弯折的吸管就可以集中利用气球的动力。在开始创造之前，你可以先尝试一个简单的实验。用橡皮筋将气球固定在可弯折吸管较短的那一侧。然后给气球吹满气，接着松开它。看看这时它和没有固定吸管的气球有什么不同？接下来的设计当中你就可以用上这里的气球知识了！

设计6：用气球制作轨道车

制作时间：5～10分钟

所需材料：

材料	描述	来源
日用品	可弯折吸管、气球、透明胶带、橡皮筋	百货店
绳子	尼龙线、单丝线	手工用品店
纸张（可选）	用来给气球加上翅膀，或是试验一些其他的改进	学校或办公用品店

第一步：在气球上固定吸管

要做的第一件事是在气球里固定一根吸管，这样在把气球固定到绳索轨道上之后就可以通过吸管给你的气球引擎吹气了。拿一根吸管，然后在较长的那一侧离中间可弯折部分5cm的地方剪断。然后将吸管放进气球里，使可弯折的部分位于气球的开口位置，然后用橡皮筋固定气球的开口。注意橡皮筋最好多绕几圈，这样固定的会比较牢（见图2-32）。试着通过吸管给气球吹气，这样可以测试吸管固定的是否牢靠。如果气球充不上气，那么说明橡皮筋还不够紧，你也可以在开口处绕上几圈胶带。

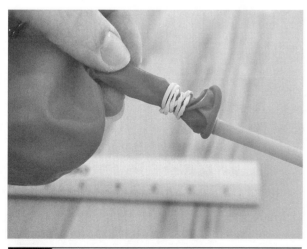

图2-32　放进气球的吸管

第二步：把气球固定在轨道上

现在是时候控制气球里的气压，并且把气球固定在绳子做成的轨道上了。首先剪下另一根吸管上较长的那一段，然后将它和气球上伸出的吸管对齐（见图2-33）。用胶带将两根吸管固定在一起，但是注意胶带不要绕得太紧，因为可能会使气球动不起来。注意之前固定在气球上的那根吸管一定要保持气流畅通，同时第二根吸管要能够在轨道上自由运动。你需要用钓鱼线、尼龙绳或者其他表面光滑的细线来作为轨道，将它从第二根吸管当中穿过即可。然后将细线的两端用胶带固定在墙上或是绑在椅子上，尽可能地让细线保持水平和紧绷。

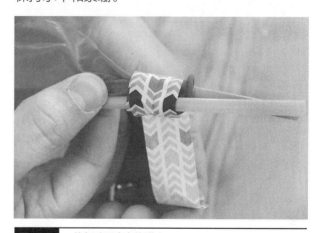

图2-33　将气球固定在轨道上

教学提示：每两名学生可以共用一条轨道。他们的轨道车在完成之后可以在轨道上互相对决。同时注意不要让学生共用气球，因为我们需要分享的只是想法而不是细菌！

第三步：测试

接下来才是最有趣的部分，将气球轨道车放在轨道的起点上，然后通过第一根吸管给你的气球吹满气（见图2-34）。然后松嘴看看它会怎么样！你的气球动起来够快吗？是在开头还是是结尾的时候运动的更快呢？你能做的远不止这些。试着完成以下这些挑战，看看你能从中学到些什么。

图2-34　启动引擎！

挑战

- 你的气球轨道车能飞多远？你可以试着不固定绳索，而是找个朋友拉着绳索站远一点，看看气球能够飞多远。

- 你的气球能不能向上飞呢？改变轨道的角度，看看这样会对气球的运动产生怎样的影响。

- 如果用两个气球来制作轨道车会产生怎样的影响？让两个气球互相对撞呢？

- 试着在气球上添加翅膀（纸飞机）让它在轨道上旋转。

- 用不同尺寸的吸管将气球固定在轨道上会有怎样的影响？

- 在给气球吹气之后试着用胶布限制空气流出的速度。这会对气球轨道车的性能产生怎样的影响？

设计7：用气球制作气垫船

制作时间：5～10分钟

所需材料（见图2-35）：

材料	描述	来源
日用品	可折吸管、气球、橡皮筋	百货店
手工用品	橡皮泥、热熔胶枪、热熔胶棒	手工用品店
盖子	直径大约2.5cm的塑料瓶盖，可以从饮料瓶、牛奶盒、矿泉水瓶上得到	回收物箱
光盘或是唱片	旧光盘或45转唱片	家里的唱片收藏

图2-35　唱片气垫船的材料

第一步：制作空气流通的轨道

首先，挑选一个合适的瓶盖！一般大牛奶盒上的瓶盖刚好和45转唱片匹配，而饮料瓶或者矿泉水瓶的瓶盖则很适合用在旧光盘上。如果瓶盖自身是可以开合的，那么你就可以通过开合瓶盖来控制气流，可以跳过第二步。如果只是一般的瓶盖，那么就需要在上面钻一个孔，你可以使用直径5mm的钻头或是美工刀在瓶盖的中央开一个孔。注意在开孔的时候用尖嘴钳或者夹子来固定瓶盖，不要用手握住瓶盖（见图2-36）。

图2-36　钻一个孔

第二步：放置吸管并密封瓶盖

现在你需要做的是考虑最终完成的设计想要保存多久的时间。橡皮泥的密封效果很不错，但是它们会随着时间流逝逐渐干燥，这时就会开始漏气。热熔胶则是效果更持久的解决方法，但是它并不适用于所有年龄和技术水平的创客。将一根吸管穿过通孔，然后用橡皮泥（见图2-37）或者是热熔胶封住吸管和瓶盖之间的缝隙（见图2-38）。固定了吸管之后，将它超出瓶盖底部的部分全部剪掉，同时使它伸出瓶盖的部分有大约5cm长。

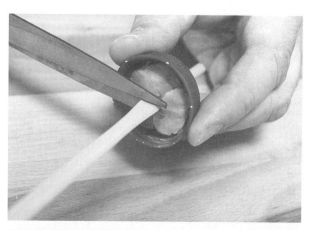

图2-37　用橡皮泥固定

图2-38　用热熔胶固定和填充缝隙

第三步：固定气球

将气球套在吸管上，然后用橡皮筋将气球固定在吸管上。如果你的瓶盖是可开合的，那么将气球套在可活动的那部分上，然后用橡皮筋固定住气球。确保你可以随时开合瓶盖来控制气球的漏气。给气球吹气测试固定气球的位置是否漏气。

第四步：固定悬浮碟

现在你需要将气球固定在光盘或是黑胶唱片充当的底座上。

- 橡皮泥。如果准备用橡皮泥进行固定，那么你需要用到一条长度和瓶盖周长相等的橡皮泥。用这条橡皮泥在光盘或唱片上绕成一个圆，然后将瓶盖用力按在橡皮泥上。然后再用另一条稍长的橡皮泥沿着瓶盖的外沿绕一圈，并用力压实。
- 热熔胶。沿着瓶盖底部挤一圈热熔胶，然后将瓶盖对准光盘的中央用力按下。放置使热熔胶自然冷却，然后再用热熔胶沿着瓶盖的边缘进行加固（见图2-38）。

第五步：浮起来！

给气球吹气，然后将光盘或是唱片放在地板

上，让固定了气球的那一面朝上。随着气球开始出气，你会发现空气会沿着光盘的表面流出。这样会产生使光盘和气球悬浮起来的升力。这时候轻轻地推动光盘，你会发现它能像冰面上的冰球一样开始滑动（见图2-39～图2-41）。

图2-39　使用橡皮泥固定的气垫船

图2-40　使用热熔胶固定的气垫船

图2-41　用唱片做成的气垫船

教学提示： 使用热熔胶对于一部分学生来说不是问题，但是在使用之前一定要介绍使用方法和注意事项。根据学生的年龄和动手能力来判断怎样才是安全的！如果学生只有学前班水平，那么肯定没有办法正确使用热熔胶，不过你可以让他们观察热熔胶的工作方式。你可以设立一个粘贴工作站，这样可以监督或是帮助学生使用热熔胶，并且可以借这个机会介绍热熔胶枪的工作原理，以及为什么它很危险！

挑战

- 这个设计当中空气只产生了升力。那怎样制作一个能够推动自己前进的气垫船呢？
- 使用一般大小的气球能让多大的碟片浮起来？如果用飞盘或者纸碟能不能得到相同的效果？
- 怎样制作一个能够搭载负重的气垫船？可以使用零钱或胶带来测试你的气垫船

最多能够承载多少重量。

- 改变所用气球的大小会对气垫船的性能产生怎样的影响？
- 气垫船所在的地面是否会对其性能产生影响？在不同地面上气垫船的性能是否有差别呢？效果最好的表面是什么？这是否是气垫船并不常见的原因？

设计8：通过气球推进的车/船

制作时间：10～15分钟

所需材料（见图2-42）：

材料	描述	来源
日用品	可折吸管、气球、橡皮筋、胶带	百货店
手工用品	橡皮泥、热熔胶枪、热熔胶棒	手工用品店
轮子	饮料瓶和光盘	回收物箱
车体和船体	没有开孔的塑料餐盒、硬纸板、各种大小的塑料瓶	回收物箱
动力轴	筷子、铅笔、竹签、牙签	回收物箱
玩具车	质量较轻（重要！！！）的玩具车	玩具箱
工具	锤子、钉子、废木板	五金店

第一步：准备气球

这两个设计和之前的气垫船与轨道车很类似，因为它们都利用了相互作用力定律来获得前进的动力。和之前的设计一样，你需要用橡皮筋将气球固定在可折吸管较短的那一侧上。但是现在不要急着修剪吸管的长度，在决定使用何种车体或是船体之后再来将吸管修剪至合适的长度。

图2-42　气球车/气球船的材料

第二步：挑选合适的车体或船体

　　塑料瓶、小塑料盒，或者是硬纸板都可以用来充当气球车的车体。当然你也可以改装现有的玩具车；如果决定这样做，尽量使用重量较轻并且车轮较为光滑的玩具车。当然玩具车也需要有一定的体积，这样才能够将吸管用胶带或热熔胶固定在上面。对于气球船，你可以用塑料瓶或是塑料餐盒来充当船体（见图2-43）。如果你准备制作一艘气球船，那么可以直接跳到第四步。

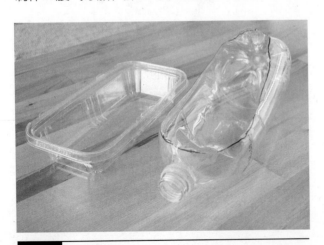

图2-43　塑料船体

　　教学提示： 如果参与课堂的是年龄较小的孩子，并且准备制作一艘船，那么可以重复利用塑料餐盒或者小托盘，这样学生们就不用自己动手将瓶子切成两半了。这样既能够节省时间，也能够确保学生的安全。

第三步：制作车轮

　　如果你准备从零开始制作一辆气球车，那么乒乓球和瓶盖都可以用来充当车轮。用钉子在瓶盖的中间开一个孔，这样才能够将它们固定在筷子或是竹签上。然后将筷子或是竹签套在吸管里来充当车轴（见图2-44）。你也可以使用小号的木质锭子，不过这时可能需要在筷子上用胶带固定住车轮（见图2-45）。制作车轴时，剪出两段比车体宽度长2~3cm的吸管（见图2-46）。然后将吸管分别固定在车体离前端三分之一长度和离后端三分之一长度的位置。（这个位置并不是固定的，你可以自己试验来决定合适的位置。但是如果车轴之间距离太近的话，车轮可能会互相碰撞。）先将一个车轮穿在竹签上，然后将竹签穿过吸管，确定竹签的长度。接着修剪竹签至合适的长度，将它重新穿进吸管内，接着在另一端穿上另一个车轮。重复这一过程直到前后四个轮子都固定完成（见图2-47）。

图2-44　穿在筷子、竹签车轴上的轮子

图2-45　用胶带来减少打滑

图2-46　剪一段比车体稍长的吸管

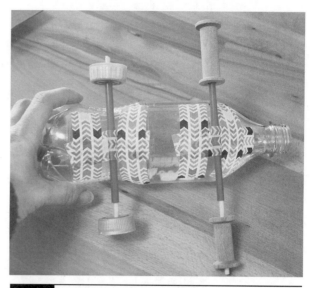

图2-47　固定在车体上的车轴和车轮

第四步：安装内置的推进系统

由于这里没有用到电机，因此我们需要用一个气球来充当汽车或是船的推进系统。先按照我们之前介绍过的方法将气球固定在一根吸管上，并且用橡皮筋固定住防止漏气。检查确定气球不会漏气之后，将气球固定在车上，确保吸管朝向车体的后方并且有一段超出车体，这样小车前进的方向才是正确的，我们给气球吹气也更方便！当气球里的空气从车体后方喷射出来的时候，你的车或船就能向前运动了。

在制作气球船的时候，你需要确保船体里有足够的空间来用胶带固定你的气球引擎（参照图2-48里纸板上气球的固定方式），然后在船体上需要伸出吸管的地方开一个小口。你不需要用一个完整的平台来充当船体，也可以像图2-49里那样使用一个完整的饮料瓶，图中伸出来的吸管刚好可以保持气球的平衡。当然最重要的是最终入水的时候吸管需要在水中，这样空气喷进水里产生的推进力才能够推动船体前进！如果在船体上开了洞，那么一定要用橡皮泥或是热熔胶进行密封，这样才不会漏水！注意橡皮泥只能够在船体的内侧进行密封（见图2-50）！

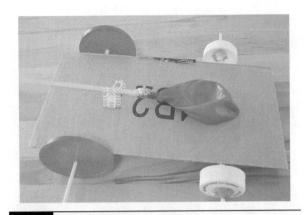

图2-48　气球推动的车

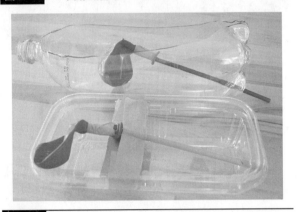

图2-49　气球推动的船

图2-50　封住漏水的地方

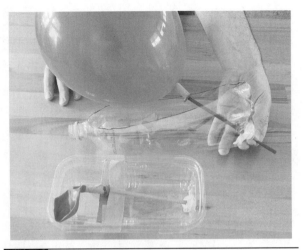

图2-50　封住漏水的地方（续）

第五步：开始比赛

给气球吹满气，然后看着你的车或船向前狂奔（见图2-51和图2-52）！这个推进系统采用的原理是反作用力定律。如果你的车或船动不起来，或是运动地很缓慢，需要注意的是车体或船体的重量以及转轴和车轮的转动是否顺畅。如果气球产生的推进力小于小车或者小船的总重量，你肯定会输掉每一场比赛。试着用一些轻量化的材料来给你的车体减重，让推进力能够推动车体更快地前进。如果是车轮无法顺畅的转动，那么你需要针对具体的问题来寻找解决方案，并尽可能减少它转动时的摩擦力。

图2-51　前进的气球车

图2-52　前进的气球船

挑战

- 如果装上更多的气球会怎样？
- 能不能利用洗洁精的喷嘴来控制气流？
- 为什么小车会在最后阶段加速？怎样才能够利用这些推进力？
- 如果用一根特别长的吸管会得到什么效果？它会让你的小车更快还是更慢？
- 试着用这种方式来改装你最爱的风火轮（Hot Wheels）车模！

"让它动起来"大挑战

　　利用这一章里学到的所有知识，试着设计一些新鲜玩意儿！如果不用空气来推动小车，能不能用电机呢？或者利用littleBits组件来推动用纸板制作的小车，甚至利用littleBits把纸板竞技场变成可活动的呢？

　　还有其他哪些基于牛顿第三定律的东西可以用来推动物体运动呢？试试看能不能利用橡皮筋、碳酸饮料、曼妥思薄荷糖、弹簧、风扇等？

　　制作一些能够动起来的东西，然后拍下你的最终作品，然后分享你的作品吧！

第三章

智能手机的相关设计

接下来这些有趣的初学者设计是专门为智能手机准备的，因为大部分创客都拥有一台智能手机。它可以很简单地让纸板也变得极具科技含量，同时让你学会很多有趣的新知识！

设计9：佩珀尔幻象
设计10：智能手机全息成像装置
设计11：智能手机投影仪

第三章的挑战

设计并制作一个智能手机的支架。

设计9：佩珀尔幻象

佩珀尔幻象是一个十分经典而又易于再现的特效技术。它利用反射和光源人为制造了一个漂浮的影像。你也许曾经在游乐园或者是演唱会上见过这样的现象。只需要一些可回收的材料，以及你的智能手机，在几分钟的时间里就可以拥有自己的高科技（简单）投影了！

制作时间：10～15分钟

所需材料：

材料	描述	来源
CD盒	旧的CD盒	回收物箱
小灯珠	小灯泡、LED茶灯或者是小蜡烛	旧物抽屉

续表

材料	描述	来源
盒子	硬纸板盒子，高度要能够让手机立起来	回收物箱
剪刀		办公用品店
胶带	透明胶带	
黑色的背景	黑色卡纸或者黑布	手工用品店
记号笔	黑色记号笔	手工用品店
美工刀		手工用品店

第一步：试验成像技术

最简单的成像实验只需要一个透明的CD盒、黑色的卡纸、透明胶带以及一个小LED茶灯或者是手电筒。你还需要一些亮色的小模型或者小玩具（见图3-1）。

图3-1　成像实验

这种成像方式的原理是利用光的反射和光源来形成一个漂浮的影像。首先你需要找一个比较暗的房间，以及一个靠墙的桌面。然后把一大张黑色卡纸或者一大块黑布放在桌面和墙面的交界处，使它有一半靠在墙上。用胶带将卡纸或者布料固定在桌面和墙面上。把CD盒打开大约45°，然后将背面与墙面垂直放置在桌面上。接着将模型放在离CD盒正面15~25cm的位置。现在站在桌子正面对着墙观察CD盒，你会在CD盒的前方看到一个悬浮的模型影像。

可以尝试的内容

- 如果将模型放在更远的位置会怎样？
- 如果对着模型照手电筒会发生什么？
- 再在桌面上放一个模型。将它放在CD盒两面的中央，这时会得到怎样的成像效果？
- 如果观察者不是面对着墙壁，而是从侧面观察，会是怎样的效果？

第二步：控制观众

现在你已经掌握了成像的基本原理，是时候让它变得更真实一些了。佩珀尔幻象经常被用在游乐园、剧院、演出中心来制造悬浮的影像效果。准备好来复刻一个小规模的装置了吗？在之前的实验里，你可以看见影像的来源，即我们摆放在桌面上的模型。而在我们的设计当中，我们为观众设计了一个观看的窗口，这样就不会暴露我们的戏法了。这也使得我们能够控制观众所观看到的内容，同时能够把反射出来的模型藏起来。你需要一个至少12cm长、20cm宽、20cm高的纸箱来完成这一设计。

第一步，让我们先在纸箱上开个洞来充当观看窗口，它需要有5cm长、5cm宽。在纸箱上挑选一个侧面来制作窗口，在离纸箱顶部和底部2.5cm的位置各做一个标记，然后用一根直线将它们连接起来，这就是我们的基准线。

为了控制观众看见的东西，并且把CD盒隐藏起来，我们需要确保窗口的高度与用来充当反射面的CD盒正中央相平齐。在我们刚才的基准

线的正中央做一个标记，这就是CD盒中央的高度。然后在中央的上方和下方2.5cm的位置各做一个标志（见图3-2）。这两个标记的位置就是窗口的顶部和底部。

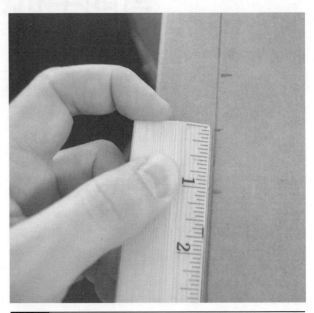

图3-2　标记窗口的侧边

然后在与基准线相距5cm的位置画一条平行线。然后在两个标记的位置各做一条垂直线完成整个窗口边界的标记（见图3-3）。接下来用美工刀把窗口的部分挖空。

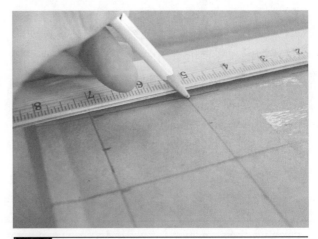

图3-3　标记窗口的四边

第三步：设置影像

将CD盒的背面顶着窗口左侧或者右侧纸盒

的侧面摆放。然后用胶布或者热熔胶固定住CD盒的背面，接着将盒子打开45°，然后用胶带固定住CD盒正面的位置（见图3-4）。

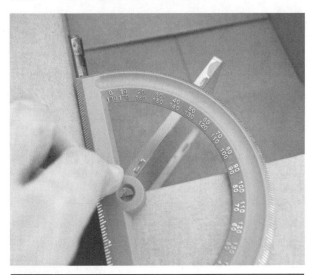

图3-4 将CD盒打开45°

接下来将你的模型放在纸盒里合适的位置，注意让它位于CD盒的外侧。虽然现在看上去还很模糊，但是尽量调整模型的位置使你能够从窗口里看见它的反射影像。

如果最终想隐藏模型的存在和成像的原理，那么纸盒就需要封闭起来，但是在此之前，我们需要在纸盒内部给模型提供光源。同时你也可以尝试着在CD盒的内侧反射影像的位置也摆上其他模型，这样最终的效果看起来就像是它们在互动一样（见图3-5）。

图3-5 互动的模型

给模型照明的最简单的方法就是在模型正上

方的纸盒上开一个洞。当然你也可以开一个手电筒大小的洞，然后用手电筒进行照明（见图3-6）。同时你也可以在纸盒里用小茶灯或者是littleBit的长LED组件来照亮你的模型。

图3-6 模型的照明

按照表演戏法时的传统，你可以先打开盒子的一部分让观众看到CD盒之间的模型，但是别让他们看见CD盒外的模型。而当他们通过窗口观看纸盒内部的时候，你可以用灯光照亮外侧成像的模型，这时观众就会突然看见它在CD盒上反射出的影像，就像图3-7里那样。

图3-7 完整的幻象

第四步：清理痕迹

完成之后尽量在纸盒的外部抹去CD盒存在

的痕迹，同时要避免CD盒上出现其他物品的反射，你可以用黑色或者灰色的彩色卡纸贴在纸盒的内部，也可以试着给模型制作一个背景。

智能化

第一步：用智能手机显示图像

智能手机很适合用来模仿大舞台上佩珀尔幻象的表演方式。我们依然需要一个45°角的平面来形成幻象，但是幻象的来源不再是模型，而是我们的智能手机。这时我们需要对CD盒的位置进行一定的调整，这样表演者可以更方便地在手机上播放和停止视频。

可选材料	描述
智能手机	用来投影幻象
吸管	用来支撑CD盒
幻象	模型、小玩具，你甚至可以在全黑的背景里给自己拍一段视频来充当幻象
littleBits组件	电源组件（p1）、9V电池、电池线、分支接线组件（w7）、4个接线组件（w1）、长LED组件（o2）、2个脉冲组件（i16）、RGB LED组件（o2）、灯条组件（o9）、LED组件（o1）

第二步：制作观看窗口

同样你也需要准备一个观看窗口。找到纸盒正面的中央位置，垂直画一条直线作为基准线。然后在中央的左侧和右侧2.5cm的位置各画一根平行线，这两根垂直线就是窗口的左右边界。接下来在其中一根线距离底部4cm和9cm的位置各做一个标志，然后在这两个标志位置各画一根水平线，这就是窗口的上下边界，如图3-8所示。

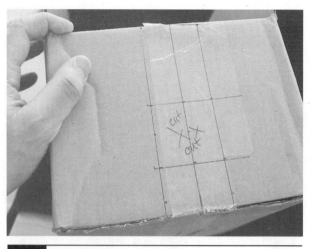

图3-8 让视窗居中

利用量角器确保CD盒打开的角度为45°。然后剪一段长度与CD盒打开的距离相等的吸管。用记号笔将吸管全部涂黑，用胶带将吸管固定在CD盒的上方，使CD盒保持打开45°的状态，如图3-9所示。

图3-9 用胶带固定住吸管

固定了CD盒的角度之后，接下来你需要测试CD盒在纸盒里应该摆在什么位置，从而确定在顶部为智能手机开孔的位置。将CD盒的背面平放在纸盒的底部，同时开口朝向远离窗口的方向（见图3-10）。你依然可以通过在CD盒的内侧摆放模型来和手机产生的幻象实现互动的效果。

第三步：调整视野

　　用来投影幻象的视频最好是在黑色背景下的亮色物体，这样最后成像的效果才最好。先在手机上播放视频，然后把手机如图3-11所示那样放在CD盒的上方。图3-12展示的则是此时从窗口里观察所能看见的幻象。

　　找一个朋友帮你观察窗口的情况，然后调节手机与纸盒正面的距离直到你的朋友能够完整地看见整个视频的内容。注意根据实际情况调整手机的朝向，用横屏来播放视频。如果在视窗里能够看见手机的其他部分，目前并不重要。确定了手机的位置之后，在纸箱顶部用笔标记出手机的位置，或者是测量手机离纸箱的正面距离。

　　但是在切开手机的播放孔之前，你需要测量手机屏幕的具体尺寸。首先开一个比手机屏幕上播放视频的部分小1cm的孔。这样你就可以微调手机的位置。如果孔太小了，可以扩大一些；如果孔太大了，那么可以在边缘部分用黑色卡纸挡住（见图3-13）。

　　接下来盖上纸盒的盖子，然后在手机上播放视频，屏幕朝下对准开孔的位置。和我们之前简化版的佩珀尔幻象一样，你同样需要把纸盒的内部都用黑纸盖住，这样能够吸收杂散光，并防止纸盒壁反射出影像（见图3-13）。

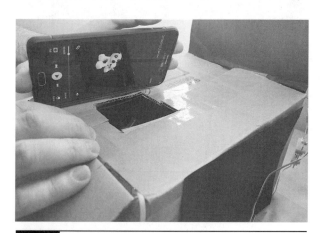

第四步：背景

　　你可以用彩色卡纸、黏土或者积木给幻象制

作一个背景。在彩色卡纸上简单地剪几下，然后折叠起来就是一个很棒的背景了。在这里展示的例子里，我们制作了一个有很多高草的草原，它还帮助我们遮住了纸盒内部用来照明的一些电路。

第五步：加上littleBits组件

由于现在盒子已经密封了，你需要像之前那样在盒子内部为模型提供照明。实现这一点有很多不同的方法，例如小手电、LED茶灯，或者是littleBits组件。在这里，我们使用了一个长LED（o2）组件来照亮小男孩模型（见图3-14）。首先我们需要一个电源组件（p1）和分支接线组件（w7）来开始整个电路的连接。在分支接线组件上，一个输出端口与长LED组件相连；我们把长LED弯曲之后挂在了纸箱前部的角上。你可以用胶带或者在纸箱上切一个小缺口来固定住LED的位置。

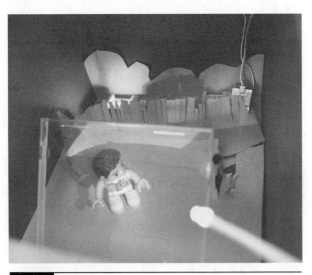

图3-14　长LED组件

接下来，你需要连接分支接线组件上的另外两个输出端口。这些端口负责给背景当中的照明组件供电。根据纸盒的大小，你也可能需要再添加额外的接线组件来延长电路的距离。如果你想要频闪灯的效果，那么可以通过在接线组件的前端添加脉冲组件（i16）来实现。这

样你就可以在盒子外面来调节频闪的间隔了（见图3-15）。

图3-15　脉冲组件和接线组件

在两根输出导线的末端使用LED组件（o1）、灯条组件（o9）来照亮背景，或者是使用RGB LED组件（o3）来给背景增添一些色彩。你可以将电路的接线都藏在背景里（见图3-16）。通过视窗来确认观众看不见你使用的一切零件。

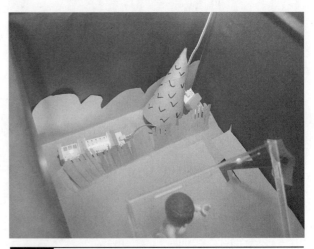

图3-16　隐藏接线和照明组件

关上盒子，然后将正在播放视频的手机放在顶部（见图3-17）。如果可以的话，试着让视频循环播放，然后把这个幻象分享给你的朋友！（见图3-18）

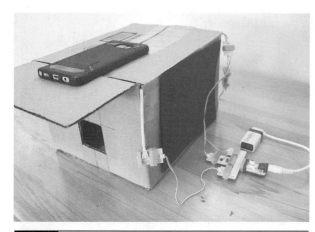

图3-17　关上盒子并放置手机

图3-18　完成后漂浮的小狗幻象

挑战

- 给你的模型和幻象制作一个背景或者舞台。
- 找个方法来吓吓观众，例如一开始让他什么都看不见，然后让幻象突然间出现。
- 试着用积木或者 littleBits 组件给你的模型制作一个可旋转的舞台，或者是使用可动的模型进行表演。
- 怎样让手机里播放的视频和模型或者背景进行互动？
- 试试看能不能把纸盒也变成幻象的一部分？
- 怎样通过视频特效或者是灯光来让视频变得更阴森一些？

设计10：智能手机全息成像装置

制作时间：10～15分钟

所需材料：

材料	描述	来源
卡片纸	用来制作模板的卡片纸	回收物
塑料	透明塑料太薄，可以考虑使用塑料餐盒	回收物
黑色卡纸	黑色卡纸能够帮助图像更清晰	学习用品店
胶带	透明胶带	
尺子		
剪刀		
记号笔	细油性记号笔	

第一步：制作模板

首先用尺子、铅笔和网格纸制作一个梯形模板。梯形的底部需要6cm长，同时底部的中央最好与网格纸的垂直线重合。

从底部的中央画一根3.5cm长的垂直线，梯形的顶部长度为1cm，同样中央应当与我们刚才的垂直线相重合。最后我们得到的图形如图3-19所示。

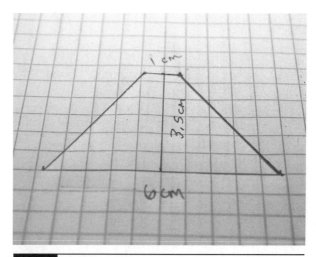

图3-19　样板

第二步：标记、剪切和粘贴

你可以收集面包、水果或者玩具的塑料包装来用于这个设计。首先把收集到的塑料包装上弯曲的边缘部分都剪掉，我们需要的只是平整的底面部分（见图3-20）。

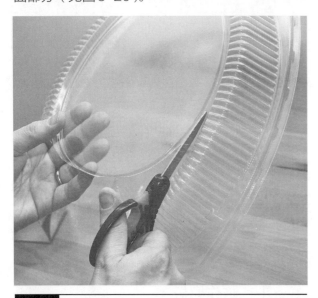

图3-20　剪出塑料片

将塑料片放在我们刚才制作的模板上，然后用尺子和记号笔在塑料上临摹出梯形的形状。尽可能地让梯形之间有一条侧边重合（见图3-21）。

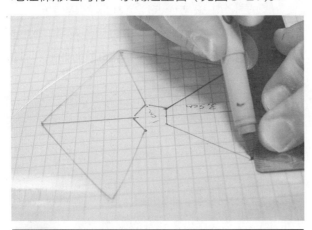

图3-21　标记出模板的形状

从塑料上剪下我们所需的部分，然后从中间剪开各个梯形（见图3-22）。

剪一段3.5cm长的透明胶带，然后从中间剪成两条较细的胶带。用它将塑料片粘贴在一起。暂时只需要粘住三条共用的边就行了，最后一条边现在暂时不用粘上。

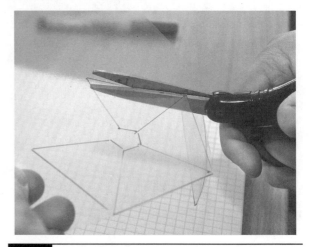

图3-22　剪下塑料

第三步：折叠并最终黏合

现在拿起我们剪出来的梯形，你会发现它们朝着某个方向折叠能够形成一个金字塔形的物体。对齐了最后一条边之后同样用胶带把它黏上，注意保持顶部和底部的平齐，这样将整个金字塔倒放在手机上的时候才能够保持平衡（见图3-23）。

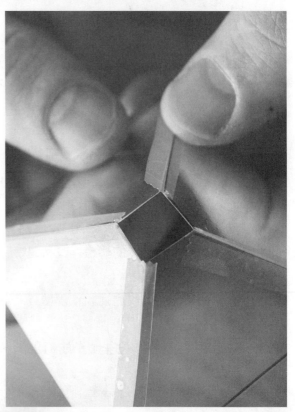

图3-23　粘贴梯形

第四步：制作黑色的背景

将金字塔扣在黑色的卡纸上，用笔画出它的边界，然后剪下边界构成的正方形纸片。这张纸用来阻隔最终全息成像时的外部杂散光和反射光。

将剪下来的正方形纸片用胶带粘在金字塔的阔口上，全息成像装置就完成了。你会注意到最终完成的时候，金字塔的侧边与水平面之间的角度也大约是45°，熟悉吗？这个全息成像装置的原理和佩珀尔幻象一样，它能够利用四个45°角的斜面形成反射影像。图3-24展示了最终的成像装置。

图3-25 完成后的全息图像

挑战

■ 这里真正有趣的创造和挑战实际上是尝试着自己制作一个全息视频或者图像。你需要思考如何调整图像的方向来保证最终的展示效果，以及挑选合适的背景来和展示的内容形成合适的对比！

教学提示：可以事先准备好3.5cm宽的塑料片，这样学生可以更轻松的画出梯形并快速剪出合适的塑料片。这也可以确保最终完成设计的精密度和全息图像的水平度。

图3-24 完成后的全息成像装置

第五步：制作和播放视频

你可以在视频网站上找一个现成的全息成像视频。这种视频很好分辨，因为它通常包含四个从中心朝四周发散的相同图像。将金字塔的窄口对准视频的中央位置，然后就可以欣赏全息成像的效果了（见图3-25）！你也可以尝试着把金字塔正着摆放在桌面上，然后把手机倒放在上面。

设计11：智能手机投影仪

你是否知道只需要一个放大镜和纸盒子，就可以把智能手机变成一个投影仪？

制作时间：20～30分钟

所需材料：

材料	描述	来源
纸盒	20cm宽、30cm长、10cm高的鞋盒子	回收物箱
纸	黑色、灰色或者深蓝色的纸	学习用品店
胶带	透明胶带、蓝色和黑色的美纹纸胶带或者绝缘胶带	办公用品店
剪刀		五金店
美工刀		五金店
尺子		办公用品店
放大镜	名片放大镜或者是小的圆形放大镜	药店或者网上商城

第一步：测量、居中和标记

如果纸盒的高度小于12cm，那么只需要找到纸盒较小的侧面在水平和垂直方向上的中心位置。如果纸盒的高度大于12cm，那么首先需要在较小的侧面在12cm的高度上画一根水平的直线，这根线就是投影仪顶部的基准线，然后再去确定侧面的中心位置。接下来你需要测量放大镜的具体大小（见图3-26），如果你使用的是名片放大镜，那么只需要测量放大镜部分的具体尺寸。

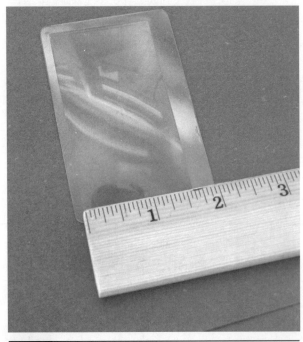

图3-26　测量名片放大镜的尺寸

计算出放大镜长和宽的一半长度，然后在纸盒的侧面中心位置朝着四个方向量出对应的距离，并且做标记。然后通过在标记位置做垂线相连来构成一个完整的长方形。完成之后对比一下放大镜的大小和刚画长方形是否吻合（见图3-27）。

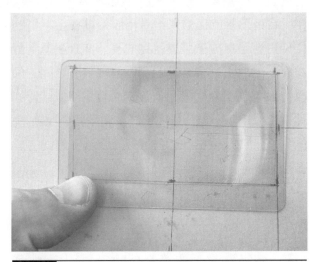

图3-27　画出名片放大镜的开孔位置

如果使用圆形的放大镜，那么你需要测量的是放大镜的直径。测量出直径之后除以2就是放大镜的半径。接下来你需要在中心位置朝着四个方向，距离等于半径的位置上各做一个标记。然后把放大镜的中心和纸盒侧面的中心对齐，在纸盒上画出它的轮廓（见图3-28）。

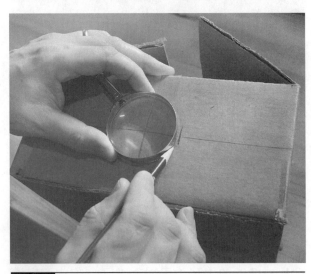

图3-28　画出圆形放大镜的轮廓

教学提示：这里的指南是为了帮助你制作一个可

供展示的范例。你可以让学生自己尝试如确定放大镜的开孔位置！

第二步：开孔

用美工刀在纸盒上挖出给放大镜的孔。完成之后，用绝缘胶布贴住开孔的边缘，这样能够帮助你保护放大镜的边缘。

第三步：密封

为了提升投影仪的工作效率，你需要密封住开孔的位置防止漏光。如果使用的是圆形放大镜，那么先把放大镜放进孔里，然后把放大镜的把手用胶带固定在纸盒上。接着用一些绝缘胶带或者是美纹纸胶带盖住放大镜边缘的缝隙。由于放大镜的边缘不是平直的，所以你可能需要用很多条短胶带才能实现比较好的密封效果（见图3-29）。

图3-29　固定好的圆形放大镜

如果使用的是名片放大镜，那么只需要用胶带固定住名片放大镜的边缘部分就可以了（见图3-30）。

盒子的内部同样也需要尽可能的黑。如果你的纸盒内部是浅色或者亮面的，那么就需要用黑色的卡纸覆盖住纸盒的内部。用记号笔和绝缘胶布密封住盒子上剩下的缝隙位置。

图3-30　固定好的名片放大镜

第四步：对焦

在进行这一步时，你需要找一个比较暗的房间，同时最好是将手机的亮度调到最高。准备一些橡皮泥、夹子或者是铅笔来帮助你固定住手机的位置。先让你的手机显示一张图片或者是播放一段视频。然后站远一点，同时移动手机在纸盒内部的位置，直到投影出来的画面清晰为止。你会发现现在的投影是上下倒置并且镜像的（见图3-31）。

多花点时间调节纸盒与墙之间以及手机和放大镜之间的距离，尽量让投影的效果达到最好。然后记录下效果最佳时放大镜和墙以及手机和墙之间的距离。如果不明白怎样进行对焦，你可以参考图3-32中的方式。

教学提示：在进行这一步之前让学生锁定手机的自动旋转屏幕功能会节省很多麻烦；但是我们认为这是一个极佳的教学机会。在学生发现了投影的画面出现了掉转之后，你可以问他们是否在自然界里观察到或者经历过类似的现象。这是一个介绍光学原理和人眼、大脑的视觉原理的极佳例子。同时用圆形放大镜和名片放大镜进行投影也可以对比它们投影的质量和尺寸。如果需要同时教授几组学生制作投影仪，那么分享对焦的方法也是一个很有趣的过程。让你的学生们进行头脑风暴来思考如何制作一个可以调节画面大小和焦距的投影仪。

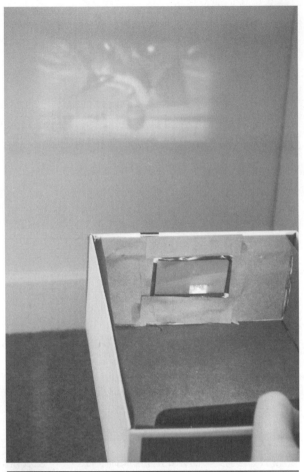

图3-31　投影出的画面

图3-32　调节焦距和投影的尺寸

第五步：翻转影像

接下来，我们需要解决投影的朝向问题，通过固定手机上图像的朝向就可以实现这一点。对于苹果手机，进入设置→通用→便捷性→设备菜单，然后选择旋转屏幕选项。对于安卓手机，在设置→显示菜单当中也有锁定屏幕旋转的选项。

调整好了屏幕的朝向之后，你就可以在手机上播放电影或者是相册的幻灯片了，关上灯，你就能享受一个简单的投影仪了！如果你想要在这个设计里加上littleBits或者MakeyMakey Go组件，那么可以跳到12章了解相关的信息。

挑战

- 锁定屏幕只能解决图像的上下倒置问题。如何在不变更手机设置的情况下通过改变投影仪的设计解决这个问题呢？

"智能手机支架"挑战

怎样才能用最简单、最便宜的方式为智能手机制作一个支架？怎样用一个回形针来制作智能手机的支架？用一些日常的办公用品或者是支架来尝试制作智能手机的支架，或者是自己设计并且3D打印制作一个支架。尝试着设计一个能用在前面的佩珀尔幻象装置或者投影仪中的支架。

制作并拍下你完成的设计。在推特上@gravescollen或者@gravesdotaaron，或是在Instagram上使用#bigmakerbook标签来分享你的作品。我们会在主页上用一个相册专门陈列你们的作品。

第四章

纸电路

这一章里一系列有趣的纸电路设计能够帮助创客们学习现代社会中无处不在的电路。了解电路的基础知识能够帮助创客们为学习更复杂的电子电路做好准备，其中就包括我们在第七章里会介绍的针织电路。这些简单而又先进的纸电路设计能够充实创客们的电路知识，并且帮助创客学会如何在复杂设计中更好的应用电路。

第四章的挑战

复杂纸电路"纸电路立体书"挑战

设计12：结合LED和折纸

谁不爱折纸呢？现在让我们通过折纸来制作一个十分简单但是又带有一个能发光的LED的书签吧！你甚至可以利用这里介绍的方法来点亮你未来所有的折纸作品。这个设计有一个十分显著的优点就是它可以套用在几乎所有折纸形状上。我们会在设计13~16当中介绍其他不同类型的电路。

制作时间：30分钟

所需材料：

材料	描述	来源
折纸用纸	各种颜色和形状的彩色卡纸	手工用品店
LED灯泡	5mm LED灯珠	电子元器件店
电池	2032纽扣电池	电子元器件店、网上商城
胶带	绝缘胶带、布胶带、透明胶带	手工用品店、五金店

教学提示：你需要事先准备好大量各种形状的折纸用纸。在开始介绍这个设计之前，你可以先让专业的折纸教师帮助学生折出各种不同形状的折纸作品。然后再帮助学生利用一个LED灯珠和一个纽扣电池构成一个简单的电路。

第一步：开始折叠

首先找一张正方形的彩色卡纸，然后沿着对角线对折。接着将对折之后的三角形的长边朝上，直角朝着你。然后将长边两侧的角都朝着直角翻折，形成一个如图4-1所示的钻石形。

图4-1 折一个钻石

第二步：翻开然后重新折叠

把刚才折叠的两个角翻回去重新构成三角形（见图4-2）。可能一开始你会弄不懂这一步的含义，但是在折纸的过程中，有的时候折叠只是为了找到后面步骤当中的基准线。将三角形按照与刚才相同的朝向摆放，接着将它还原成正方形，不过记住保留我们刚才的折痕。接下来将正方形朝着我们的那个角折向对角线上的折痕，然后它的对角也像这样折叠（见图4-3）。

第三步：变化形状

现在将卡纸沿着对角线上的折痕对折，刚才折进去的三角形就被包在里面了。我们得到了一张梯形的折纸。接下来调整折纸的朝向，使梯形较短的一边朝向你，然后将梯形长边的一角沿着梯形的中线折向你，对另一个角重复这一过程，再次得到一个钻石形（见图4-4）。将折纸翻转过来，使你能够看见背后的折痕。轻轻地从两侧挤压折纸使中间的口袋露出来，然后将超出梯形短边的三角形部分塞进开口里。这样你就得到了一个挤压之后会开口的三角形（见图4-5和图4-6）。在后面我们会用到它的这一特征，不过现在你需要将刚刚塞进去的三角形部分拿出来恢复成一个钻石形，然后就可以添加电路了。

图4-6 带有开口的三角形

第四步：LED眼睛

接下来我们将用一个十分简单的并联电路来给LED供电。在我们将电路装在折纸里之前你可以对它进行测试。LED灯珠上较长的管脚是它的正极，而较短的管脚则是负极。要测试LED和电池能否正常工作，只需要将纽扣电池按照正确的方向塞进LED的两个管脚之间就可以了，如果它们都正常，LED应当会正常发光（见图4-7）。如果LED没有发光，你可以换个电池再尝试一下。在这个设计里，我们将会用两个LED灯珠来充当折纸的眼睛，最终它可以是某个怪物、鸟儿或者是任何你设计出来的生物。用回形针或者图钉在合适的位置上给LED的两个管脚各开一个洞。LED管脚通过开的洞就能伸进刚才三角形的开口里，而灯珠则能够保持在外侧，LED点亮之后就是十分漂亮的眼睛了。当然事先最好用铅笔标记一下开孔的位置，这样能够帮助你对齐LED。在安装LED时，注意让它们较短的管脚（负极）朝向中央（见图4-8）。

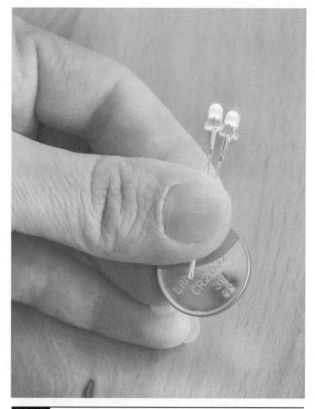

图4-7 测试LED灯珠

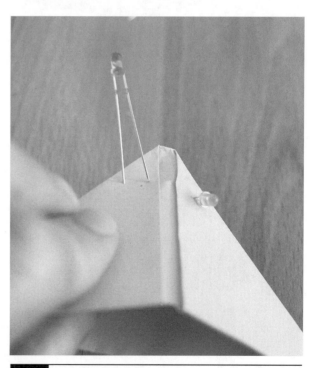

图4-8 将LED装在折纸上

第五步：弯折和粘贴

固定LED之后，注意检查它们较短的管脚是否都在中间。接下来用尖嘴钳将两个LED的负极管脚扭转在一起（见图4-9），然后将它们扭向一侧。接着对两个正极管脚重复相同的操作，不过要将它们扭向相反的那一侧。接下来用一小片胶布贴住LED管脚伸进开口的位置，这样能够隔绝LED的正极和负极管脚（见图4-10），防止它们在接触电池之前因互相接触造成短路。

图4-9　扭转LED管脚

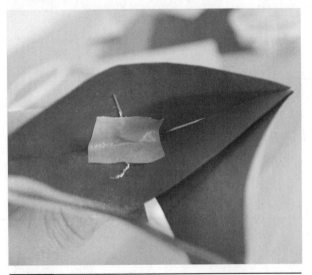

图4-10　用胶带绝缘管脚

接下来将一个纽扣电池塞进开口，注意它的位置要能够接触到胶带外的LED管脚。完成之

后只要挤压三角形的折纸就可以点亮LED，如图4-11所示。如果LED不能发光，那么首先检查纽扣电池的正反是否正确。接下来在电池的两侧用胶带固定住电池的位置，注意固定电池的胶带不能阻拦LED管脚和电池互相接触（见图4-12）

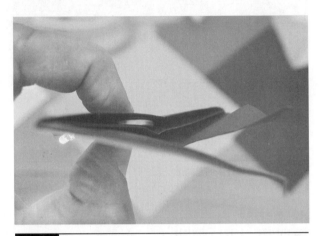

图4-11　挤压测试

图4-12　固定电池

接下来你可以用纸给折纸生物做两个眼睛。你可以在纸上剪一个小洞，然后让LED穿过它（见图4-13）。我们推荐你多尝试几种不同的造型，然后再挑选一个效果最好的。最终决定了之后，将眼睛、耳朵、头发和喙都粘在对应的位置上！最终完成的口袋折纸动物是一个很棒的书签，它能够惬意的停留在书的边沿休息（见图4-14和图4-15）。

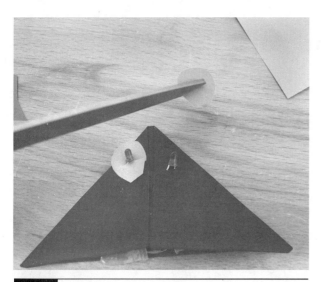

图4-13　眼睛

图4-14　眼睛会发光的鸟

图4-15　在书上栖息

教学提示：你可以先教几个学生怎样折纸和安装LED，然后让他们尝试教会同学怎样完成这个设计。让学会的同学们充当学习小组里的指导专家。折纸是一项需要耐心和专注力的作业，而通常在大规模的教学时很难得到较好的效果。因此最好是分成几个小组来完成。

挑战

- 在学生掌握了这个设计之后，就可以开始尝试其他的折纸形状，并且尝试给它们加上电路。
- 试试看一个纽扣电池最多能够点亮几个LED？
- 试试看能不能通过电机震动让折纸动起来？

设计13～16：纸电路卡片

　　自制电子卡片可以算是我们在教授纸电路时最喜欢的方式之一了。你可以先让学生挑选不同模板的卡片，卡片上的图案能够帮助他们集中注意力在电路的组装上，并且增加他们完成电路的信心。在他们理解并且掌握了电路之后，你可以让他们自己试着设计电路来点亮卡片上的图案（见图4-16）。最后，鼓励他们利用获得的创造自信设计和创造出独特的艺术图案以及配套的电路！

设计13：使用简单电路的卡片

　　有电流流通的闭合回路就是电路。电子会从电池的正极出发，经过LED再回到电池的负极。电子流通的路径就是电路！这里我们需要使用能够导电的胶带（或者其他的导电材料，例如铝箔、导电线缆等），因为电子需要经过胶带上的铜箔来点亮LED。

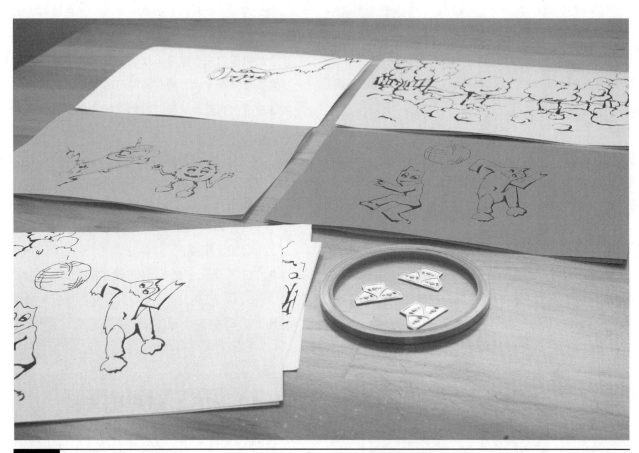

图4-16   卡片和chibitronics贴纸

如果LED在电路中连接的方向错了，那么构成的并不是一个完整的电路，同时LED也不会被点亮。在这里注意，我们在给出的模板上标出了"正极电路"和"负极电路"，但是它们之间实际上是没有区别的，都是构成电路的一部分。你可以把它们看作是帮助你布置元器件和规划电路的参考（见图4-17）。由于纸电路大多数采用电池供电，因此纸电路可以看作是直流（DC）电路。有一些电路元器件是有极性的（意味着它的两端必须分别对应连接正极和负极），而其他大部分电路元器件是没有极性的。举例来说，LED就是带有极性的电路元器件，因此在接入电路时，只有连接方向正确，LED才能正常工作。如果连接方向反了，LED将不能正常发光。其他的一些电路元器件，例如普通的电阻，不管按照什么方向接入电路都能够正常发挥作用。但

是需要注意的一点是，有一些极性电路元器件如果接入电路的方向错了，可能会损坏元器件本身。因此在连接电路的时候一定要注意那些带有极性的元器件。我们在这一章里会介绍几种不同的电路，在第五章里我们将会把电路和编程结合，来完成一些很棒的Arduino设计！

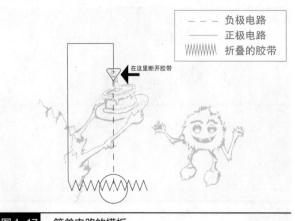

图4-17   简单电路的模板

制作时间：30分钟

所需材料：

材料	描述	来源
模板	简单电路模板	本书最后
导电胶带	导电铜箔胶带（PRT-10561）或（PRT-13827）	电子元器件店、网上商城
LED贴纸	Chibitronics LED贴纸：30片一组（对于创客空间，可以购买创客空间套装）	Chibitronics网上商城
电池	2032纽扣电池	电子元器件店、网上商城

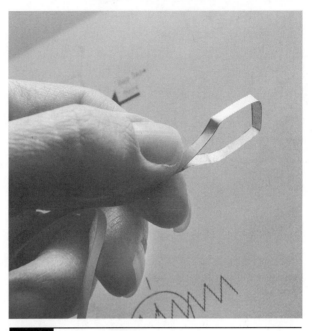

.图4-18　　制作一个铜箔拨片

第一步：复印模板

首先复印本书最后的简单电路模板，并且收集所需的材料。

教学提示：如果你准备讲一堂关于纸电路的课程，那么最好是用颜色比较鲜艳的纸来复印模板。同时在纸上你也可以事先打印一些纸电路常见注意事项。通常情况下，铜箔胶带只有没有黏性的那面导电，并且在粘贴时要注意尽可能地平滑。最后，除非在有指导的情况下，你需要一整条铜箔胶带来构成一个完整的电路，这样能够保证电路导通电流的效果。其他相关的注意事项我们会在接下来的制作过程中介绍，现在让我们一起动手制作吧！

第二步：初步构建电路

首先我们需要用铜箔夹住纽扣电池。制作一个铜箔拨片（见图4-18），它可以充当简单电路的开关。在粘贴铜箔胶带的时候，粘上之后用大拇指按出一个平坦、光滑的表面。在拐角的时候，按住粘上的胶带折出一条折痕，然后转动胶带形成电路的拐角。

第三步：注意缺口

在到达LED的安装位置时，断开胶带。你需要在这里留一个缺口让电子流向LED。如果电池正极和负极之间的铜箔胶带是连续的，你觉得会发生什么？LED根本不会发光，因为电流是很懒惰的！它永远都会选择电阻最小的路径，因此电子会直接经过LED下方的铜箔胶带流向电池，而LED则根本接收不到任何电子。因此一定要注意断开胶带！

第四步：继续完成负极电路

在制作了缺口之后，用一条新的铜箔胶带来连接电池的另一极。这条胶带需要连接到电池的背面才能完成整个电路（见图4-19）。

粘贴完之后用手指把胶带压紧。注意LED的管脚不能接触方向错误的电路，因此缺口要足够宽！准备工作就快完成了！

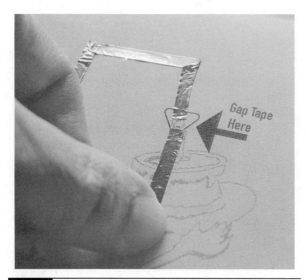

图4-19 注意断开胶带（图中英文意为"此处断开胶带"）

第五步：放置LED

注意检查LED的极性，然后按照正确的方向将LED贴纸贴在模板上。LED贴纸上正极的铜箔片需要与正极电路相接，负极的铜箔片需要与负极电路相接。有时候你需要压住贴纸LED才会开始发光，这可能是由于LED贴纸粘的不够紧，导致它接触不到铜箔胶带上的铜箔。这些特殊的电路贴纸在背面会使用导电的黏合剂，但通常它也

有一定的电阻。因此紧紧地按压贴纸让它接触铜箔胶带，然后看看能不能成功地完成你的第一个简单电路！把卡片翻过来按压贴纸的位置同样能够改善贴纸的导电状况。

将电池放在铜箔胶带和铜箔拨片之间。电池的负极需要连接模板右侧的负极铜箔电路。电池的正极应当与左侧正极电路的铜箔拨片相连。LED只有在铜箔拨片接触电池的时候才能正常发光，如图4-20所示。你可以用一个小活页夹固定住电池，同时确保它和负极电路之间接触良好。完成之后，卡片的效果会如图4-21所示。

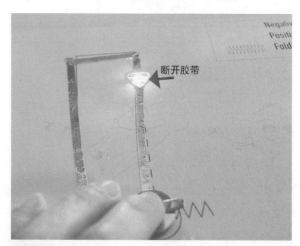

图4-20 测试电路

图4-21 最后完成的卡片

挑战

- 尝试自己设计一张能发光的卡片。有什么东西适合充当简单电路里的光源呢？
- 利用相同图案的卡片，但是尝试自己来制作电路部分。能不能让电路的拐角是圆角而不是直角呢？
- 能不能让卡片讲个小故事？或者把卡片和折纸结合起来？

教学提示： 教学的时候一定要注意强调纸电路的相关技巧。在使用铜箔胶带的时候一定要十分平滑，电路上一定要留出给 LED 的缺口（但也不能太宽！），同时注意将 LED 贴纸贴在铜箔胶带顶层而不是反过来。

设计14：有开关的卡片

你也许还记得我们在第二章的刷子机器人设计里介绍了很多种自制开关的方法。在纸电路上自制开关同样也是乐趣十足，有时候开关甚至能够成为卡片图案的一部分！在这个设计里，你将会在卡片上制作一个开关来点亮纸手电（见图4-22）。准备好了吗？开始吧！

```
- - -   负极电路
─────   正极电路
WWWWW   折叠的胶带
```

──────WWWWWWW　折叠的铜箔拨片开关

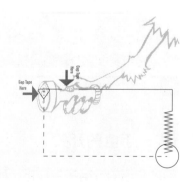

图4-22　带开关的卡片模板

制作时间：30分钟

所需材料：

材料	描述	来源
模板	开关电路模板	本书最后
导电胶带	导电铜箔胶带（PRT-10561）或（PRT-13827）	电子元器件店、网上商城
LED 贴纸	Chibitronics LED 贴纸：30 片一组（对于创客空间，可以购买创客空间套装）	Chibitronics 网上商城
电池	2032纽扣电池	电子元器件店、网上商城

第一步：制作铜箔开关

我们从 SparkFun 学到的用铜箔夹住电池的技巧很棒。这里我们在电路的正极部分同样使用了这个技巧。在模板上，用折线表示的就是铜箔拨片的位置。按照之前我们介绍的那样制作一个铜箔拨片。

第二步：弯折胶带

在电路拐角的地方一定要对胶带进行弯折。完成这一步有一个简单方法，在拐角的位置，先按照正常方式粘上胶带，然后往回拉起一点胶带。接下来用指甲在胶带上弄出一道折痕。然后将胶带转动90°，同时用手指压紧折叠的胶带，如图4-23所示。压紧了折痕部分之后，就可以继续沿着电路的标记粘贴胶带了。在缺口的标识位置记得断开胶带，因为这样才能让开关发挥作用。

第三步：注意缺口

在这里我们同样需要和之前一样在电路上留出对应 LED 的缺口，这样才能通过开关来控制电路中的 LED。如果胶带之间存在缺口，电路处于开路状态，此时电子是无法流通的。但是在闭合了卡片并且按住图案上开关的位置之后，电路将会闭合，使电子可以流通从而点亮LED。

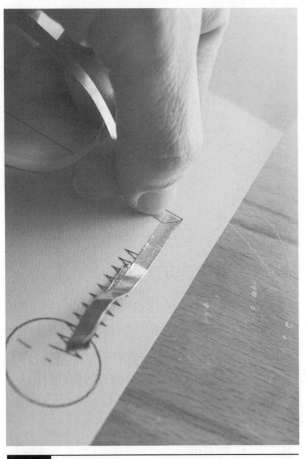

图4-23　折叠弯角部分

接下来用一小段胶带，从缺口的另一端开始贴到LED的正极，如图4-24所示。在这里同样留出一个缺口，使得电子能够流向LED。

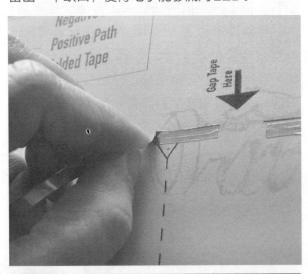

图4-24　断开胶带

第四步：负极部分

接下来让我们完成负极电路的部分。从LED的负极开始，同样平滑地粘贴铜箔胶带，如图4-25所示。在转角部分按照图4-23所示同样弯折一小段胶带。最后沿着模板上的路径完成负极电路，胶带的终点应当是纽扣电池的下方，如图4-26所示。在图4-26里，你可以看到在空中的铜箔拨片，最后闭合卡片的时候它会夹住纽扣电池。

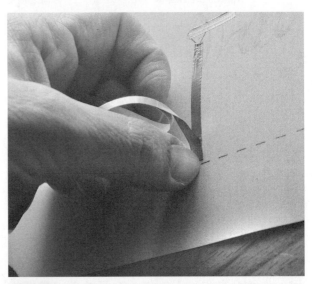

图4-25　弯折弯角

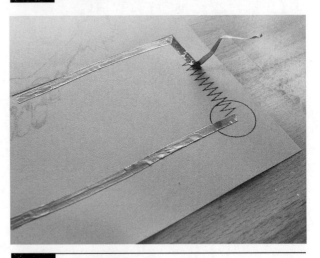

图4-26　完成负极电路

第五步：手电的开关

刚才介绍的铜箔拨片技巧，同样可以用来制作手电筒的开关。将铜箔胶带贴在模板上的开关位置，然后留出大约5cm长的胶带对折。为了防止图案出现偏差，我们制作了两个铜箔拨片，如图4-27所示。

图4-27　制作铜箔开关

第六步：点亮！

接下来需要对电路进行测试。将纽扣电池正极朝上放在模板上对应的位置。用活页夹或胶带固定住电池。然后对折你的卡片，现在它应当只有在你按下卡片上手电筒的开关时才会发光，如图4-28所示。

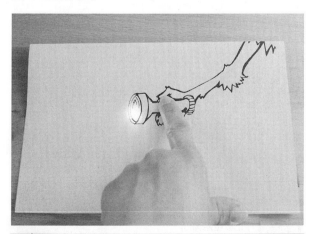

图4-28　完成的卡片

第七步：排错

如果LED没有发光，首先检查铜箔拨片和铜箔电路之间是否对齐。然后检查LED下方的铜箔电路是否存在缺口，同时确保铜箔电池夹不会互相接触使得电池的正极和负极短路。

LED一直在发光？检查铜箔电路上开关的位置是否有缺口，它应当只在按下开关的时候才能互相连通。

挑战

- 试试看为这个电路配上其他不同的图案。
- 开关可以结合其他什么素材来制作有趣的卡片？
- 想想看还有没有其他的方式来构成开关？

设计15：并联电路卡片

你当然可以用纸电路模板和LED来构成串联电路，但是这样需要在电路里使用多个电池。因此在这里我们决定介绍并联电路，你只需要将铜箔电路排列得紧密一点，并且在它们之间贴上LED就行了（见图4-29）。在简单电路里，电子会从电池出发，经过LED之后再回到电池。而在并联电路中，电子的路径也很类似，只要我们正确摆放LED的位置，就能在一个电路里同时点亮多个LED，因为电子在流出电池之后会经过电路中所有的LED再回到电池里。由于这个原因，铜箔电路可以结束在最后一个LED的位置。不过为了让电路更美观你可以做出一定的修改，但是它并不会影响电子流动的路径。

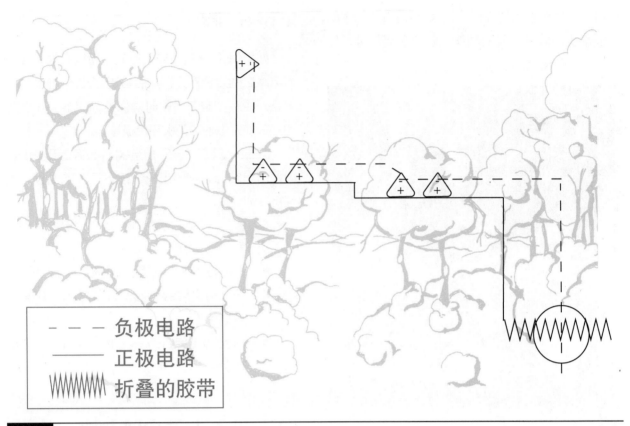

图4-29 并联电路模板

制作时间： 30分钟

所需材料：

所需材料	描述	来源
模板	并联电路模板	本书最后
导电胶带	导电铜箔胶带（PRT-10561）或（PRT-13827）	电子元器件店、网上商城
LED贴纸	Chibitronics LED贴纸：30片一组（对于创客空间教室，可以购买创客空间套装）	Chibitronics网上商城
电池	2032纽扣电池	电子元器件店、网上商城

第一步：铜箔拨片和正极电路

　　和之前一样，从电池旁边的正极电路开始，制作一个铜箔拨片来接触电池的正极。先对折一小段胶带使它不会粘在纸上，然后用接下来的胶带完成各个LED正极电路的连接，如图4-30所示。你的Chibitronics LED贴纸最终需要与铜箔胶带的表面接触，因此尽量使铜箔胶带表面保持平滑。用胶带完成直到模板左上角的正极电路（最终会点亮一颗星星！）。

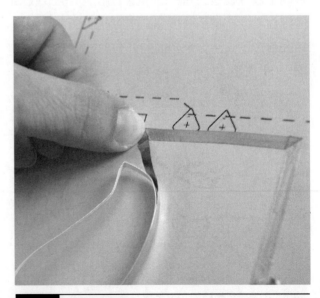

图4-30 正极电路部分

第二步：负极电路

布置负极电路时可以先拨开正极电路上的铜箔拨片！平整地贴上铜箔胶带，然后沿着模板上的负极路径布置电路。在粘贴胶带时，注意模板可能会存在一定的误差，因此要检查LED贴纸是否能同时接触正极和负极电路。负极电路同样结束在最后一个LED的位置上。

教学提示：*注意并联电路中正极和负极的铜箔胶带之间需要靠得很近，但是一定不能互相接触。你需要确保贴纸的正极和负极分别接触正极和负极电路。否则，电路无法正常工作！*

第三步：粘贴LED贴纸

将LED贴在模板对应的位置上，并且用手指按紧。如图4-31所示，注意正极和负极都需要按紧，确保LED贴纸能够良好地接触到铜箔电路。

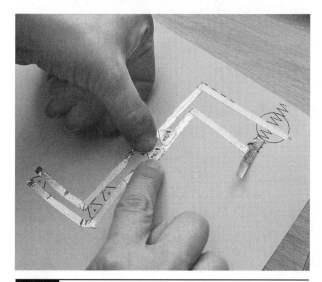

图4-31　粘贴LED

第四步：惊喜！

纸电路的一大优点就是你可以通过图案给使用者准备很多惊喜。如图4-32所示，你可以在每个LED的位置上都画上一颗星星，这样当LED发光之后，收到卡片的人就能接收到你给他的惊喜了。

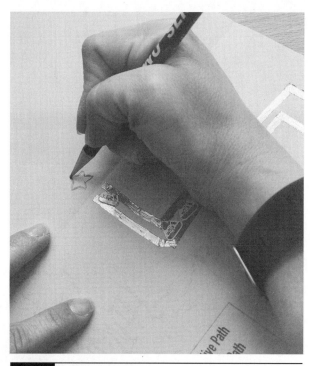

图4-32　画出隐藏的惊喜

第五步：测试

将电池放在铜箔之间，然后用活页夹固定住，如图4-33所示。合上卡片如果所有的LED都被点亮了？那恭喜你！如果没有，那么你需要进行一些简单的排错。首先检查所有的铜箔电路是否都牢牢地固定住了，同时确保胶带的表面都保持光滑的状态。接着你可以按压LED贴纸检查它们和铜箔胶带之间的接触是否正常，如果只有在按压贴纸的时候它们才能正常发光，那么就意味着贴纸和胶带之间接触不良，使得电子不能正常流通。你可以将卡片翻转过来按压反面贴纸对应的位置，或者是在正面另外用不导电的胶带来加固LED和铜箔胶带之间的连接，但是注意这时候一定不能用铜箔胶带来进行加固！

检查所有LED的朝向是否正确，即它们的正极是否连接了正极电路，负极是否连接了负极电路。同样注意检查电池的方向。

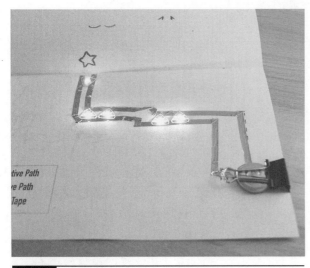

图4-33   测试电路

图4-34展示了LED发光之后才会出现的灌木妖怪以及在天上闪亮的星星！

挑战

- 试着把并联电路做成一个环形。
- 尝试用铜箔胶带来构成一些图形，能不能制作一个星形的并联电路？
- 能不能在并联电路上添加一个自制的开关？
- 能不能用纸电路来制作一个与门电路或者或门电路？

图4-34   最终完成的卡片

设计16：分支电路的迪斯科卡片

你也许注意到了有时家里的一个开关可以同时打开好几盏灯。而有些时候一个开关面板上会有控制不同灯光的几个不同开关。在这里我们会利用相同的原理让电流出现分叉并制作一个闪烁的迪斯科灯光效果（见图4-35）。

制作时间：30分钟

所需材料：

所需材料	描述	来源
模板	分支电路模板	本书最后
导电胶带	导电铜箔胶带（PRT-10561）或（PRT-13827）	电子元器件店、网上商城
LED贴纸	Chibitronics LED贴纸：30片一组（对于创客空间教室，可以购买创客空间套装）	Chibitronics网上商城
电池	2032纽扣电池	电子元器件店、网上商城

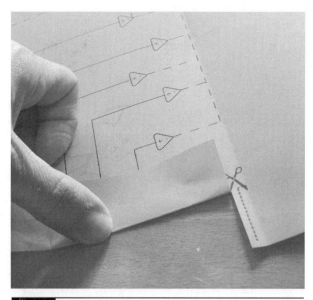

图4-36　剪开然后折叠

- - - 负极
——— 正极
········· 沿此线折叠
wwwwww 折叠胶带

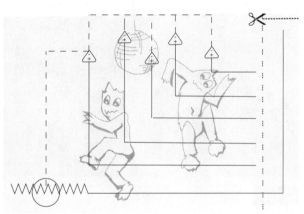

图4-35　分支迪斯科电路模板

第一步：准备开关！

按照模板，先在卡片上剪一个小口，让你能够按照图4-36所示把卡片折起一边。这一部分将会充当选择不同LED的开关。

按照图4-37所示开始粘贴铜箔电路。在拐角的位置，按照之前介绍的方法弯折胶带。这一部分电路最后应当以连接电池正极的铜箔拨片作为结尾（见图4-38）。

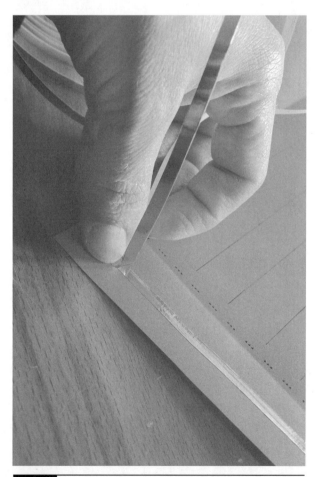

图4-37　正极上的开关

图4-38　铜箔拨片

第二步：负极电路

接下来完成模板上的负极电路部分，从电池下方开始。用一条连续的胶带完成负极电路共同的部分。

第三步：分支线路

接下来按照图4-39所示开始连接负极电路的分支部分。注意在粘贴铜箔胶带的时候一定要尽可能的平滑，同时最后应当在LED贴纸的负极位置结束。

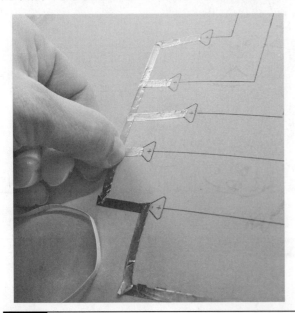

图4-39　开始布置负极电路

接下来完成各个分支的正极电路。它们最终会结束在之前制作的拨片下方，这样你就可以通过手指按压拨片来控制点亮哪个LED了。

在布置图4-40所示的各个分支电路的时候，记得要在LED贴纸的位置留出缺口，这样电流才会经过LED！按照之前介绍的那样在拐角处弯折一小段胶带，同时注意让胶带尽可能的平滑，这样电子流过的时候才不会有太大的阻力。

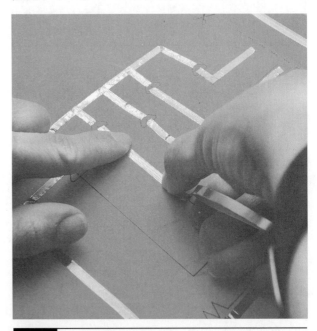

图4-40　注意在分支中留下缺口

第四步：放置LED

将LED贴纸贴在模板上对应的位置。用手指压紧贴纸，确保贴纸两侧都和铜箔有着良好的接触。接着将电池固定在对应的位置上，然后用手按压第一步里折起来的纸片，测试电路是否能够正常发挥作用。

第五步：跳起来！

用手指在开关上滑动，试着一个个点亮LED。接下来你可以在卡片上对应拨片的一侧画上琴键，或者是直接用迪斯科卡片让朋友大吃一惊，它的最终效果如图4-41所示。图4-42则展

图4-41 完成后的卡片

示了完成之后的卡片内部的情况。每个LED只有在按下对应分支的位置时才会发光，因为每个分支只有在这个时候才能与正极电路上的拨片接触构成一个完整的电路。

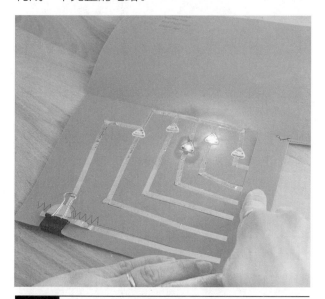

图4-42 完成后卡片内部的情况

挑战

■ 还有没有其他让电路分支的方法？

■ 这样的开关还有没有其他的应用场合？

■ 尝试着自己为电路设计配套的图案。

■ 参照第十二章"创客综合应用"的内容，试着为这个设计添加另外的互动元素！

教学提示：这是一个十分复杂的纸电路，因此最好是在学生完成了之前的纸电路设计，积累了一定的制作和设计经验之后再来尝试。创客们需要丰富的铜箔胶带使用经验才能较好地完成这个设计。

设计17和18: 立体纸电路

现在我们已经了解了关于纸电路的各种基础知识，接下来要不要试着制作一本电子立体书？立体书依赖于可以拉出的纸片来实现各种交互效果。下面我们会介绍两种将纸电路与立体书结合的思路，而具体通过立体书想要讲述的故事和图案则需要你自己开动脑筋！

设计17：拉伸式纸片开关

制作时间：60～90分钟

所需材料：

材料	描述	来源
卡片纸	各种颜色的卡片纸	手工用品店
LED	各种颜色的5mmLED	电子元器件店、网上商城
导电胶带	导电铜箔胶带（PRT-10561）或（PRT-13827）或MakeyMakey套件里的柔性导电胶带	电子元器件店网上商城
电池	2032纽扣电池	电子元器件店、网上商城

第一步：制作可拉出的纸片

首先，你需要制作立体书所需的拉伸纸片。先在一张空白的卡片纸上画出一个12cm长、2.5cm宽的长方形，然后在长方形的一端画上一个5cm长、底边各朝外延伸1cm的箭头。注意箭头的尖端一定要位于整个形状的对称轴上。用尺子确保箭头的边尽可能平直，然后用美工刀把整个箭头从卡片纸上裁剪下来。

第二步：标记开槽的位置

用裁剪下来的箭头和尺子在卡片上标记出需要开槽的位置，注意卡片上线槽的宽度要和箭头根部的宽度保持一致。如果线槽太宽了，那么纸电路的运行可能会受到影响。不过你可以通过用不导电的胶带来修补过宽的线槽。如图4-43所示，把箭头的底边与卡片的边缘对齐摆放。第二个线槽和第一个线槽之间需要间隔2.5cm，而第三个线槽和第二个线槽之间需要间隔1.2cm，最后一个线槽和第三个线槽之间则间隔2.5cm。较窄的槽位会固定住箭头，使它与卡片之间保持良好的接触，让纸电路能够正常工作。两个较宽的

槽位将用来承载纸电路，而当箭头上的开关经过它们的时候，整个电路就会闭合开始运转。用美工刀划开我们在卡片上标记的位置。注意我们画上标记的一面最终将是卡片的内侧，也就是要布置纸电路的一面。将卡片翻转过来，将箭头如图4-44所示那样塞进刚刚切出的线槽里，最后在卡片的背面标记出箭头末端的位置，如图4-45所示。在第七步里我们会在箭头上添加障碍物来防止它超过这个标记的位置。

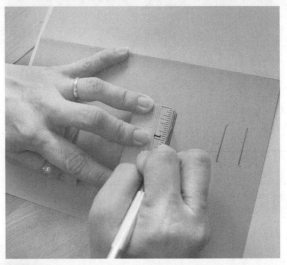

图4-43　在纸上标记开槽位置

图4-44　从正面看塞进卡片的纸片

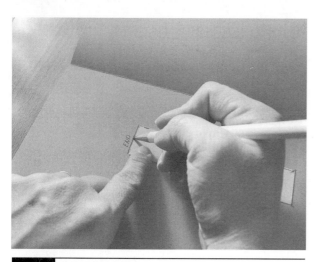

图4-45　标记末端位置

图4-46　设计电路

- - - - - - - - - 　用美工刀划开
────────────　正极电路
─ ─ ─ ─ ─ ─ 　负极电路
WWWWWWW　铜箔拨片

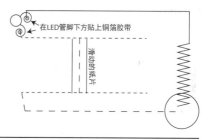

图4-47　电路布线示意图

第三步：设计电路

如图4-46所示，在卡片的背面用铅笔画出电路的布线图。在这里使用的电路和设计14中的电路很相似，不过这里需要再加上一个分支电路（参考设计16）。图4-47所示就是最终使用的电路模板，但是在这里是时候由你自己发挥想象力来设计电路了！相信你肯定能够成功！注意在粘贴LED的地方需要标记出缺口，而在纸片经过的位置要留一个较大的缺口来构成开关，使得你可以通过纸片控制电路的运行和停止。

第四步：装上LED

首先用缝衣针或者是回形针在LED管脚的位置戳两个小洞，注意你可以先在这个位置贴上一小片透明胶带，这样戳洞和穿过LED管脚的时候就不容易把卡片撕破了。注意最好在电路上标记出LED的极性，这样安装的时候就不容易出错了。当然在LED上你也可以用记号笔做上标记，不过我们之前介绍过的长短管脚分别对应正极和负极永远都是有效的。有些LED也会把灯珠上负极的一侧磨平一点点。当然最佳的方法是用纽扣电池测试之后，再分别标记正极和负极。将LED的管脚从卡片正面穿入，而为了保证LED的管脚和纸电路之间的接触良好，你可以用尖嘴钳把管脚弯曲成螺旋形，这样管脚和铜箔胶带之间的接触面就会增大很多，从而保证电流能够流通（见图4-48）。

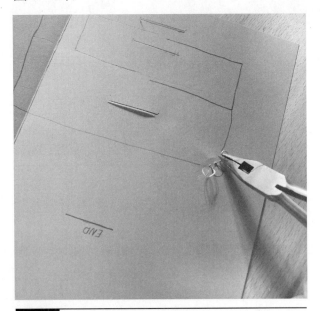

图4-48　用尖嘴钳弯曲LED的管脚

第五步：完成电路

接下来按照之前介绍过的方法用铜箔胶带完成你设计的电路，相信你已经很熟练了！注意纸电路的拐角位置，以及保持胶带表面尽可能光滑。那么准备好来布置一个既有开关又有分支的电路了吗？在分支的地方只需要另外再撕一条胶带开始粘贴就可以了。注意在开关的位置一定要留好缺口，确保只有在箭头纸片被拉过来的时候电路才会闭合并且点亮LED！

同样为电池准备好铜箔拨片，因为最后会用活页夹固定住电池。继续将铜箔电路布置到LED的位置，然后在LED管脚的位置断开胶带。然后用透明胶将LED的管脚固定在铜箔胶带的表面上，因为通常铜箔胶带的底部都是不导电的（见图4-49）。接下来继续按照模板完成电路，然后我们要处理的是开关部分！

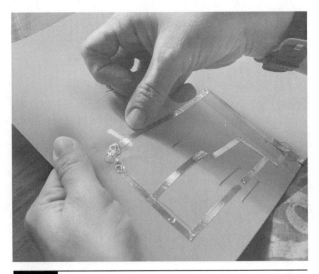

图4-49　固定LED

第六步：制作纸片开关

把箭头纸片按照图4-50所示摆放在纸电路上，然后标记出我们需要制作开关的位置。在开关的部分需要给箭头增加一些厚度，这样才能确保铜箔开关和铜箔电路之间接触良好。剪两片较小的纸片用双面胶固定在箭头的开关部分上，如图4-51所示。用铜箔覆盖住整个小纸片的表面，最好是沿着箭头被拉出的方向粘贴铜箔胶带，然后在两端再横着贴一条胶带防止铜箔胶带在拉动的过程里松脱（见图4-52）。这样也可以让开关看上去更整洁。

图4-50　测量并标记开关位置

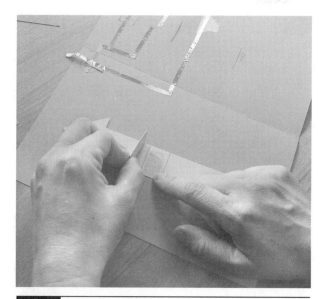

图4-51　用双面胶固定纸片

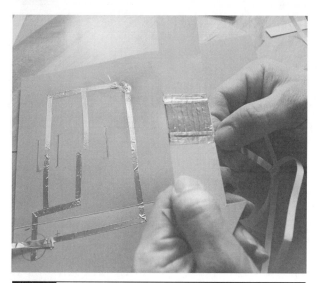

图4-52　在纸片上制作开关

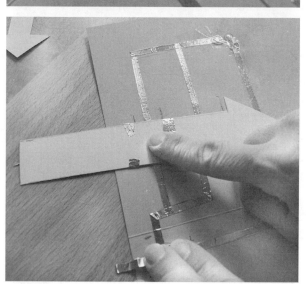

图4-53　测试电路

一下LED的管脚和铜箔胶带之间的连接是否正常。

第七步：电池和测试

将电池放在铜箔之间，然后检查正极电路是否与LED的正极对齐。最后用活页夹固定住电池。

接下来将开关放在对应的位置来测试开关是否正常，如图4-53所示。LED能不能正常发光？能的话，恭喜！不能的话，你需要检查铜箔胶带是否有断裂或者是褶皱的地方（当然除了分支处之外）。同时检查开关能不能将缺口两端的铜箔胶带正常地连接起来？如果不能的话，那么就需要调整肩头上开关的位置了！如果还是不能点亮LED，那么检查

第八步：完成立体书

将箭头按照第二步所示塞进卡片里。如果很难塞进去，可以用美工刀稍稍将线槽弄宽一些。但是注意不要过宽，因为这些槽位也担负着固定箭头的责任。固定了箭头之后，再次对开关进行测试，它应当能够连通电路点亮LED。如果LED没有发光，试着用手指按压开关，看看是不是因为开关的厚度不够而接触不到电路。如果是这样的话，可以用透明胶带将槽位两侧粘起来一部分，

这样能够增强开关和铜箔电路之间的接触。当然任何和纸相关的设计都可以用透明胶带进行修复，同时还能够在必要的地方对电路进行绝缘！在电路测试正常之后，你需要给纸片加上一个刹车。将纸片拉到最后停住的位置，然后剪一条1.2cm宽的卡片纸，按照图4-54所示将它粘贴在卡片的背部，注意粘贴的时候不要和箭头粘在一起，这会让箭头无法被拉动！这个纸片能够停住拉出的箭头，防止读者意外地将箭头彻底拉出你的立体书！然后你就可以自己给卡片的正面配上图案了（图4-55给出了一个例子），然后编一个小故事来完成你的电子立体书！

图4-54 粘贴刹车

图4-55 配上图案

设计18：层叠的拉伸纸片立体书

如果你希望给立体书加上一些角色，那么这个设计能够教会你很多技巧。接下来你将自己动手制作一个可以滑动的纸片，并将它变成立体书的一部分。

制作时间：60～90分钟

所需材料：

材料	描述	来源
卡片纸	各种颜色的卡片纸	手工用品店
LED	各种颜色的5mmLED	电子元器件店、网上商城
导电胶带	导电铜箔胶带（PRT-10561）或（PRT-13827）或者MakeyMakey套件里的柔性导电胶带	电子元器件店、网上商城
电池	2032纽扣电池	电子元器件店、网上商城

第一步：裁纸

首先，我们需要裁剪纸张。基底第一层的纸的长和宽需要比第二层多2.5cm。举例来说，如果第一层的长是25cm、宽是12.5cm，那么第二层的长就是22.5cm、宽是10cm。裁剪之后，沿着长边折成均等的三份（见图4-56）。你可以用尺子测量之后再来折叠，这样能够保证准确度。完成之后，接下来需要在纸上标记出开槽的位置，这些槽位是为了让纸片滑动准备的。如图4-57所示，在离左上角长和宽各2.5cm的位置做一个标记，另一个槽位在离内侧折痕2.5cm的位置，高度与左侧的槽位保持一致。参照作为基底的纸片，在其他较小的纸片上标记出滑动纸片固定的槽位。滑动纸片最后会被固定在纸片的右侧。用美工刀在纸上给幻灯片划出槽位，最后结果如图4-58所示。

尽量用颜色对比比较明显的纸片来制作幻灯片。槽位的宽度应当是顶层纸片宽度的三分之二（见图4-59）。最后顶层纸片上的槽位宽度则是滑动纸片的宽度。将准备好的纸按照之前那样折成三等分，然后就可以进行下一步设计纸电路了。

图4-57　标记槽位（续）

图4-56　裁剪纸张并折成三等份

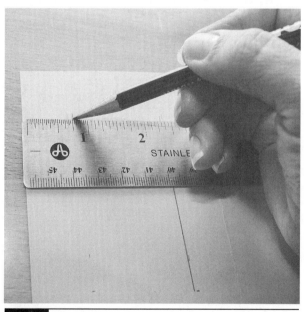

图4-57　标记槽位

图4-58　划开槽位

第二步：设计简单电路

参照图4-60在滑动纸片和基底纸片上画出一个简单电路。最后可以将LED穿透所有纸片，但是如果将LED的管脚固定在纸片上效果会更好。

图4-59　裁剪滑片和滑片槽

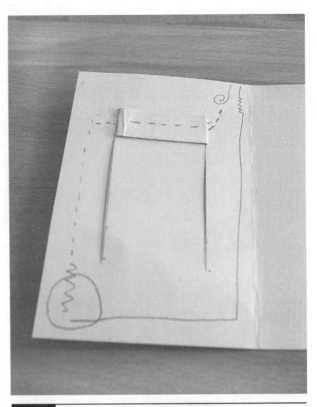

图4-60　在滑片和底纸上画出简单电路

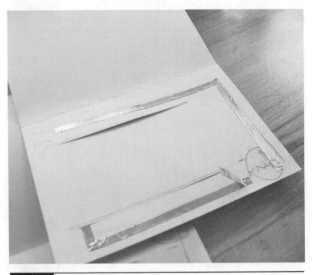

图4-61　铜箔拨片和连接LED和滑片的电路

第三步：拨片和滑片

先按照之前介绍过的方法制作一个铜箔拨片，然后完成滑片槽左侧的部分电路，如图4-61所示。将铜箔胶带一直粘贴到槽位边上，保证滑片开关和电路之间能够良好接触。

第四步：LED和电池

用一段新的胶带，完成从LED管脚到电池的电路。将电池粘贴在固定电池的位置上，这样电池底部就会接触胶带的表面，而顶部则会与铜箔拨片相接触。用一小段胶带连接LED管脚和滑片槽的内侧。

第五步：导电的滑片

接下来在滑片中间的三分之一部分贴上铜箔胶带，然后将滑片两端穿过基底纸片上的槽，如图4-62所示。

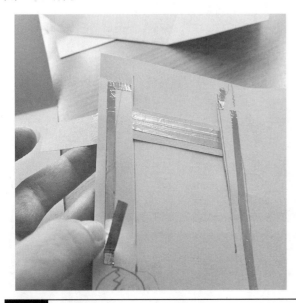

图4-62　制作滑片

第六步：滑片和第二层纸片

将滑片插到第二层纸片里，如图4-63所示，然后将管脚用双面胶固定在纸片的另一面。注意不要让双面胶超出滑片的范围，因为最后我们需要整张纸一起上下移动。

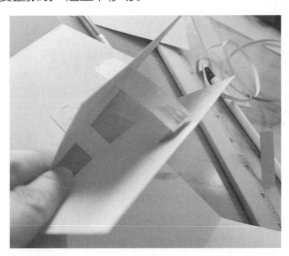

图4-63　插入滑片

第七步：固定LED

按照图4-64所示弯曲LED的管脚，或者将它弯成螺旋形，这样LED管脚和铜箔胶带之间的接触面积能够达到最大。将管脚摆放在铜箔胶带上之后，用普通透明胶带将它固定住。

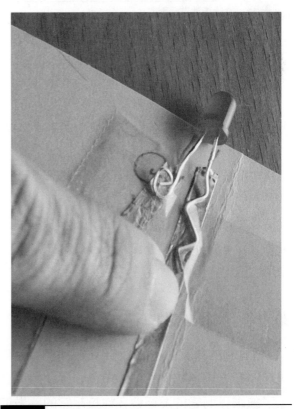

图4-64　准备LED

第八步：装上电池和测试

装上电池，然后将第二层纸片往上拉，此时你的LED应当如图4-65所示那样开始发光。如果没有，你可能需要在槽位的内侧多贴一些铜箔胶带来保证滑片能够连通两侧的电路。同时你还需要检查LED的管脚和铜箔之间的接触是否良好。

图4-65　装上电池进行测试

第九步：隐藏电路

就快完成了！现在电路位于基底纸片的左侧部分。现在将纸片按照之前那样折起来，如图4-66所示。然后用双面胶将开口处粘起来，将整个纸片封成一个纸包。注意双面胶不要超出纸片的范围，否则会粘住第二层纸片，使得滑片没法发挥作用。现在你已经完成了图4-67里的电路，接下来你要做的是把它变成立体书里的一个角色！

第十步：画龙点睛

根据你的故事来装饰刚刚完成的角色。我们决定制作一个怪物外星人的角色，因此给他装上了独眼，而它的发饰会在你拉起它的头发的

时候发光！把它融入你的立体书之后，它会说什么呢？

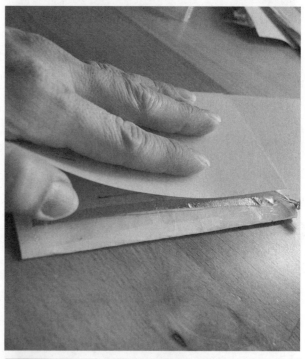

图4-66　关上纸片并且用胶带固定住

挑战

- 能不能再嵌套一层带有开关的纸片？
- 能不能试着点亮更多的LED？
- 你还能想到其他哪些立体的开关结构？

图4-67　把纸片变成角色并且融入故事之中

第五章

编程

在这一章里，我们将会介绍与Scratch语言相关的一些设计，它们可以帮助你初步了解计算机思维。在设计21中，我们将会通过使用Ardublock进行图形化编程来强化所学的知识，以及试着将它转换成真正的Arduino代码。

设计19：认识Scratch语言
设计20：用Scratch制作迷宫游戏
设计21：Arduino littleBits设计——使用Ardublock

第五章的挑战

学会编写嵌套的程序或者是尝试编写Arduino代码。

设计19：认识Scratch

Scratch是由MIT媒体实验室推出的一项非常棒的编程工具。设计它的目的是为了让编程初学者能制作属于自己的游戏、动画和交互式故事，从而累积对程序设计的自信。

制作时间：30～60分钟
所需材料：

材料	描述	来源
计算机	能上网的计算机	
Scratch	Scratch账户	Scratch.mit.edu
（可选）	树莓派计算机（可选）	电子元器件店

教学提示：如果你的课堂上主要是没有编程经验的年轻创客，那么在介绍Scratch之前可以先尝试code.org上的一小时编程（Hour of Code）课程。这能够帮助创客们了解计算机思维的基本概念，并且让他们专注于简单的代码，并减小压力。但是，如果是高中阶段的学生，即使没有编程经验，他们也肯定能轻松上手Scratch。

第一步：创建账号

首先你需要在scratch官网上创建一个账号（网页最下方有语言选项）。创建账号并登录之后，单击页面上的"创建"（Create）按钮开始设计你的第一个程序。你可以将它命名为"躲避球游戏"或者其他任意名字，之后登录时可以在"我的设计"（My Stuff）标签中找到你的程序。

第二步：认识Scratch

接下来让我们花点时间熟悉一下你的工作环境（新版Scratch页面排布与书中略有不同，各区域功能大致相同）。页面的左侧是"舞台"（Stage）区域，它能够显示程序的结果。在完成了游戏的编写之后，你可以单击全屏按钮让整个屏幕都展示运行中的程序。舞台区域下方是"角色"（Sprite）区域。页面的中央是"代码"（Blocks）标签页、"造型"（Costumes）标签页和"音效"（Sounds）标签页。默认显示的是代码标签页，因为这里面包含了所有用来制作游戏和故事所需的代码（或模块）。页面上大部分代码的作用都体现在字面意思上。如果你想要给程序加些音效，你会最先想到什么呢？在代码标签页的右边是你的工作区域，即代码区（编程区）。要制作一个游戏或者程序，你需要在不同标签里找到需要的代码，然后拖动到工作区域里进行组合。在代码区的下方是书包区，你可以在这里储存组合好的代码，也叫作程序，它可以帮助你在其他的角色或设计里使用之前编写的程序（见图5-1）。

第三步：挑选角色

角色就是参与游戏的人或物。你可以挑选现成的角色、上传角色或者是自己动手绘制角色。即使某个角色看上去没有参与到游戏当中，它也有可能起到控制游戏进行的作用。在下一个设计当中，我们将会介绍如何制作一个能够启动和停止游戏，但是又不会在屏幕上活动的角色。而现在，你可以浏览一下角色库，并且挑

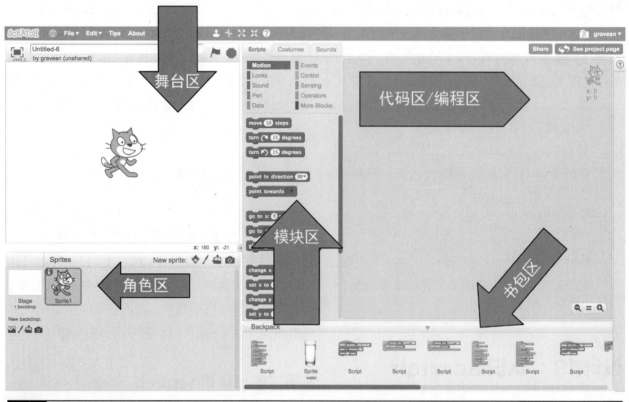

图5-1　Scratch界面

选一个你喜欢的角色。角色库可以从角色窗口的右上角进入，图 5-2 中展示的是目前使用的角色清单。图中右上角的第一个按钮会打开 Scratch 自带的角色库，铅笔图案能让你自己绘制一个角色，文件夹图案能够让你上传一个现成的角色。如果你感觉自己的造型很棒的话，你可以单击照相机图案，它会启动计算机的摄像头，你可以自拍一张并且让程序自动生成一个角色！

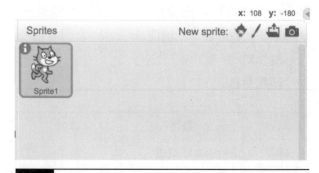

图5-2　角色清单

选定了角色之后，你可以单击中间的"造型"

（Costumes）标签页来给角色加上一些装饰（见图5-3）。你可以花点时间尝试一下这个页面里的各种工具。图中我选择的是油漆桶工具，它可以改变角色的颜色，你也可以尝试着变化角色身上的颜色组合。在这个页面里，你可以给角色赋予千变万化的造型，但是现在我们还有更重要的待办事项，为躲避球游戏找一个背景。

第四步：装扮舞台

在舞台区的下方，也就是角色清单的左边，你可以给舞台更换全新的背景。如果你在造型标签页中单击舞台按钮，那么Scratch会让你绘制背景。图5-4中详细地展示了各个图标的位置。你可以单击这个菜单里的第一个图形按钮来访问Scratch的背景库。笔按钮可以让你自己绘制背景（在制作迷宫游戏时就会用到），文件夹按钮能够让你自己上传背景。这里我们会上传一张第四章里没有用到的图片，你可以在绘图区通过拖动调整图片的大小。这是一种快速创建背景的方式，你也可以通过扫描图片并上传来制作独特的背景。准备好了舞台的背景，接下来就可以动手编写你的第一个程序了！

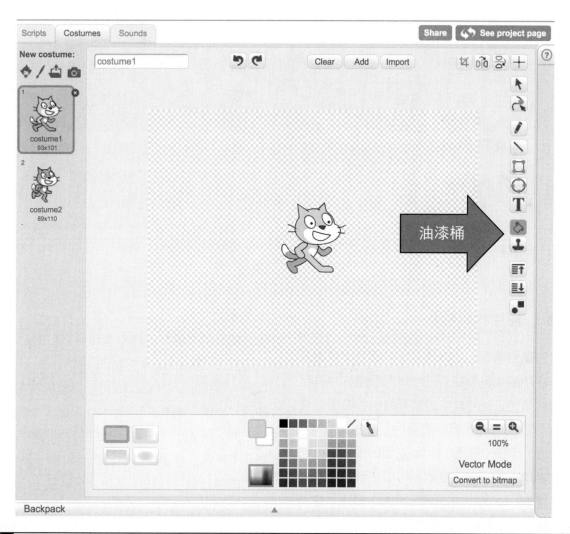

图5-3　角色的造型

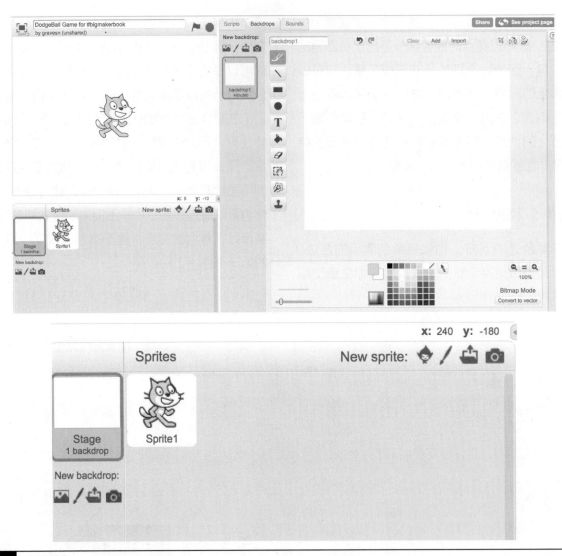

图5-4   舞台背景

第五步：使用代码模块

首先我们需要一个能够在单击绿色旗帜时开始运行程序的代码模块。注意你需要先单击并且拖动你的角色，把它放在游戏开始时你希望它在的位置。接下来在代码标签页中，单击"事件"（Events）标签（见图5-5）。这里的模块可以帮助你控制角色的活动，在里面可以找到一个"当旗帜被单击"（When Flag Clicked）模块，这是一个在任何程序开始时都需要的模块。

单击并且拖动这个模块到工作区域当中，这个模块会在每次有玩家单击旗帜之后重新开始整个程序。

如果你希望角色在每次程序运行时都处在固定的位置，那么可以到"运动"（Motion）标签中，找到"移到x: y:"（Go to x: y:）模块，并将它拖动到"当旗帜被单击"（When Flag Clicked）模块下方，等到出现白色亮光之后再松开鼠标，如图5-6所示。连接这些模块就能构成一个小程序，它们能够让角色在程序开始之后前往一个固定的地点。如果不将模块连接在一起，那么相应的代码就不会运行。要测试程序的作用，你可以将角色先拖到舞台上任意的位置，然后单击程序模块，看看它能不能让角色回到原来的位置？如果不能，

那么仔细检查是否将模块连接在了一起。你可以
通过单击任何模块来测试它的作用。在编程的过

程中，这也是一个很好的测试方式，它能够帮助
你确认编写的程序是否符合预期。

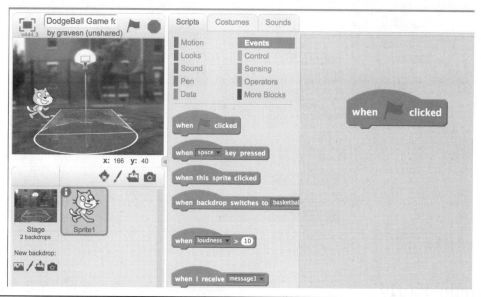

图5-5　"事件"（Events）标签

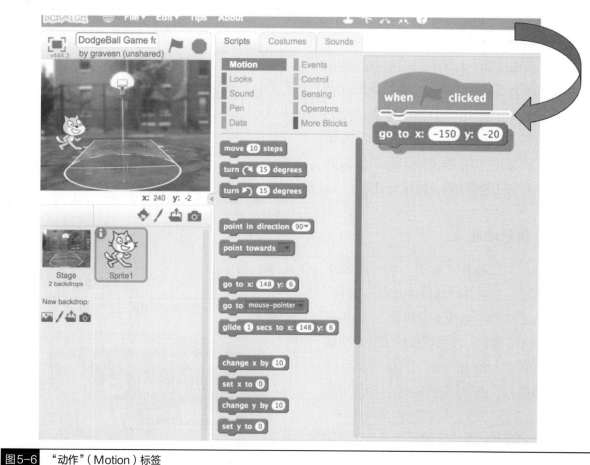

图5-6　"动作"（Motion）标签

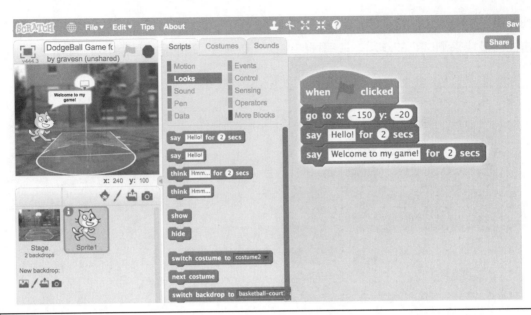

图5-7   生效的外观模块

第六步：Hello World!

接下来让我们通过编程使角色向你问好。单击"外观"（Looks）标签，拖动"说你好2秒"（Say Hello for 2 secs）模块到程序块的下方。注意有一些代码模块里的内容是可以进行修改的，单击模块里的文本框，然后输入"欢迎来到我的游戏！"（Welcome to my game!）单击模块运行代码看看你的第一个程序的效果！你会发现正在运行的代码会在代码区里高亮显示，这是调试过程中一个十分有用的功能（见图5-7)!

第七步：让角色动起来

接下来我们可以编程让键盘上的方向键来控制角色的运动。首先在代码区中加入"事件"（Events）标签中的"当按下空格键"（When Space Clicked）模块，然后将模块中的空格键改成向上的方向键（up arrow，↑），如图5-8所示。然后再加入"运动"（Motion）标签中的"面向90方向"（Point in direction 90）模块，这样你的角色会在开始运动之前朝向前方。之后再加入一个"运动10步"（Move 10 steps）模块，如图5-9所示。如果你不希望角色在朝上运

动时朝向上方，那么你可以单击角色框左上角的"i"按钮。这时界面会变成图5-10所示的那样。你可以在这个界面里修改角色的旋转方式（rotation style）。挑选了合适的旋转方式之后，我们需要将另外几个方向键也加入到程序当中。

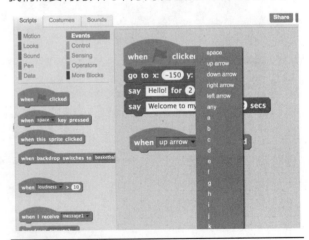

图5-8   将模块中的空格键改成向上的方向键

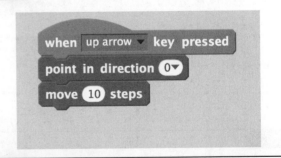

图5-9   让角色动起来

图5-10　角色信息

教学提示：有很多种方法来编写各个方向键的程序。如果创客们想要尝试编写不同的程序来使用方向键，不要阻止他们！我们会在下一个设计当中介绍另外一种使用方向键的方法。你只需要记住，创客运动最棒的一点就是没有唯一正确的答案！最终怎样解决问题并不重要，重要的是在解决问题的过程中你所做出的一切努力！

第八步：复制代码

现在你可以重复刚才介绍的步骤完成剩下三个方向键的代码，或者用右键单击代码区里的程序块，出现的菜单里会有"复制"（Duplicate）这个选项。这样你只需要修改模块中的按键以及运动的方向就行了。完成所有按键的编程之后，你的代码区现在应当如图5-11所示。

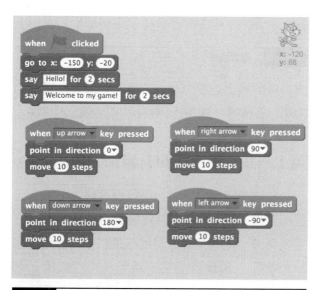

图5-11　准备好运行的代码

第九步：躲避球

既然你的角色已经动起来了，接下来需要给它加上一个逃避的对象了！单击"新角色"（New Sprite）按钮，然后创建一个球形角色。如果你想要改变球的外观，那么可以单击造型标签页按照你的设想进行修改。

创建角色之后，你也许会发现刚才我们编写的代码都消失了！不要担心，每个角色都有它对应的代码工作区（见图5-12）。单击第一个角色，你就发现原来的代码又重新出现了。现在让我们单击刚刚创建的球形角色，我们需要给它添加一些动作。在这里我们不准备像刚才那样用方向键来控制它的运动，而是要让它像一个真正的躲避球一样四处乱飞。

在游戏开始时，我们需要让这个球藏起来，因此我们需要用到"外观"（Looks）标签中的"显示"（Show）模块。同时我们可以让球从右上角出现，只需要先把球拖到对应的位置，然后在"运动"（Motion）标签中拖出"移到x:y:"（Go to x:y:）模块。接下来再在代码里加入一个"面向方向"（Point in direction）模块。为了让球朝着随机的方向运动，你需要在"运算"（Operators）标签中找到"在和之间取随机数"（Pick random 1 to 10），然后用它替换面向模块中的参数。接着将随机数的区间变成从4到140，如图5-13所示。

第十步：重复循环

如果现在单击代码运行，你会发现球并不会运动很长的一段距离。为球编写的程序需要让它动起来，同时又保持在舞台范围内。我们希望球在开始运动之后，会一直被屏幕的边缘反弹。因此我们需要给它加上一个"重复"（forever）模块。所有在"重复"（forever）模块中的代码都会在程序运行时不断地重复执行。因此，如果我们把一个"动作"（Motion）模块放在"重复"（forever）模块当中，那么球就能够在程序运行时不停地运动！但是，由于舞台上并没有东西阻碍它，它最终可能会离开舞台区域。

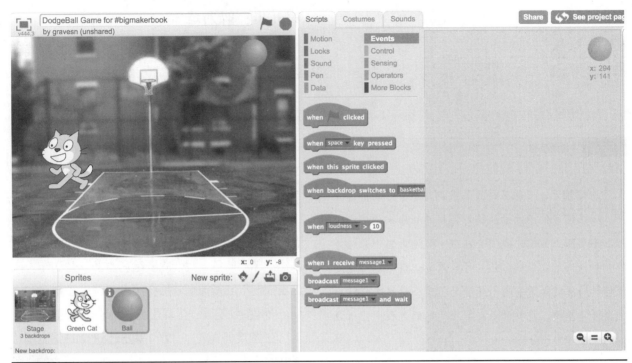

图5-12 新角色的工作区

图5-13 随机运算符

　　现在你可以单击代码测试一下它的效果。接下来我们需要用模块让球能够保持在舞台区域。先在"控制"（Control）标签中找到"重复"（forever）模块，将它拖到现有代码的下方，然后在"重复"（forever）模块之中加入一个"移动10步"（Move 10 steps）模块。你会注意到如果现在运行代码，球会一直运动直到离开舞台区域。为了让球保持在舞台上，我们需要在模块里添加一个条件控制模块。在"动作"（Motion）标签中，有一个十分重要的模块，叫作"碰到边缘就反弹"（if on edge, bounce）。这个模块能让球在碰到舞台区域的四个边之后立刻反弹，从而保持在舞台范围内运动。由于这两个模块都被放在"重复"（forever）模块内，因此球会持续运动10

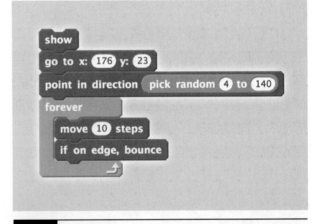

图5-14 重复循环

步，直到碰上边界为止，之后它会被弹向舞台的内侧！多棒啊！图5-14中展示了完整的程序块。

第十一步：条件语句：如果，那么

　　在球能够反弹之后，运行程序你会发现它会直接穿过角色1。最终游戏需要在猫咪碰到球之后就结束。同时我们在游戏结束时还需要给玩家一点提示。因此我们需要用到一个"如果，那么"（if/then）模块来在球碰到角色1时加入一个音效。"如果，那么"（if/then）模块位于"控制"

（Control）标签中。这也是我们经常会用到的最重要的模块之一！这个模块的作用是判定如果中的条件是否达成，达成的情况下就会执行模块中的代码。在这里我们要实现的是：如果球碰到角色1，那么播放一个音效。为了实现这一点，我们需要将"如果，那么"（if/then）模块放在"重复"（forever）模块当中，这样球就会一直反弹，同时也会一直搜索角色1的位置。接下来我们需要从"侦测"标签中选择"碰到？"（touching？）模块，将它拖动到"如果"后面的条件当中，如图5-15所示。注意单击旁边的下拉菜单按钮，然后选择我们的角色1。在我们的例子当中，最终模块修改成了"如果触碰到绿猫，那么"（If touching green cat then）。为了添加音效，在下面加入声音标签中的"播放喵"（play sound "pop"）模块，如图5-16所示。这样球在碰到角色1之后，程序就会播放一声猫叫！

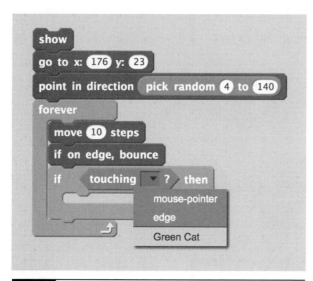

图5-15　感应角色1

第十二步：让球开始运动以及显示开始信息

编程当中最酷的一件事（不过可能也是最令人沮丧的）是编写的所有程序都会按照固定的顺序执行。也正是由于这个特征，我们不希望在游戏刚开始玩家还没弄懂游戏规则时球就开始运

动，我们想让角色1先向玩家解释整个游戏的规则。因此我们需要通过在角色1的程序块下添加"事件"（Events）标签里的"广播"（Broadcast）模块来实现这个目标。你可以将广播里的信息命名为"开始躲避球游戏"（Start Dodgeball），如图5-17所示。接下来还需要在球的程序块里添加一个"接收"（Receive）模块让它接收广播信息并开始运动。现在让我们单击球回到它的代码区，然后在程序块开头添加一个"当接收到开始躲避球游戏"（When I receive Start Dogeball）模块，如图5-18所示。

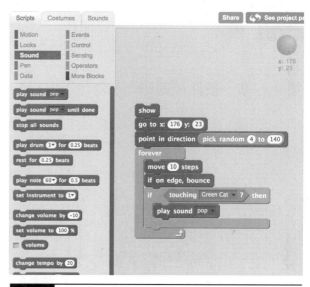

图5-16　加入音效

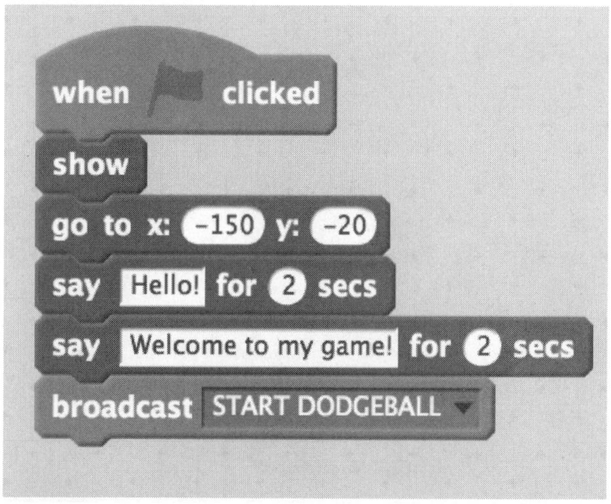

图5-17　广播信息

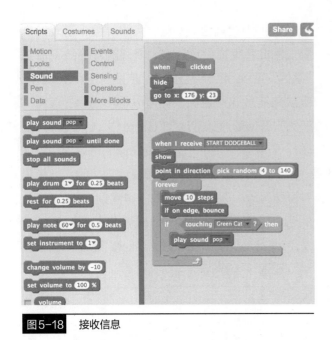

图5-18 接收信息

第十三步：条件控制语句：角色1出局！

现在我们的游戏已经可以正常运作了！单击

右上角的绿色旗帜，然后试着用方向键控制角色1躲避运动的球。你会发现目前球在碰到角色1时会不停发出猫叫声。那么在一个正常游戏里，应该会怎样？怎样才能改进现在的游戏呢？比如让角色1在碰到球时消失，这就需要用到另一个"如果，那么"（if/then）模块。从"控制"（Control）标签中加入"如果，那么"（if/then）模块之后，将如果后面的条件改成"侦测"（Sensing）标签中的"碰到球"（if touching Ball?then）模块。我们希望角色1在游戏中碰到球之后消失，因此需要再加入"外观"（Looks）标签中的"隐藏"（Hide）模块。现在角色1的程序块会如图5-19所示。再次测试你的游戏，看看它还存在什么问题？怎样才能修复呢？试着像图5-20那样给所有的方向键程序块都加上"如果那么"模块。现在游戏运行情况如何？

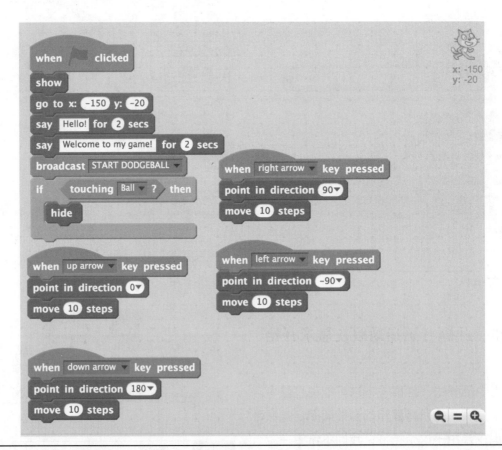

图5-19 让角色1消失！游戏结束！

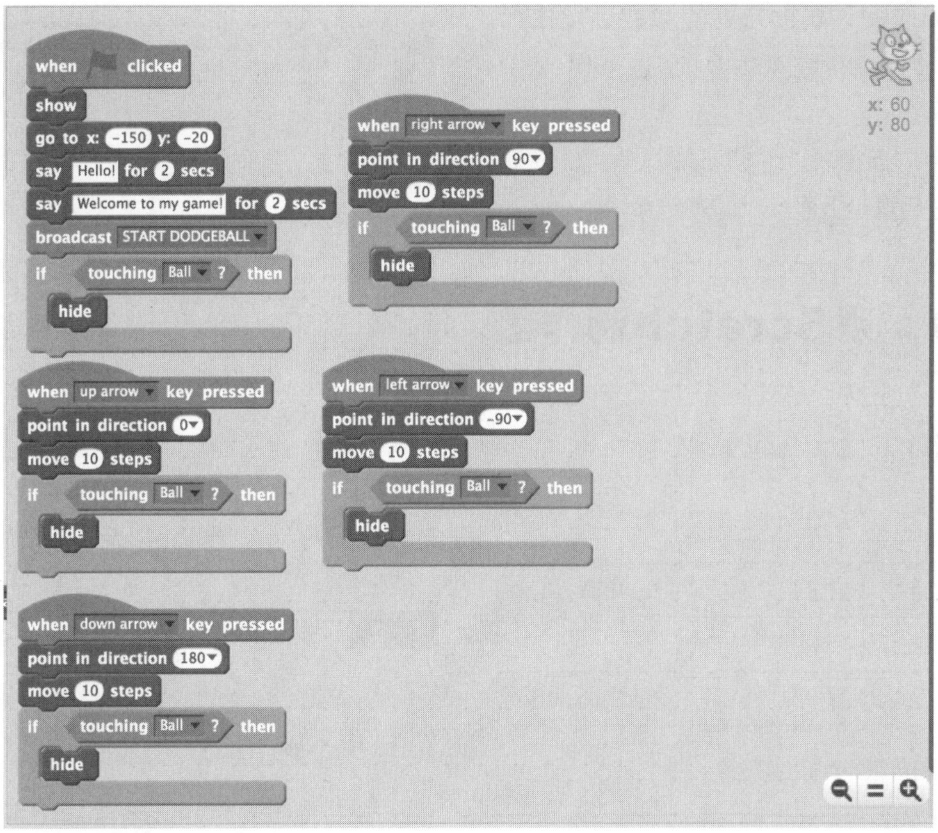

图5-20　角色1的完整代码区

第十四步：球停不下来……

你的游戏正在不断地被完善！但是，球在碰到角色1之后依然会持续运动，这时候舞台上已经没有目标了。这是因为球运动的代码被放在"重复"（forever）循环当中。不用担心，我们可以通过在"如果，那么"（if/then）模块里加上"停止这个代码"（Stop this script）模块来终止我们的游戏。这样最终球就会持续运动直到碰上角色1，然后球会在发出猫叫声之后终止整个游戏。你可以参照图5-21来检查关于球的全部代码。现在你的游戏已经可以正常运行了！

教学提示：你可以在 Scratch 官网上找到 Scratch 的教程和隐私政策说明。

挑战

■ 角色1会不会太慢了？怎样才能让更它快一点？

■ 能不能让球慢一点？

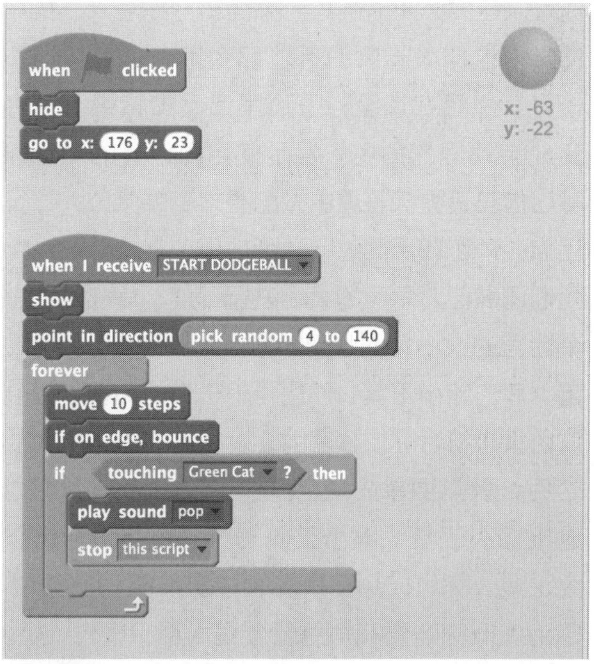

图5-21　"如果，那么"和"终止"模块

- 如果改变球随机方向的参数会发生什么？为什么参数4-140要比1-350效果更好？
- 利用广播模块，你能不能让角色1在消失之后舞台上显示"游戏结束"？

设计20：用Scratch制作迷宫游戏

制作时间：45～60分钟

所需材料：

材料	描述	来源
计算机	能上网的计算机	
Scratch	Scratch账户	Scratch.mit.edu
（可选）	树莓派计算机（可选）	电子元器件店、网上商城

第一步：挑选角色并缩小它！

首先挑选、绘制或者是上传一个角色！记住，你可以在Scratch的角色页面访问角色库。如果你觉得这样太无聊的话，那么可以尝试着自拍一张，然后在造型标签页里清理掉背景，把你变成游戏里的角色！但是使用角色库的角色能够让你在造型标签页中做出更丰富的修改，以及让你的角色在活动时有动画效果。在这个设计中我们还需要对角色的大小进行调整，使它适合整个迷宫的大小。图5-22中标出了缩小工具的位置。单击缩小工具，然后再单击你的角色，直到角色大小符合你的预期为止。得到了理想的大小之后，只需要单击角色周围的空白区域就可以退出缩小工具。缩小工具的旁边就是对应的放大工具，你可以用它来放大你的角色。（新版本Scratch中需要在角色造型页面用Ctrl+A选中整个角色，然后用鼠标拖动四角的锚点进行放大和缩小。）

图5-22　缩小你的角色

第二步：画出迷宫

单击背景，然后找到绘图工具。首先画一个满屏幕大小的矩形来充当整个迷宫的边界，如图5-24所示。使用图5-23中的绘图工具，你可以用橡皮擦擦掉矩形边上的一小部分来充当迷宫的终点。然后利用画线工具或者矩形工具来设计一个迷宫，我们设计的迷宫如图5-25所示。

图5-23　绘图工具箱

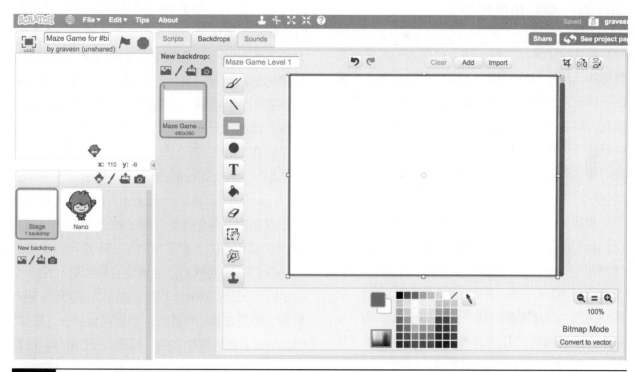

图5-24 画出迷宫的边界

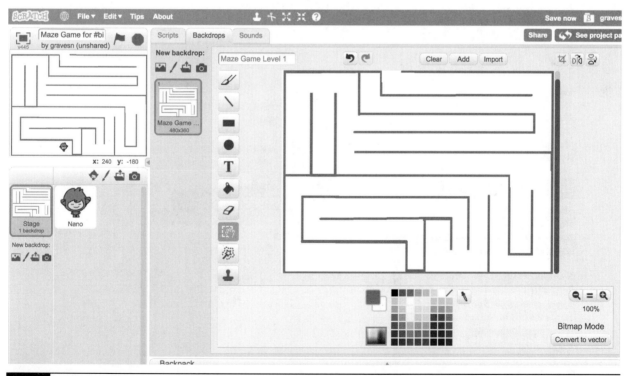

图5-25 准备开始编程

第三步：编写角色代码

设计好了迷宫之后，接下来要做的就是编写角色的代码让它探索整个迷宫。我们会像上个设计一样利用方向键来控制角色的运动。但是在这里我们将会使用"如果，那么"（if/then）模块，并且将所有方向键都放在同一个程序块里。首先，我们当然需要一个"当旗帜被单击"（When flag clicked）模块来开始整个游戏，然后我们需要一个"重复"（forever）循环，因为只要游戏在运行，我们就需要通过方向键控制角色的运动。从"控制"（Control）标签里加入一个"如果，那么"（if/then）模块，将它放在"重复"（forever）循环模块当中。接下来回到"侦测"（Sensing）标签中，还记得我们要用的模块是什么吗？将"按下→键？（If key pressed）"模块拖到"如果"

（if）模块后方，然后我们需要挑选一个"动作"（Motion）模块来控制角色运动。你可以多尝试几个不同的指令，看看它们的效果有什么不同。如果你的角色要向舞台的左侧运动，那么你需要减小它的x坐标值。我在这里使用的角色有多个造型，因此在运动时可以给它加上动画效果。我们可以在"如果，那么"（if/then）模块里加上"换成造型"（switch costume to）或者"下一个造型"（switch to next costume）模块。通过这种方法甚至能让角色在朝左移动时逐渐变大，但是这样它就和你的迷宫不搭调了。不过可以记住这个小窍门，因为我们以后肯定会用到它！用一个"如果，那么"（if/then）模块就可以控制所有的方向键，但是注意所有的方向键都需要放在"重复"（forever）循环模块之中，如图5-26所示。注意每个方向键改变的角色的坐标值都是不一样的。

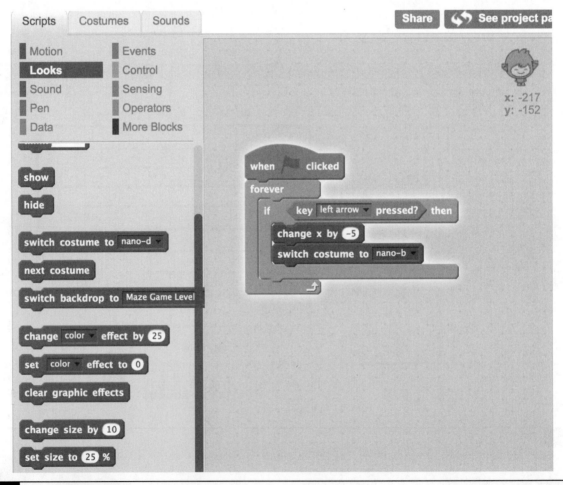

图5-26　左方向键和改变造型

第四步：迷宫的墙壁

　　你的角色现在应当能自由地在迷宫中穿行！但是，在真实的迷宫中它应当会受到墙壁的限制。那么怎样才能把背景变成真实的墙壁呢？想想在上一个设计中我们是如何让角色在碰到球之后消失的。在这里我们可以用一个类似的方法让角色按照迷宫的规划行动。首先我们需要再加入一个"如果，那么"（if/then）模块，如图5-27所示。然后利用"侦测"（Sensing）标签中的"碰到颜色"（touching color？）模块，让程序判断角色是否触碰到了迷宫的墙壁，如果碰到的话，就让角色朝着反方向运动。你也许会认为这样会让角色不停地朝着右边运动，但是实际上由于我们在重复循环中加入了对四个方向键的判断，因此只会让角色停止朝左的运动。而我的程序还会让角色在碰到墙时切换成皱眉头的造型。接下来我们就可以复制为左方向键设置的程序块，然后将它修改成对应其他方向键的代码。注意右方向键对应的x坐标轴变化应该是增加5，而上下方向键对应的应当是增加或减小y轴坐标。图5-28中展示的是最终完整的程序块。

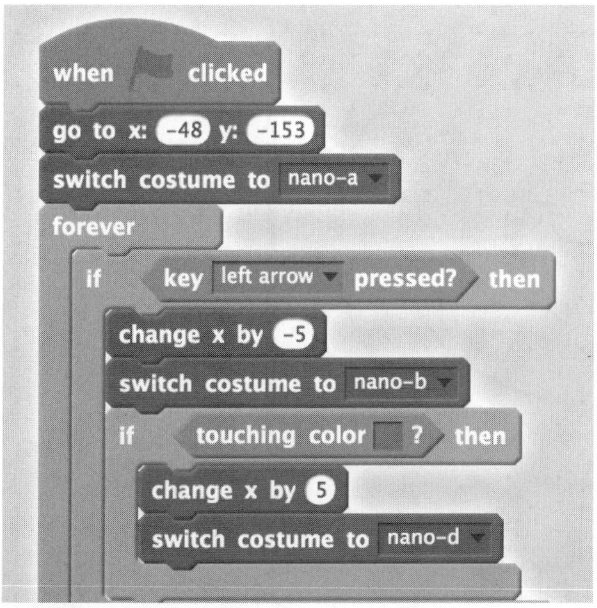

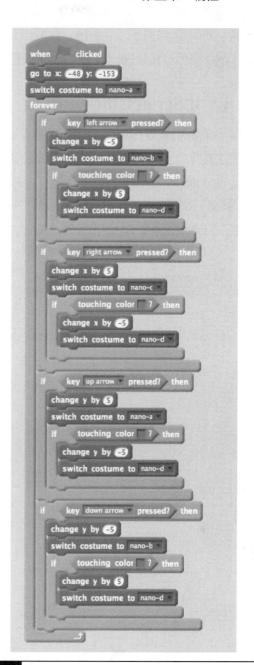

图5-28　角色1的完整代码

图5-27　完整的左方向键代码

第五步：接下来呢？第二关？

　　看，迷宫游戏的编写多么简单！也正是由于角色本身的代码不是太复杂，所以我们可以尝试着给游戏加上第二关。最简单的实现方法是在迷宫的终点加一个角色。对于这个角色，我们可以让它在角色1到达终点时广播一条"改变背景"（change backdrop）的信息。然后让我们来设计第二个迷宫背景，这一次试着设计一个圆形迷宫。你可以如图5-29所示，先画出几个同心圆，然后再用直线和橡皮擦来构成你的迷宫。

第六步：让Scratch切换关卡

接下来我们需要在角色1的代码里添加切换关卡的功能。此外，你还需要通过一个新的广播信息让Scratch确定何时切换到关卡2。首先，如图5-30所示在切换造型下面加入一个"开始广播信息"（broadcast Start）模块。有了广播信息之后，我们同样需要一个接收端，接收端在接收到"开始"（Start）信息之后，Scratch会将背景切换成第一关。那么之后在接收到切换关卡的广播信息时，它也能够将背景切换成第二关、第三关等。接收端需要放在"重复"（forever）循环当中，如图5-31所示。在切换到第二关之后，我们还需要重新确定角色1的起始位置。从"事件"（Events）标签中找到对应的模块，并且输入下一关开始时角色的起点坐标。

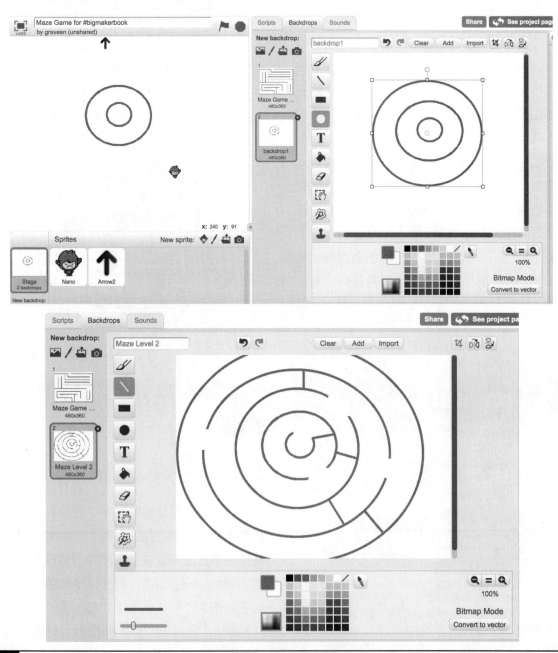

图5-29   画一个圆形迷宫

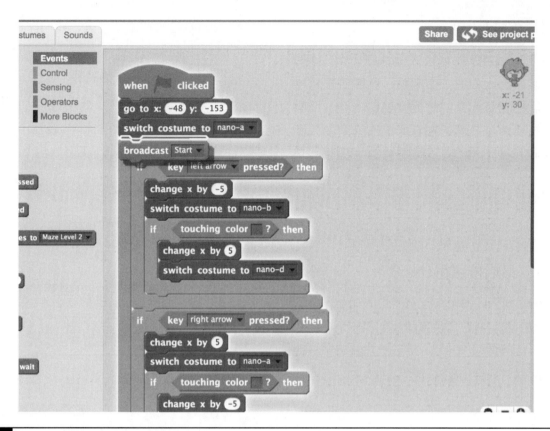

图5-30 广播"开始"（Start）

图5-31 开始第一关/第二关

第七步：藏起角色2

除非你希望将表示终点的箭头在切换关卡时移动到迷宫的正中央，否则我们就需要在切换关卡之后把它藏起来。想要实现这一点，只需要单击箭头角色，然后在它的工作区里加入图5-32中的代码，包括"当旗帜被单击"（when flag cliked）、"显示"（Show）、"当背景切换为"（when backdrop switches）、"隐藏"（hide）等模块。

第八步：最后能赢得什么？

现在让我们给角色在迷宫的中间加上一些可以得到的东西。我在角色库里找到了一个糖果心形角色，然后按照图5-33所示给它编写了一段代码。这样它只会出现在迷宫2的中央。而要让

角色1在碰到它时发生些什么，我们需要回到角色1的代码区当中。

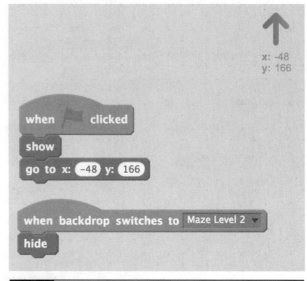

图5-32　隐藏角色

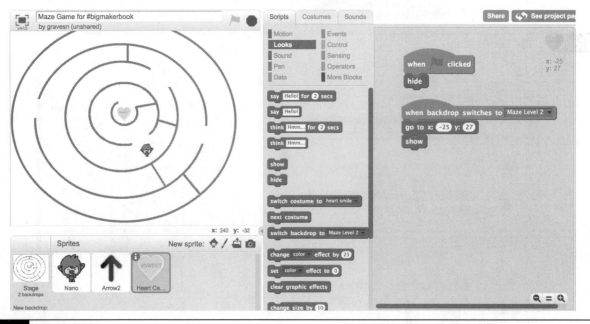

图5-33　糖果心形角色

第九步：唔，好吃

还记得"外观"（Looks）标签里的"改变大小"（change size by 10）模块吗？如果我们在角色1触摸到糖果时用上它会怎样？要实现这一点，我们需要修改角色1在第二关生效的程序块。这个程序块现在负责在第二关开始时确定角色1的起始

位置。我们需要在它的"重复"（forever）循环里添加一个"如果"（if）模块，这样当角色1得到糖果时就能获得奖励了！在"如果"（if）模块中，我们可以使用"侦测"（Sensing）标签里的"碰到角色"（touching sprite）模块，以及一些"外观"（Looks）标签里的模块来告诉玩家赢得了游戏！

你可以输入在角色完成第二关之后想说的话。我们在这里加入的"将大小增加30"仅仅是为了好玩。现在运行代码看看当角色碰到糖果时会发生什么？

第十步：画龙点睛

我们还希望在游戏结束时添加一些音效让玩家能够更加享受游戏。Scratch可以帮助你录下自己的声音，只需要单击"播放声音"（play sound）模块里的下拉箭头，然后单击录制；或者直接在声音标签页里录制一段声音。

接下来让我们添加一个游戏结束时的背景（见图5-34）。我们挑选了背景库里的"光线"（Rays）背景，因为它看上去很棒而且很适合用来恭喜玩家结束游戏！你可以通过文本框工具在背景里加上胜利信息。现在，为了让程序能够正常使用它，你需要对角色1的代码再进行一些修改。我们需要添加一个"事件"（Events）标签里的"广播 游戏结束"（broadcast end game）模块，然后将它放在"重复"（forever）循环中播放胜利音效的下面，因为我们希望在播放音效之后再切换屏幕（见图5-35）。

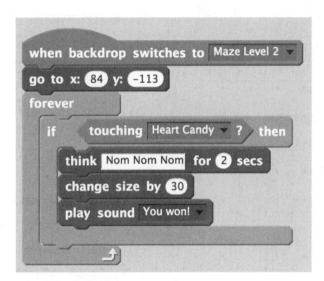

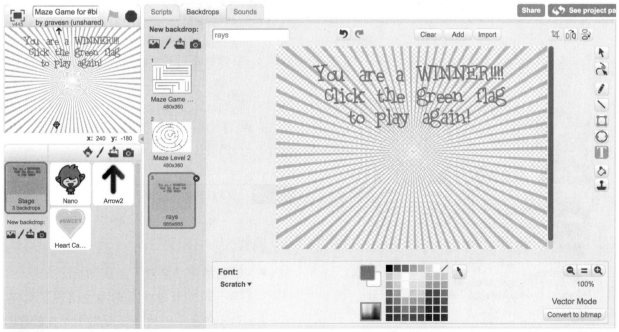

图5-34　　添加游戏结束的背景

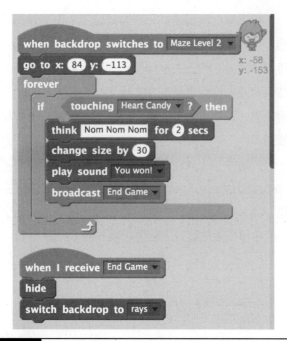

图5-35 广播"游戏结束"的消息

我们还需要一个"接收信息"（receive message）模块，不然广播的信息毫无作用。我们可以加入"事件"（Events）标签里的"接收到"（when I receive end game）模块，然后再加入"外观"（Looks）标签里的"隐藏"（Hide）和"将背景切换为 光线"（switch backdrop to rays）模块（见图5-36）。这样在显示结束画面时，角色1也就会自动隐藏了！

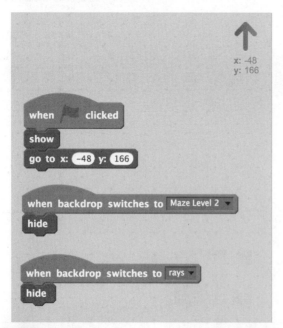

图5-36 把箭头藏起来

第十一步：整理干净！

我们制作了一个很棒的游戏！但是，想想看有没有忘了什么？注意箭头还没有处理好。我们需要在它的工作区当中加入"当背景切换为光线"（when backdrop switches）和"隐藏"（Hide）模块来确保它在游戏结束时不会出现在屏幕中央！注意每次添加关卡时我们都需要对其他关卡的角色进行相应的处理，这样才能够让游戏尽可能少地出错。同时，你还会注意到在加入"游戏结束"（End Game）的广播之后，你的角色只会变大一点点。如果你希望它多变大一些，那么可以在条件模块中加入有次数的"重复"模块，如图5-37所示。这样游戏结束时角色就会大到和屏幕一样，然后才会出现结束画面。那么接下来你还有什么想法？你是想继续增加一些关卡还是继续完成后面的设计？

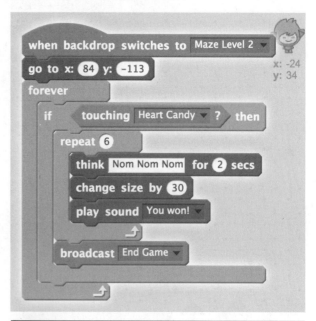

图5-37 有次数的"重复"模块

挑战

- 试着给这个游戏不断增加新的关卡。如果不同关卡中迷宫的颜色出现了变化，对于角色1的代码需要做出怎样的修改才能保证游戏的正常运行？

- 试试看在迷宫里增加一个追逐的守卫角色？
- 试着加入一个能够重新开始整个游戏，让角色1返回迷宫入口的角色。
- 在第八章里，我们会介绍如何用 Makey Makey 触发一个秒表。那么能不能给迷宫游戏加上限时来让它更复杂一点呢？

设计21：Arduino littleBits设计——使用Ardublock

在开始这个设计之前，你需要熟练掌握 Scratch 的不同模块以及如何编写多个角色的代码。当你觉得自己有能力编写 Sketches（Arduino 微处理器上运行的代码和程序）之后，这个设计能够帮助你学习 Arduino 相关的基础知识。如果你已经能熟练使用 Arduino，这里也会向你介绍如何用 littleBits 来构建测试电路，这样就不用在面包板上用跳线和元件构建测试电路了。littleBits 是一个有效的测试工具，因为它包含的元件种类十分丰富，并且组合起来也很方便。如果你有 littleBits 的 Arduino 组件的话，甚至可以搭配 littleBits 电路来进行编程。

制作时间：45～60分钟

所需材料：

材料	描述	来源
计算机	能连接互联网的计算机	
程序	Arduino 开发程序和 Ardublock 插件	互联网
littleBits ArduinoBit 组件	Arduino组件（w6）、电源组件（p1）、扬声器组件（o24）可选：其他的littleBits组件	littleBits.cc

第一步：认识littleBits ArduinoBit组件

Arduino 是一个开源的软件平台，有着自己的编程语言和配套的硬件。你可以在网上买到很多不同型号的 Arduino 开发板，实际上，我们在第七章和第九章里就会用到两种不同型号的 Arduino 开发板。这也是 Arduino 成为一种十分流行的编程语言的原因，因为它在创造搭配电路时包含着几乎无限的可能性。你可以应用新学到的"如果，那么"（if/then）条件控制语句来控制电路的运行，而得到的效果有时很令人惊喜。通过学习，你会通过全新的角度来观察周围的事物，你会学到很多电子产品的运行原理，并尝试着自己来复刻一个同样作用的产品。

在本书当中，我们并不会过于深入地介绍 Arduino 相关的内容，因为与它相关的内容实在是太多了，并且完全掌握这门编程语言会花费你不少的时间和精力！因此让我们从 littleBits Arduino 出发，使用 Ardublock 这种图形化的编程语言来踏出学习 Arduino 编程的第一步。ArduinoBit 组件是一种十分特殊的 Arduino 开发板，你可以将它和其他 littleBits 组件直接拼在一起而不需要通过导线连接。在这个 ArduinoBit 组件上有三个直流输入端口：d0、a0 和 a1（图5-38 的左侧三个接口）。注意不管在什么设计当中，你都需要通过这三个端口中的一个来给整个 ArduinoBit 组件供电。现在，先让我们利用它来实现一个简单地闪烁灯效果，暂时不要深入研究"如果/那么"（if/then）控制语句和输入信号等复杂内容。不过在之后的学习中，你可以利用通过不同的输入信号和"如果/那么"（if/then）语句来实现对电路的控制，就和在 Scratch 里一样！

在 ArduinoBit 组件的中央还有更多的接口，但是使用这些接口通常也意味着制作的不再是初学者级别的设计！接口使你可以通过导线来连接外部元件和 ArduinoBit 组件，以及在程序中（也就是之前介绍的 Arduino Sketch）控制资源。这些接口（可以是输入接口也可以是输出接口）都和芯片的管脚相连，通过连接这些接口，你就在芯片和外部的元器件之间建立了可以流通电流信号的连接——从而实现闪烁LED、控制电机、播放声音甚至是朗读文字等功能。

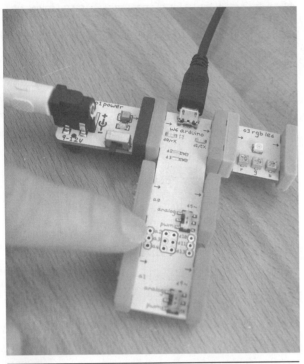

图5-38 在littleBits Arduino开发板上的端口和接口

　　观察ArduinoBit组件，你会发现在电路板的中央有很多小孔，旁边还有不同的编号。你可以在这些接口上连接导线，并且通过软件给它们赋予不同的功能。电路板两侧的六个端口是不需要焊接和导线就可以使用的littleBits专用端口！这就意味着你可以将LED组件直接接在ArduinoBit组件的右上角，它就直接和d1管脚相连了，这时只要通过软件让d1管脚输出不断变化的电信号，你就能够让与之相连的LED不断闪烁了。当然编写的软件需要上传到Arduino上，同时Arduino需要通电运行。ArduinoBit组件右侧的三个接口是输出端口，对应在软件中分别是1号管脚（d1）、5号管脚（d5）、和9号管脚（d9）。

　　ArduinoBit组件的正面还有两个开关，它能够将两侧输入的模拟电信号转化成数字信号，也叫脉冲宽度调制信号（PWM信号）。如果你感觉程序的结果有些偏差，那么可以尝试拨动这个开关看看能否修正程序的效果，有时候它就是罪魁祸首！在运行为这个设计编写的代码时，一开始

它完全没法产生结果。排查之后我发现原因是开关设置在"模拟"（Analog）上。当你更加深入地了解Arduino编程的相关知识之后，这个开关会成为设计中十分重要的一部分。在这个设计中，记得将开关设置在"PWM"上。

　　实际使用Arduino进行编程和使用Scratch很不一样，因此我们决定通过Ardublock来向你介绍相关的设置和基础语法。在这个设计当中，我们将会编写一段简单的代码来让三个RGB LED组件（o3）不断闪烁。

　　使用Arduino最棒的一点就是在将代码上传到开发板之后，在上传其他代码之前，开发板会一直保存着你的程序。这也意味着你可以将它从电脑上断开，然后用它制作机器人或者结合其他的电子元器件。在完成了这个ArduinoBit闪烁灯之后，你可以在第十三章找到一些十分有趣的综合应用设计！

第二步：下载Arduino和Ardublock软件

　　你可以从Arduino官网上下载到Arduino的开发软件。当然按照我们的设计方案你还需要下载Ardublock插件。我们推荐你从蜂鸟机器人套件的网站（birdbraintechnologies.com/hummingbirdduo/ardublock/）上下载修改过的Ardublock插件，因为它里面包含的模块和littleBits模块都是对应的。此外，它的网页制作的也很精美。当然你也可以从learn.sparkfun.com/tutorials/alternative-arduino-interface/ardublock上下载到相关的软件，它的网页说明和教程也很不错。

第三步：打开Arduino软件和Ardublock

　　在下载并安装了相应的软件之后，打开你的Arduino开发软件。第一次运行时它会显示一个带有当天日期的程序。在编写过一些程序之

后，它会默认显示你最近编辑过的程序。当然我们首先要做的是熟悉我们接下来的工作环境。首先我们需要挑选搭配使用的Arduino电路板型号，单击工具→电路板→Arduino Leonardo（Tools→Board→Arduino Leonardo）。此外，你还需要挑选上传程序使用的USB端口。只有将ArduinoBits通过USB连接到计算机上时，相应的端口才会出现在工具菜单当中。挑选了对应的电路板型号之后，它的左侧会出现一个黑点，而选择的端口左侧则会出现一个"√"。没有选择这两个选项时，编写的程序是无法运行的，因为软

件不知道要将代码从什么渠道上传给谁。图5-39所示是完成设置之后的软件界面。如果你不确定哪个USB端口才是正确的，那么可以断开ArduinoBits的连接，软件里消失的端口就是对应的端口了。不过可能需要重新打开软件才能刷新端口的使用情况，但是相信你已经能够分辨出不同的端口了！完成了相应的设置之后，我们就可以开始编程了！你的ArduinoBits组件默认保存了一个闪烁灯的程序，但是我们可以仔细研究一下代码的工作原理，并尝试着对代码进行一定的改造。

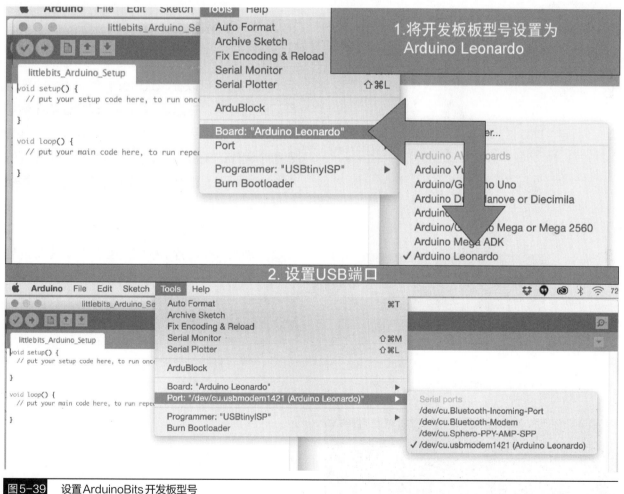

图5-39　设置ArduinoBits开发板型号

第四步：验证和上传

　　虽然我们最终会使用Ardublock进行编程，但是熟悉Arduino软件的界面依然很重要。每次

在编写Arduino代码时，你都需要检查代码里是否会出现错误。Ardublock的一大优点就是它可以帮助你避免代码里出现简单的语法错误！在Arduino环境中（见图5-40），如果你出现了语

法错误，最后编译程序时会得到如图5-41所示的错误信息。作为一个初学者，这样的反馈可能对你来说不会有什么帮助，但是它可以帮助你逐渐学会如何对代码进行调试。在这个设计当中，你应当不会碰到任何语法错误，因为Ardublock会在上传代码之前修正其中的语法错误。Ardublock能够将代码中出现的错误降到最少。但是，如果你没有正确的将模块组合在一起的话，程序也是会出错的。确定代码无误之后，你需要将它同步到Arduino的代码区，然后再通过软件将程序上传到Arduino开发板上。现在让我们开始写一些代码！

图5-40　Arduino开发软件

图5-41　错误示例

第五步：Void Setup

你可以将void setup看成是Scratch里的角色库。在Scratch里你需要通过不同的角色来控制游戏的进行。在这里也一样，你需要对Arduino电路板上的"管脚"进行编程才能够让它们发挥作用。你不需要编写对应所有管脚的代码，软件只要求你在这里定义所用到的管脚。在你更加了解Arduino编程之后，你也可以将管脚的声明写在void setup之前，这样就能更加方便的改动void loop当中的代码了。第七章里会介绍一些相关的例子。void setup的作用就像是在芯片上构建给电流流通的道路。我们只需要在开头定义这一次。

第六步：Void Loop

用void setup设置好了供信号流通的道路之后，接下来你可以在void loop部分当中改变信号运动的方向。在这里编写的代码会让电流信号反复出现。这也是为什么void loop（循环）部分是每个程序的关键所在。你可以打开几个不同的Arduino程序，观察它们的代码之间有没有类似的地方。单击文件→示例（File-Examples）菜单，你可以在里面找到开发软件提供的示例程序。试着多观察几个程序，你注意到了什么相似的地方吗？

图5-42　Void Setup和Void loop

你也许会注意到在"//"之后所显示的代码都是灰色的。这是编程者在代码当中编写注释的一种方式，因为在"//"之后出现的内容都不会影响代码的运行。阅读优秀的 Arduino 代码和注释以及观察运行的结果也是帮助你学习 Arduino 的一种极佳方式。但是首先，你需要更加深入学习 Arduino 的管脚。那么接下来就让我们通过 Ardublock 来尝试编写用到三个管脚的程序，并且观察一下实际的 Arduino 代码吧！

第七步：Ardublock

要打开 Ardublock 插件，单击 Arduino 软件里的工具→Ardublock 选项（Tools→Ardublock）。此时程序会打开一个如图5-43所示的窗口。你可以将 Ardublock 窗口拖开，使你能够看到它生成的 Arduino 代码。这能够帮助你快速地学习 Arduino 编程！在 Ardublock 界面中，你会看见一个"loop do"（循环执行）模块。加入其中的模块最后都会转化成 void loop 中的能够被 Arduino 执行的代码。Ardublock 能够在你加入模块时自动生成对应的 Arduino 代码。这也是它适

合 Arduino 初学者教学和学习的原因，它能够大大地减少代码上可能导致的麻烦！

第八步：在 ArduinoBits 上添加 LED 组件

首先挑选一些不同的 littleBits 组件，例如 RGB LED、灯条和扬声器等。看相同的 Arduino 代码能够在不同的组件上产生怎样的效果是一件很有趣的事，不过暂时我们只需要在 ArduinoBits 的 d1 端口上连接一个 RGB LED 组件（见图5-44）。

第九步：让灯光开始闪烁

接下来我们要做的第一步是通过 Arduino 的管脚点亮 LED，之后再通过操纵管脚上的电信号来实现一些不同的灯光特效。首先，在 Ardublock 里的管脚标签中找到"set digital pin"（设置管脚）模块。默认设置下，这个模块会让1号管脚上输出高电平（HIGH），这通常意味着连接在 Arduino 1号管脚上的电子元器件会通电开始工作

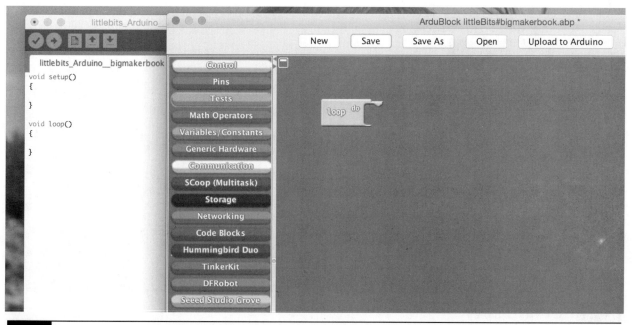

图5-43　Ardublock 界面

（见图5-45）。接下来再加入一个设置管脚模块，然后将模块中改成低电平（LOW）（见图5-46）。这样会让Arduino在1号管脚不输出电信号。如果这时1号管脚上连接了LED，那么它就会开始不断地闪烁了。

第十步：设置持续时间

如果现在运行我们刚刚编写的程序,LED可能会出现亮灭的情况，但是绝对不会不停地闪烁。这是因为我们没有在程序中编写LED点亮和熄灭的时间。在Arduino中，这个时间被叫作持续时间。我们在第八章里会用它来创作一首乐曲，不同的持续时间就能够代表不同的音节！要设置每个功能的持续时间，在设置管脚模块下方加入一个"延时"（delay MILLIS milliseconds）模块（见图5-47）。同样在设置低电平模块下方也加入一个延时模块，然后单击界面里的"上传到Arduino"（Upload to Arduino）按钮。你会在Arduino软件的代码窗口中看到更新后的代码。在这个窗口里，你可以将代码上传到ArduinoBits上，并观察软件运行之后LED闪

烁的效果。我们的程序能够让端口1上连接的LED不断地闪烁。

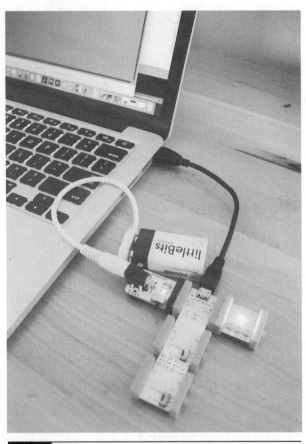

图5-44 连接在计算机上带有LED组件的ArduinoBits

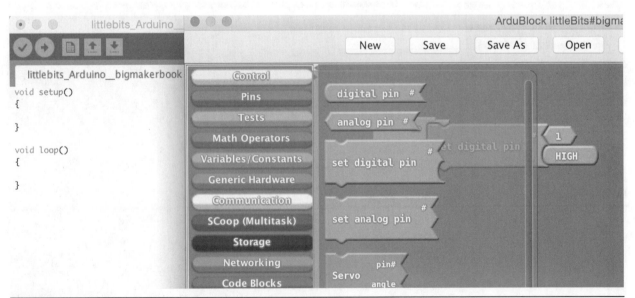

图5-45 让1号管脚输出高电平

图5-46 让1号管脚输出低电平

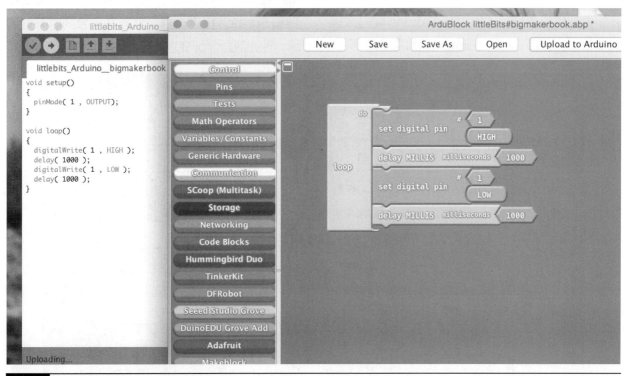

图5-47 设置灯光闪烁的持续时间并上传代码

第十一步：复制

现在的代码还很简单，我们可以复制它然后改变闪烁的间隔。在后面的内容中，我们将会利用相同的方法来对另外两个管脚进行编程。在Ardublock中，你可以右键单击最开头的模块来复制整个程序块，或者是单击中间的部分来复制一部分模块。现在让我们复制全部的4段代码，然后将闪烁的持续时间减半变成500ms，如图5-48所示。

图5-48　复制程序块

更新代码之后，注意观察Arduino代码区里的变化。注意每一行Arduino代码都需要用"；"

结尾。同样还需要注意在编写d1管脚的功能时，我们使用的是"digitalWrite"指令。

这个指令的作用范围只有它所在的一行，并不会影响分号之后的代码内容。代码里的分号表示的就是这一行代码结束了，Arduino会按照顺序执行下一行的代码。如果没有分号的话，Arduino会无法分辨代码结束的位置。在我当初第一次尝试编写Arduino代码时，这也是最常出现错误的地方！我经常会忘记在一行代码的最后加上分号。

同样注意闪烁间隔的时间是由延时指令后括号中的数字决定的。第一个LED闪烁的间隔为1s，而第二个LED闪烁的间隔则是0.5s。

接下来用刚才介绍的复制技巧来编写ArduinoBits上最后一个端口的代码。同样复制整个程序块，然后将1管脚改成9管脚，如图5-49和图5-50所示。在运行代码之前注意一定要在AdruinoBits右侧的第三个端口上连接一个LED模块，然后你就能看到闪烁的LED了！（见图5-51）你会注意到和Scratch程序一样，灯光并不会同时开始闪烁，而是会按照代码的执行顺序，从上到下逐个闪烁。

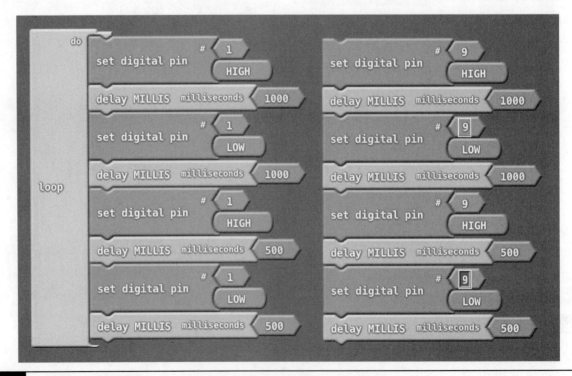

图5-49　复制程序块并修改管脚

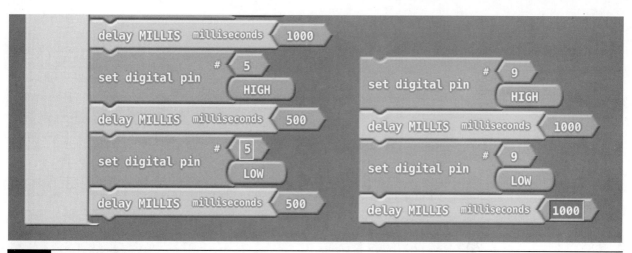

图5-50 通过复制编写9号管脚的代码

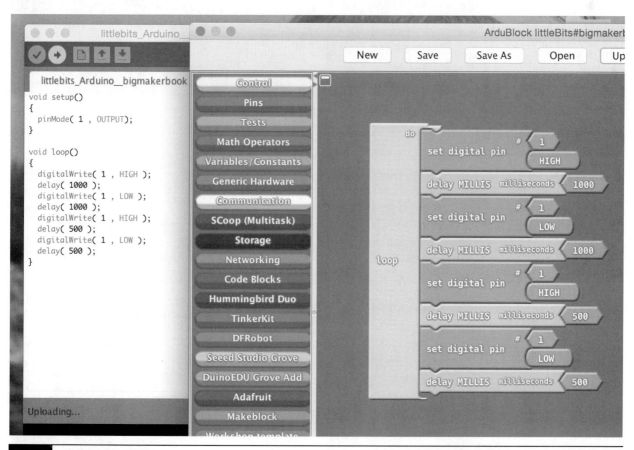

图5-51 上传Arduino代码

在刚刚接触Arduino编程时，一个常见的问题是在设置阶段给程序分配错误的管脚，这也会导致程序无法正常运行。注意观察图5-52中的两组代码，看看它和我们这里使用的代码有什么不同。

注意：如果实际电路中LED连接在9号管脚上，而代码里使用的是5号管脚，最终你的LED并不会有任何效果出现（见图5-53）。

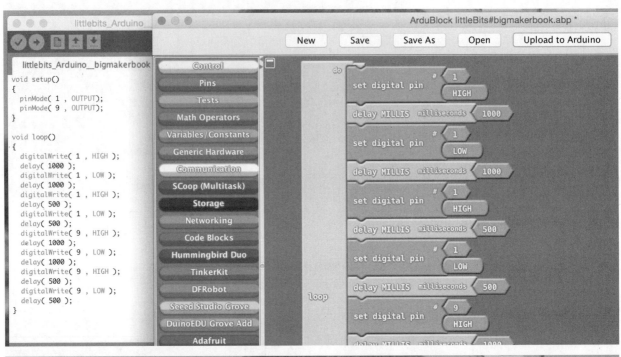

图5-52　这些代码有什么不同

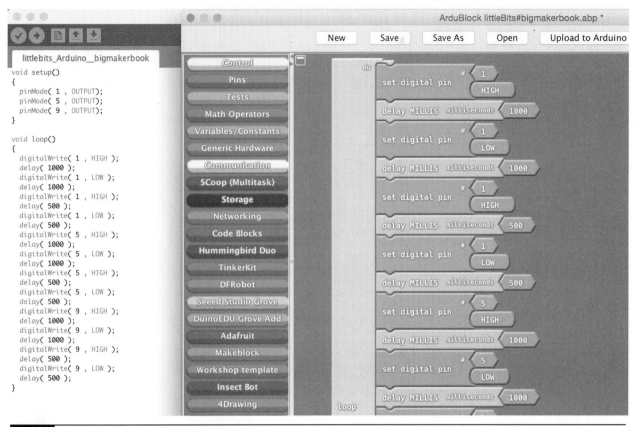

图5-53 完整的Ardublock程序块和Arduino代码

第十二步：让它闪烁！

再次复制整个程序块，这次检查它和图5-54中的第二段代码是否一致。这次我们会让LED从上到下依次闪烁（见图5-55）。试着在输出端口上连接一些不同的littleBits组件，看看会产生怎样的效果。如果1号管脚上连接的不是LED而是扬声器会怎样？这时管脚输出的电信号会产生怎样的效果？

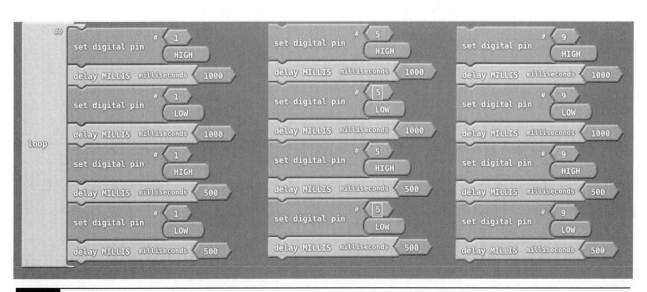

图5-54 完整的Ardublock程序块和Arduino代码

```
┌─────────────────────────────────────────┐
│     littlebits_Arduino__bigmakerbook      │
├─────────────────────────────────────────┤
void setup()
{
  pinMode( 1 , OUTPUT);
  pinMode( 5 , OUTPUT);
  pinMode( 9 , OUTPUT);
}

void loop()
{
  digitalWrite( 1 , HIGH );
  delay( 1000 );
  digitalWrite( 1 , LOW );
  delay( 1000 );
  digitalWrite( 1 , HIGH );
  delay( 500 );
  digitalWrite( 1 , LOW );
  delay( 500 );
  digitalWrite( 5 , HIGH );
  delay( 1000 );
  digitalWrite( 5 , LOW );
  delay( 1000 );
  digitalWrite( 5 , HIGH );
  delay( 500 );
  digitalWrite( 5 , LOW );
  delay( 500 );
  digitalWrite( 9 , HIGH );
  delay( 1000 );
  digitalWrite( 9 , LOW );
  delay( 1000 );
  digitalWrite( 9 , HIGH );
  delay( 500 );
  digitalWrite( 9 , LOW );
  delay( 500 );
}
```

图5-54　完整的Ardublock程序块和Arduino代码（续）

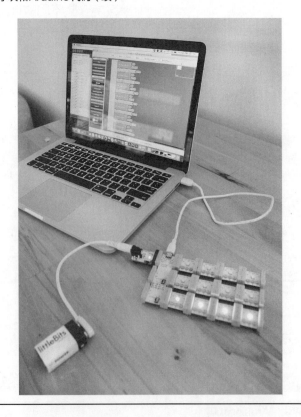

图5-55　闪烁的littleBits组件

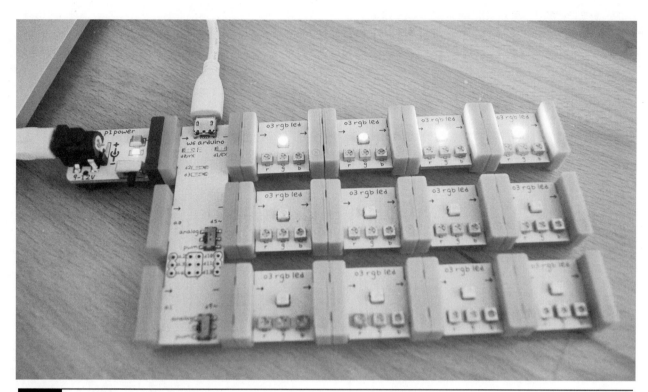

图5-55 闪烁的littleBits组件（续）

"编程" 挑战

现在你已经掌握了一些编程的基础知识，想想看你能够利用这些知识创造出什么？能不能制作出一个有着多个关卡的追逐游戏？或者是多个关卡的球类游戏？又或者你想要专注于Arduino并且试着为一些更加复杂的电路编写配套的程序？制作一些有趣的设计，然后用#bigmakerbook标签向我们分享你的发明创造吧！

更多学习资源

- 适用于教师的编程教学资源
  https://code.org/educate/curriculum/teacher-led
- Bitsbox
- Wink Robot
- 可汗学院
- Processing
- Ardublock
- Arduino
- Codebender

第六章

手工乐器

在这一章里，我们会介绍如何利用一些常见的材料来制作各种各样的手工乐器，以及它们背后的科学原理。我们会从十分简单的设计开始，随着章节的推进，制作的乐器会变得越来越复杂！

第六章的挑战

"手工乐器"挑战

设计22：冰棒棍卡祖笛

你可以很轻松地完成这种十分简单的卡祖笛，它可以帮助学习声音背后的物理原理。它能够发出一种疯狂但是十分有趣的声音，而且你可以感受到改变音调时乐器上发生的震动。

制作时间：10分钟

所需材料：

材料	描述	来源
手工用品	大号的冰棒棍（或手工木条）、橡皮筋、吸管	手工用品或办公用品店
工具	剪刀	手工用品店
可回收物（可选）	办公标签的底纸、谷物食品袋、薄蜡纸、铝箔纸、纸	回收物箱

第一步：构造弓形

拿一个大号的橡皮筋，然后横着套在冰棒棍的两端，如图6-1所示。如果你正在教授年龄较小的孩子，那么可以让他们两两组队，这样可以一个人拿着棍子，另一个人负责套橡皮筋。

第二步：插入吸管

剪出两段2.5cm长的吸管。将一段放在距棍子顶部2.5cm位置的橡皮筋下，另一段放在另一端同样的位置，但是不要压在橡皮筋下，如图6-1所示。

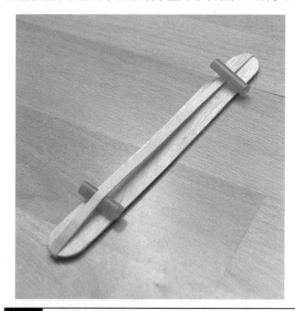

图6-1 放在橡皮筋下的吸管

第三步：完成卡祖笛

用另一根同样的棍子压住吸管，然后在两端用橡皮筋多缠绕几圈，使得整个卡祖笛牢牢地固定在一起。完成了！

把卡祖笛放在嘴里，然后用力吹气。能不能发出声音？卡祖笛会由于吸管和橡皮筋而出现轻微地弯曲。试着用嘴唇给卡祖笛施加不同的压力改变它发出的声音，也可以试着改变吹气的力度看看能够产生几种不同的效果（见图6-2）。

图6-2 测试完成后的卡祖笛

挑战

■ 还有没有其他的材料更适合用来制作卡祖笛？我们可以给你提供一些选项，包括可回收的材料（包装纸、标签的底纸、谷物食品袋等），让学生探索音调会发生怎样的变化。你认为为什么音调会随着材料种类而发生变化？

■ 能不能让卡祖笛发出更响的声音？在手机上下载一个免费的分贝计软件，然后比赛看谁能制作出最响的卡祖笛。

教学提示：你可以通过给学生提供不同厚度的吸管来增加一个额外的变量，同时可以鼓励学生尝试不同种类的吸管，将吸管摆在不同的位置。你可以甚至一次夹住多段吸管，然后让学生来预测增加吸管的数量会怎样影响声音。学生也可以实验在卡祖笛的中间使用不同的材料会发出怎样不同的声音。你可以取下大的橡皮筋，然后试着把卡片纸、标签纸、薄蜡纸、铝箔纸等材料夹在冰棍棒中间。中间夹着的材料不需要绕着整个冰棒棍，只需要一端位于吸管的上方，另一端位于吸管的下方即可。重新固定整个卡祖笛，看看能发出怎样的声音？

设计23：自制留声机

你只需要用纸就可以制作一个简易的留声机，并且还能学到相关的几何和物理知识（见图6-3）。完成这个十分简单的设计能够让你拥有一台正常工作的留声机，并且它不需要插电。

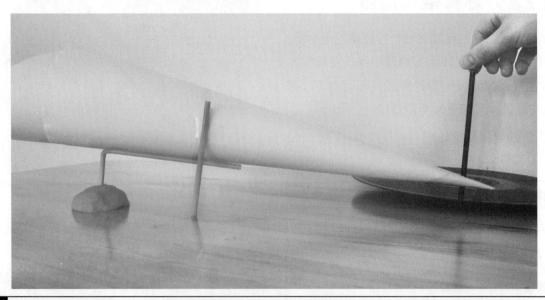

图6-3 运行中的自制留声机

制作时间：15分钟

所需材料：

材料	描述	来源
手工用品	橡皮泥或者黏土、9或10号的缝衣针、纸卷	手工用品店
日用品	5cm长的竹签、可弯折吸管、报纸和透明胶带	百货店
唱片	331/3转黑胶唱片	家里的唱片收藏

第一步：制作支架

首先在桌面上堆起一团橡皮泥或者是黏土，然后在中央插上竹签，把竹签周围的黏土紧紧压实，如图6-4所示。这根竹签就是留声机的臂转动的支点。

图6-4 黏土支架

第二步：扩音喇叭

在这个设计当中我们会用纸制作一个

45x45cm的扩音喇叭。当然作为实验和挑战的一部分，你可以尝试用不同材质的纸张来制作不同尺寸的扩音喇叭。制作喇叭的时候，首先将纸的一角卷曲然后将整张纸按照这个方向卷起来，注意最后让整个喇叭尽可能地尖，然后用透明胶带固定住整个喇叭。

第三步：处理尖端

为了增强喇叭末端的强度，并且让唱片针有固定的地方，你可以在扩音喇叭的尖端上缠绕几圈胶带。将针插在离尖端大约0.5cm的位置，如图6-5所示。注意针的尖端要朝向远离尖端的方向，同时针的尖端穿出喇叭的距离不要超过5mm。这根针能够将唱片凹槽所产生的震动传导到扩音喇叭里，播放出来就是音乐了！

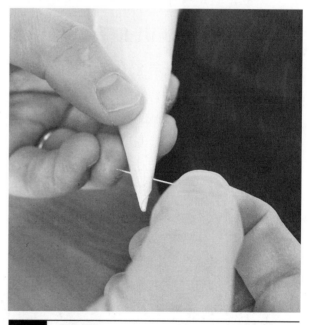

图6-5 针的位置

第四步：将喇叭固定在转臂上

用吸管做成的转臂能够充当让针和喇叭在唱片上运动的支点。如果吸管在喇叭上固定的位置正确，那么它的重量就刚刚好能够让针保持在唱片的凹槽里。吸管弯曲的部分通常固定在扩音喇叭的四分之三处。将吸管紧贴在喇叭上，然后用透明胶带固定住。接下来将吸管弯曲的部分套在竹签上，并且测试整个扩音喇叭的平衡性。之后如果唱片针在唱片旋转时很容易松脱的话，那么吸管的位置也需要进行调整。你也可能需要在侧面再固定一根吸管来让整个喇叭保持直立的状态。

第五步：转动唱片

削一根铅笔，然后将它穿过唱片中间的孔里。将唱片推到离铅笔尖端2cm的位置，如果铅笔太细了固定不住唱片，可以用橡皮筋或者胶带增加铅笔的厚度。在使用的时候你最好在铅笔的下面垫上一张纸，免得在桌面上留下铅笔痕。

第六步：把针放在唱片上

将铅笔竖起来，然后将针轻轻地放在唱片的外沿上，如图6-6所示。转动铅笔使唱片开始旋转，一开始你会听到轻微的嘶嘶声。随着喇叭里出现音乐，调整转动铅笔的速度来改变音乐播放的速度。如果针在唱片转动的时候跳动或者是快速朝内侧运动，那么可能需要调整唱片在铅笔上的高度。

图6-6　摆放好的针和喇叭

挑战

- 能不能在不用电的情况下增大喇叭发出的声音？
- 想想看能不能利用3D打印制作某些零件让留声机更加可靠和易用？
- 怎样把这里发声的原理运用到其他发出声音的设计里？
- 用来制作喇叭的纸的材质会不会影响它发出的声音（比如换着用蜡纸、卡片纸等）？

教学提示：这个设计可以帮助你介绍很多数学的概念，例如喇叭的体积、半径和直径。在课堂上，你可以展示不同大小的喇叭会对留声机发出的声音产生怎样的影响？喇叭的宽窄和长短会不会影响发出的声音？你可以在手机上下载一个分贝计软件，然后用它来搜集能够供你分析和比较的数据。在第十一章里我们会介绍更多这个设计在数学上的应用！

PVC乐器安全注意事项

PVC（聚氯乙烯）是一种很适合用来制作打击乐器和管乐器的常见材料。但是在使用它的时候你同样需要注意一些事项，并且严格遵循相关产品的使用说明和各地在处理废弃物时相关的管理规定。在这里我们会介绍一些在切割、喷漆和粘贴PVC管时的常见注意事项。

1. 注意佩戴护目镜，防止PVC碎屑和灰尘进入眼睛。

2. 在使用PVC底漆和胶水的时候注意穿戴手套来保护皮肤。

3. 在抛光和切割PVC塑料的时候，注意穿戴呼吸防护装置。

4. 切割的时候工具要朝着远离你的方向，并且严格遵守使用说明。

5. 在喷底漆和使用胶水的时候，注意保持工作环境通风良好，并且使用必要的呼吸防护装置。

教学提示： PVC管并不一定需要用PVC胶水粘贴进行固定。你也可以在管上钻孔，然后用螺丝进行固定；或者是使用低温热熔胶进行固定。不过永远不要急着最终粘贴固定，如果你想要向年龄较小的学生展示如何使用胶水的话，可以拍摄简单的示范视频。这样能够保证学生的安全，并且让他们体验PVC的粘贴方式。

设计24：PVC管风琴

制作时间：2~5小时

所需材料：

材料	描述	来源
PVC管	两根直径5cm、长3m的长PVC管 八个直径5cm的PVC管疏水阀（可选） 八个直径5cm的连接头 PVC胶水和底漆	五金店
工程用品	220目的砂纸、20cm长的扎线带	五金店
拍板	一双塑料拖鞋	百货店
木材（可选）	5cm×10cm大小的木板，用来充当切割的标尺	废料堆
橡皮筋（可选）	用来保持切口平整	办公用品店
工具	PVC锯或PVC钳，夹具（可选）	五金店

第一步：制定计划

有很多方法可以完成一个PVC管风琴（见图6-7）。我们这里介绍的方法需要在PVC管上设置一些弯角，但是总体来说它的设计还是十分简单的。在上面列出的材料中有很多都是可选的，因为最终你采用的方法不一定和我们完全一样。我们推荐在开始制作之前在互联网上搜索一下如何制作PVC乐器，这样可以帮助你获取一些灵感。你可以根据下面的问题来挑选一个合适的设计：

- 你希望管风琴最后能演奏出多少不同的音符？
- 你是否希望放大这个乐器的规模？
- 使用的PVC管直径是多少？
- 最后演奏的平面有多高？注意：如果你准备使用直管式的设计，有些PVC管的高度可能会超过了1.3m。
- 乐器最后是单独放置还是固定在墙面上？

图6-7　PVC管风琴

第二步：频率

在开始之前，让我们先来学习一下这种乐器的发声原理究竟是什么。当你用拖鞋去拍PVC管末端的时候，会使PVC管震动。而PVC管的震动会引发内部的空气产生震荡波。根据每个管子的长度和直径的不同，产生的震荡波也会有着不同的频率。

频率即是声波在一秒钟里震动的次数，它也直接决定了你听到的声音的音调。举例来说：中央C音代表每秒钟震动261.626次的声波。频率的单位则是赫兹（Hz）；某种波在一秒钟内的震动次数就是它的频率。中央C音的频率是261.626Hz。你可以在互联网上找到不同音符所对应的频率值。我们在这里参考的表格如下：

音符	频率值（Hz）
C4	261.626
B3	246.942
A3	220
G3	195.998
F3	174.614
E3	164.814
D3	146.832
C3	130.813

第三步：管子的长度

为了按照下面的公式来计算每根管子所需的长度，你需要先测量公式当中所需的一些参数。首先，你需要知道管子的直径，我们使用的都是直径为5cm（2英寸）的PVC管。接下来你需要知道你所在的海拔高度上的音速是多少，我们所处的地方很接近海平面，因此音速为3403900cm/s（13397.244英寸每秒）。音速同样也会受温度的影响而改变，因此我们在图6-8中给出的公式计算得到的只是一个近似的参考值。

不要被这些计算吓到，我们会详细地讲解每一个步骤。首先让我们计算后面括号里的乘法。查找上面的表格确定这个管子对应音符的频率值。我们的管风琴上最低的音符是C3，它的频率是

130.813Hz，将它也填入到公式当中。注意我们在计算时需要将频率值乘以2。

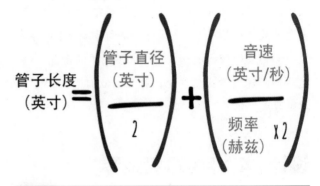

$$\text{管子长度}（英寸）=\left(\frac{\text{管子直径}（英寸）}{2}\right)+\left(\frac{\text{音速}（英寸/秒）}{\text{频率}（赫兹）}\times 2\right)$$

图6-8　计算管子长度的公式

接下来我们可以完成两个括号当中的除法（见图6-9）。

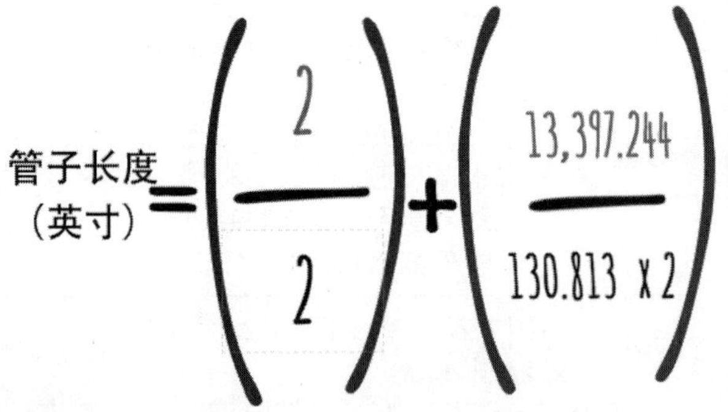

$$\text{管子长度}（英寸）=\left(\frac{2}{2}\right)+\left(\frac{13,397.244}{130.813\times 2}\right)$$

图6-9　完成括号内数值的除法之后将结果加起来

接下来我们要做的就是将两个括号中除法的结果加起来，最终的结果就是发出C3音所需的管子长度。因此要发出C3音符，我们需要一根直径为5cm，长度为1.33m（52.2英寸）的PVC管。

第四步：调音

如果你制作的乐器上没有任何弯角，那么只需要切出一根1.33m长的PVC管就可以发出C3音符了。但是，由于实际的音速会受到海拔、湿度和温度等因素的影响，因此保险起见最好是将管子切割的稍长一点。为了确保切口平整，你可以在管子上套上橡皮筋或者用锯箱帮助你进行切割（见图6-10）。

图6-10　切割PVC管

切割完成之后，用砂纸或者砂磨块打磨切口的边缘。你可以现在在管子上标记它对应的音符和频率值，这样后面组装的时候就不会弄混了。

你可以在手机上下载一个钢琴调音软件，然后拿起拖鞋，用拖鞋拍打管子的末端来测试发出的音是否准确（见图6-11）。如果音低了，那么可能需要在末端削去一部分管子来得到准确的音。如果音高了，那么就需要重新制作一根更长的管子了。在制作了头几个音符之后，你对于不同音符对应的PVC管之间的长度差大致就有概念了。

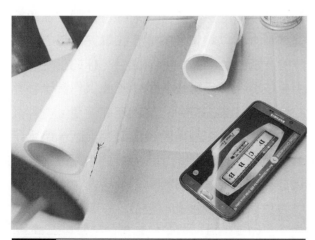

图6-11　检查音准和音速

第五步：计算弯曲部分

我们是为了幼儿和年龄较小的儿童制作这个乐器，因此会给我们的制作增添一些挑战，因为通常情况下他们都很难触碰到管子的顶部。我们曾经尝试过几个不同的设计方案，并最终决定将所有管子都架设在一个高度适合2到8岁儿童的平面上。

在最终采用的设计方案里，每一根管子都有一段20cm长的部分，然后在底部连接一个180°转向的转接头。这样能够给所有的管子都提供一个平行的演奏平面，同时让剩下的部分能够朝上延展并固定在篱笆上。为了防止天气对我们的乐器产生影响，我们在后侧管子的顶部还添加了一个90°的弯角，以及一块能够承载所有管子的木板。

为了计算出180°的弯角对所有管子长度的影响，我们用一根线大致估计了整个弯角部分的长度，最后得到的结果是弯角内侧的长度大约为21.6cm，外侧的长度大约为28cm。为了测试测量和计算结果，我们又额外切出了一根1.14m长的管子，并将它装在了180°弯角部分的一端。通过手机上的调音软件进行测试，发现最后发出的声音有些稍低了。于是只能每次将管子切断1.2cm并重新进行测试。经过20次切割之后，我们的管子终于能够发出C4的声音了，这就说明要加上180°的弯角意味着我们需要在管子上减少24cm。

按照类似的方法，我们最终找到了加装90°的弯角部分意味着我们需要将管子的顶部减少10cm。我们推荐你在修剪管子的长度时尽量保守一点，并且只是参考我们的实验数据，因为不同厂商的PVC接口可能也会影响最终的结果。

第六步：组装

在完成了切割、组合和调音之后，记得在管

子上标记它们所能发出的声音，以及相互组合的位置。这些标记能够帮助你确定如何组合PVC管的不同部分，这样能够保证在用胶水固定过之后不会影响调音的成果（见图6-12）。如果你准备用螺丝来固定管子，那么现在就可以在连接处钻孔了。注意PVC很容易开裂，因此在将螺丝塞进钻开的孔之前，最好是先在废料上测试孔的直径是否合适。

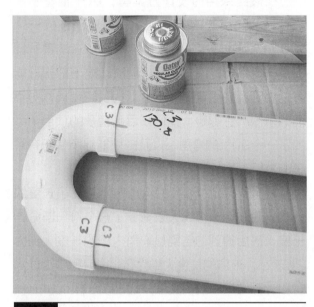

图6-12 组装

第七步：密封

接下来我们需要固定住管风琴的各个部分。PVC胶水通常需要涂抹两次：先刷一层底漆，然后再刷胶水。大型的超市当中通常都会有包含两者的套件。在粘贴之前检查切口位置不要有任何的碎屑和泥土，以及尽量在通风良好的环境下工作。同时注意佩戴防护眼镜、手套，以及遵循我们之前介绍的一系列安全注意事项。首先，你需要在接口位置PVC管的内外侧都刷上底漆。尽量让涂层均匀，如果必要的话可以多刷几层。

接下来，在接口位置涂上一层均匀的胶水。注意将管子插入接口的时候先不要完全对齐刚才

的标记，插进去之后再转动管子使得标记对齐。这样能够确保你的调音成果不会发生变化。将管子放在通风良好的地方进行风干，风干之后再进行接下来的步骤。

教学提示： 如果没有办法使用PVC胶水，你还有其他的选项。你可以将各个部分组合起来，然后在连接处钻一个穿透两个部分的孔，用螺丝和螺母将两个部分固定在一起。注意PVC很容易开裂，因此在将螺丝塞进钻开的孔之前，最好是现在废料上测试孔直径是否合适。此外你也可以用热熔胶将不同的部分粘贴在一起，但是注意使用这种方法的时候动作一定要快，并且在将管子塞进去之前就要对齐之前所做的标记。

第八步：固定

我的PVC乐器最后会固定在篱笆上，因此我们从五金店里挑选了一些5cm直径的管夹。如果你的预算有限，那么你也可以考虑在固定乐器的物体上钻一些相距5cm的孔，然后用大号的扎线带进行固定。在互联网上搜索一下你就会发现有很多不同的固定方式，包括我们介绍的使用管夹和钻头的固定方式。你可以从中挑选满足预算要求和操作水平的方式。

你可以将管风琴直接固定在篱笆上，或者是再用一块2.5cm×10cm的木板将它变成可拆卸的。如果你决定不将管风琴直接固定在篱笆上，那么可以将管风琴固定在填充篱笆之间缝隙的木板上。切割出木板之后，标记出两端的中央位置，然后画出它的中轴线供你参考钻孔的位置。如果你准备直接固定在篱笆上，那么先利用水平仪在固定管夹的高度上画一条水平的参考线。然后标记出参考线的中间位置，将装上夹具的管子对应相邻的板子摆放。然后比照夹具确定需要钻孔的位置，接着完成全部的钻孔。如果你准备将管风琴直接固定在篱笆上，那么最好是找个人来帮助你进行相关的作业。钻

孔之后再用尺寸合适的螺丝将管夹拧紧并固定住PVC管。

　　如果你准备让管风琴变成可拆卸的，那么最好是在底部增加一个支架。你可以用一些木板废料来制作一个大小合适的支架，注意最后一定要确保支架是水平的。你可以用拉力螺丝将支架固定在篱笆的底座上（见图6-13）。

图6-13　固定支架和底板

第九步：喷漆

　　如果你准备给管风琴喷上漆，那么最好是在固定了之后再来喷漆。你不会希望在固定的时候弄花刚刚喷好的漆面的！将PVC管从管夹里取出来，然后就可以用能够附着在塑料上的气溶胶喷雾进行喷漆了。注意在喷漆时将他们放在纸板上，然后一次喷涂一面，尽量让整个涂层均匀、漆层

薄。在两侧都喷涂了两到三层之后，让漆面自然风干然后重新固定。

第十步：演奏棒

　　当然最简单的演奏工具就是拖鞋了，或者你可以用旧乒乓球拍或者苍蝇拍来制作一个演奏工具。无论你决定使用何种演奏工具，确保它的大小能够盖住管子的开口，同时最好是包裹着一层柔软的橡胶。我们用一双旧拖鞋和油漆棒制作了合适的演奏工具，注意我们将拖鞋进行了裁剪，只留下了一个椭圆的部分，然后用热熔胶固定在了木片上（见图6-14）。

图6-14　演奏棒

挑战

- 如果可能的话，让学生自己设置一个能够用在实际场景里的 PVC 乐器和支架。
- 你能不能制作一个更加美观并且能够正常工作的 PVC 乐器？试着用 Google Sketchup 来设计一个 3D 模型。

设计25：雨声器

　　制作雨声器时最有趣的一点是它既可以很简单，也可以很复杂。但是无论如何，最终你都能

得到一个花费不多而质量又不错的小乐器。你可以用一些日常很常见的材料，例如硬纸板，和年龄较小的儿童一起尝试着制作这样的乐器，而对于稍大一点的学生，可以尝试使用竹子这样处理起来稍复杂一些的材料。你可以在下面列出的材料当中挑选最合适的。

制作时间：1～2小时

所需材料：

材料	描述	来源
回收物	硬纸卷筒、废纸	回收物箱
钉子	长度比纸卷直径稍短一些的钉子或者螺丝	五金店
竹签	烧烤竹签	百货店
工具	锤子、卷尺、直尺	工具箱
手工用品	纱线、卡纸、胶棒、记号笔、胶布	手工用品店
填充物	干扁豆或者米	厨房

第一步：制作螺旋

我们最终需要在纸筒内部制作一个螺旋形的阶梯让填充物逐渐下落。首先许多纸筒上都有螺旋形的纹路。如果你的纸筒上没有，那么首先将纱线的一端固定在纸筒的顶部，然后再环绕纸筒往下。我们所使用的纸筒上螺旋之间的间隔为15cm，那么再绕线的时候同样最好用直尺确认线圈之间的间隔，确认无误之后同样用胶带固定住，如图6-15所示。

第二步：描出螺旋

在接下来的步骤中，我们需要在纸筒里钉上钉子，因此我们首先需要确定钉钉子的位置。从离纸卷顶部5cm的位置开始测量，然后在螺旋上每隔2.5cm就做一个标记（见图6-16）。沿着螺旋直到标记位置距离纸筒底部几厘米的时候停止标记。

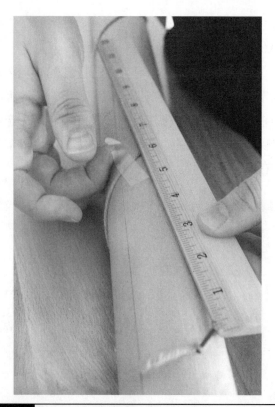
图6-15　制作一个螺旋形

图6-16　在螺旋上标记

第三步：锤子时间

当然在钉钉子的时候纸筒很难固定住，因此最好是找个朋友来帮你握住它。在开始之前，你们都需要注意保护好眼睛，并且在使用锤子的时候一定要注意安全。在刚才画出的每个标记位置都钉上一个钉子（见图6-17）。注意尽量让钉子保持笔直，因为歪斜的时候很容易穿透纸筒的另一侧。我们所用纸筒的直径为5cm，因此钉子的长度最好是稍稍短于5cm，但是一定不能超过纸筒的直径。如果要测量确定钉子的长度，那么只需要测量纸筒一侧的外壁到另一侧内壁的距离。

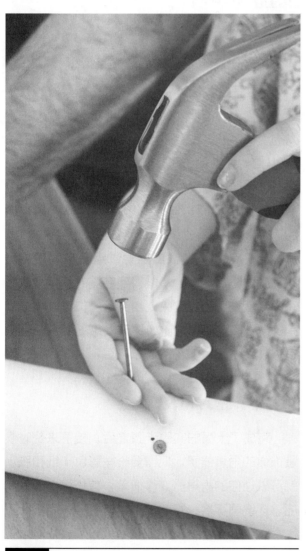

图6-17　锤子时间

第四步：制作两侧的盖子

如果你使用的材料是邮寄纸管，那么恭喜你，它可能已经自带了一个塑料盖子。即使没有，你只需要一点胶布和橡皮筋就可以很轻松地制作一个盖子。当然直接用胶带把纸筒密封起来是最简单的解决方案，但是注意最后我们会在纸筒里加上填充物，因此直接用胶带密封会让胶带上也沾满我们的填充物。

首先拉出三条长15cm的胶布，将它们稍稍重叠制作出一个15cm长的正方形。接下来再次重复这个步骤制作出另一个胶布正方形，然后将两个正方形具有黏性的一面相对黏在一起（见图6-18）。

图6-18　制作胶布块

对最终得到的胶布块边缘进行修剪，然后将纸筒放在胶布块的中央，描出纸筒的轮廓。如果你想要让盖子最后的边缘更整齐一点，那么可以用比纸筒稍大的圆形，例如光盘或者是大卷的胶带，放在胶布块上，然后描出它的轮廓，如图6-19所示。如果你希望盖子有着参差不齐的边缘，那么直接用方形的胶布块充当盖子就行了。

然后用记号笔将两个圆构成的圆环划分成均匀的几部分。接下来如图6-20所示沿着直线剪开胶布块，这样你就得到了一个带有阳光效果的纸筒盖了。如果准备直接用胶布块当作盖子，那么就从边缘朝里剪到纸筒的痕迹上就可以了。

图6-19　画一个更大的圆

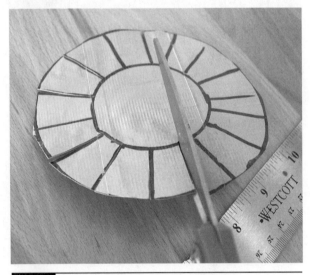

图6-20　制作光线

握住纸筒，然后将胶布块上的圆对准纸筒的开口。将剪出的胶布套在纸筒上，然后再用橡皮筋绑住，注意橡皮筋最好多绕几圈，保证盖子牢牢地被固定住（见图6-21）！你也可以用胶带缠绕来固定胶布条，但是注意在最终确定填充物的种类和数量之前，我们并不推荐你在两端都用胶带进行固定。

图6-21　固定盖子

第五步：填充

封住了纸筒的一端后，接下来你要做的就是尝试各种不同的填充物。不同的填充物会产生不同的演奏手感，也会发出不同的声音。我们推荐你可以从大米、豆子、小卵石里挑选一种合适的填充物。你可以先每次只添加一种填充物，封上两端之后倾斜雨声器。听听看每种填充物发出的声音如何，同时记录一下你的雨声器每次能够发出多久的声音。然后尝试组合不同数量和种类的填充物，直到最终得到完美的雨声音效为止。当然如果雨声结束太快的话，你可以在纸筒里钉上更多的钉子，比如你可以每隔1.2cm就钉一个钉子。

第六步：密封和装饰

完成了上面的实验步骤之后，接下来是时候装饰你的雨声器了。只需要一些彩色卡纸和胶水就可以让你的雨声器变得很美，首先将卡纸剪成能够环绕雨声器一圈的大小，接着在一面都涂上胶水，然后用卡纸绕纸筒一圈就行了。你可以在卡纸上画一些装饰性的条纹，或者是用卡纸制作一些装饰性的小零件（见图6-22）。

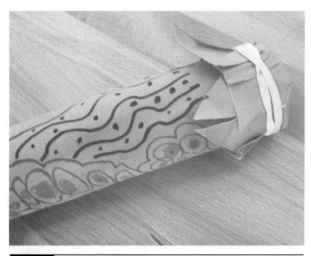

图6-22　装饰好的雨声器

挑战

■ 你也许发现最后制作出的雨声器每次只能发出几秒钟的雨声，那么怎样修改才能够使它发出的声音更持久？

■ 怎样才能让一个更短的纸筒发出比长纸筒持续更久的声音？

■ 怎样让雨声器发出的声音变大？

■ 能不能预测一下纸筒的直径会对雨声的

持续时间产生怎样的影响？如果钉子的数量减少又会产生怎样的影响呢？

■ 你认为填充物的大小会对雨声的持续时间产生怎样的影响？

教学提示： 你可以先在线上做好钉子位置的标记，然后再将线缠在纸筒上，这样能够节省很多时间。同时这根线也可以在确定了纸筒上钉钉子的位置之后让其他组重复使用。

设计 26 ：单弦吉他

单弦吉他很适合刚刚接触乐器制作的初学者。在最简单的设计中，你只需要将一根琴弦绑在木板上的两根钉子之间就能制成一把单弦吉他了。为了让弦处于紧绷的状态，你可以在下面塞一个比较大的玻璃瓶。玻璃瓶会像吉他的琴桥那样抬升弦的高度，同时还会放大弦发出的声音。根据类似的原理，在这里我们用一个小木盒或者是硬纸盒来替代玻璃瓶放大弦所发出的声音（见图6-23）。

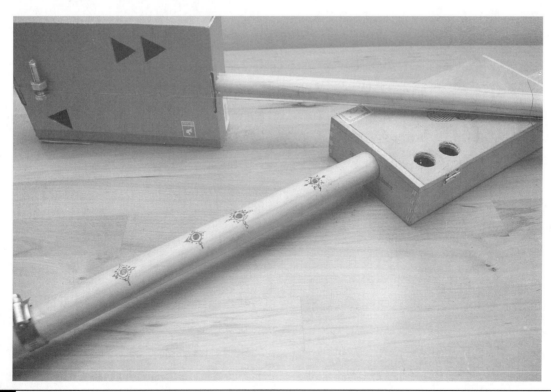

图6-23　单弦吉他

制作时间： 30～45分钟

所需材料：

材料	描述	来源
吉他琴颈	扫帚柄或者直径2.5～3cm的木棍	旧扫把或者五金店
琴身	小木盒或硬纸盒，尺寸为15×23×5cm	旧物箱
工具	电钻或手钻、美工刀、锉刀	五金店
钻头	直径3mm的钻头、大小与木棍直径相当的开孔钻头或木工扁钻头、用于钻音孔的直径2.5～5cm的开孔器	五金店
五金用品	8号螺丝、2cm的大号螺栓、钢管、合页或者其他充当琴桥把手的零件、直径4cm的软管夹、4S号黄铜垫圈、各种砂纸	五金店
吉他琴弦	D型吉他琴弦	旧吉他、音乐用品店

第一步：切割和挖空

首先在木棍上量出80cm的长度，然后将木棍放在夹具上进行切割。注意佩戴防护眼镜，切割之后用锉刀或者砂纸将切面打磨光滑。

接下来需要找一个15cm宽、23cm长、5cm高的盒子，同时盒子最好有一个可以翻开的顶盖。图6-23所示就是两个大小比较合适的盒子，一个纸盒一个木盒。通常来说，如果你使用的是硬纸盒或者是比较简单的雪茄盒，那么它的底部将会成为吉他的顶部。当然如果用的是你十分喜爱的雪茄盒，那么也可以对设计进行一些修改，但是对于纸盒，你只能用它最牢固的底部来充当吉他的顶部。此外，如果准备之后给吉他加上压电拾音器的话，用盒子的底部当作吉他的顶部也可以让你更方便地将压电拾音器安装在盒子的内部。我们需要在盒子地两侧都钻一个孔，并且孔的位置会让琴颈紧贴着吉他顶部。这样能够让琴颈上的震动传导到盒子里，进而被放大。

接下来，测量盒子宽度上顶部和底部的中央位置，将这两个点连起来就得到了盒子侧面的对称线。

然后你需要测量盒子侧边的厚度。通常大部分纸盒和雪茄盒的盖子的厚度都只有3mm厚，因此在我们的盒子上测量的结果最后也只有3mm。接下来，我们需要测量出琴颈的半径。首先测量木棍的直径，除以2得到的就是它的半径了。举例来说，如果你的木棍直径是2.5cm，那么它的半径就是1.25cm。在刚刚画出的中轴线像，先从盒子的底部量出侧边的厚度，然后再量出琴颈的半径，得到的位置就是琴颈安装孔的圆心了，接下来在对应的侧面用相同的方法也找到这个点的位置（见图6-24）。

图6-24 测量出孔的中心

如果使用的是雪茄盒，那么接下来需要使用直径和木棍相同的木工扁钻头。注意在钻孔的时候，一定要将盒子牢牢地固定在桌面上，同时注意保护好眼睛。在雪茄盒的两个侧面上用钻头在我们刚才找到的圆心位置钻两个通孔（见图6-25），然后用锉刀或者砂纸将孔的表面打磨光滑。

图6-25 扁平钻头

如果使用的是纸盒，那么可以将木棒的中心和刚才找到的圆心位置对齐，然后在纸盒上描出木棍的轮廓。接下来从中心开始用美工刀切开到木棍的轮廓上，然后再将轮廓范围内的纸箱都挖空（见图6-26）。

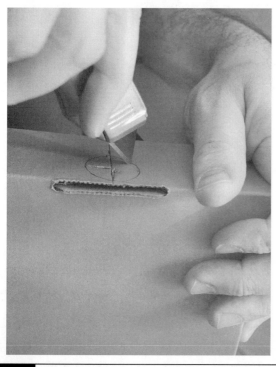

图6-26 切开通孔

第二步：测试通孔大小

注意开孔的大小不要太大，最好是让木棒刚好能够卡在里面。在琴颈上距离末端5cm的位置做一个标记，然后将琴颈从孔里穿过去，使得这个标记刚好出现在另一侧的孔边（见图6-27）。如果你的纸盒侧面上也有开关的结构，那么可能需要对相应的构造进行修剪。如果孔太大了，可以把一些废料用热熔胶固定在缝隙里。但是注意不管进行什么操作，接下来你依然需要把木棍从盒子里取出来。

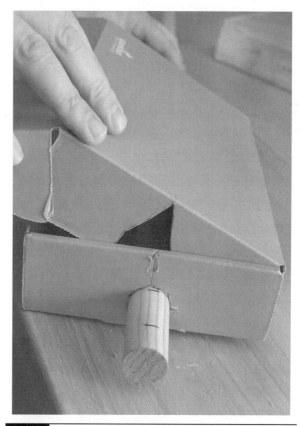

图6-27 测试通孔大小

第三步：琴弦的固定孔和支架

接下来我们需要在木棒上钻孔来将琴弦的一端固定在吉他的后部。木棒上我们刚刚做了标记的一侧最终将会成为琴颈的尾部。将木棒从盒子里取出来，然后在刚才做了标记的一端离末端2.5cm的位置再做一个标记。在佩戴了防护眼镜，并牢牢地固定住木棒之后，在标记位置钻一个直径3mm的通孔。

接下来我们需要在琴颈的顶部装上螺丝来将琴弦拉紧。在离琴颈的顶部6.35cm的位置同样做一个标记，注意这个标记需要和之前在末端做的标记对齐。然后用3mm的钻头在这个位置上同样钻一个导孔。都完成之后，用砂纸将钻孔周围的木棒打磨光滑。

接下来将一个长1.9cm的10号螺丝拧进刚刚钻出的导孔里，最后留在木棒外面的部分要保持有6mm。

第四步：固定琴颈和铆钉

如果在盒子上钻的孔太大了，那么现在可以在将木板穿过盒子之后用热熔胶固定住了。不过在粘连的位置可能需要用一些废纸板进行加固。

接下来在琴颈尾端的通孔里装上一个击芯铆钉，这样能够有效防止琴颈由于琴弦的震动和章里而出现磨损和松脱。将击芯铆钉放在通孔里，然后用锤子轻轻击打铆钉的周围，直到铆钉中间的芯伸出来，再用钳子将芯拔出（见图6-28）。

图6-28　击芯铆钉

第五步：上弦

接下来将软管夹从木棒的顶端套上去，然后

先暂时放在盒子的附近。后面我们才会用到它，但是你需要在安装琴弦之前就将它套上去。

单弦吉他通常比普通的吉他要短，并且很适合用来让用旧的琴弦重获新生。因此在这里你可以用其他吉他上换下来的旧弦或者是另外购买的新D型吉他弦。将吉他翻转过来，先在弦上穿一个黄铜垫片，然后将弦从背部穿过铆钉。垫片能够让琴弦更好地固定在琴颈上，而铆钉走能够防止琴弦嵌在木棒里（见图6-29）。

图6-29　黄铜垫片

握住琴弦的尾端，然后将它拉紧之后在顶部的螺丝上绕两圈。牢牢地拧紧螺丝，这样就把琴弦固定住了。螺丝负责固定住琴弦，现在拨动琴弦的时候应该就能发出声音了。

第六步：上弦枕和琴桥

先在离琴颈顶部12.5cm的位置做一个标记。

现在我们需要将刚才套上去的软管夹变成吉他的上弦枕。首先将软管夹朝着琴颈的顶部移动，然后将琴弦摆在软管夹的上方。将软管夹移到我们刚刚做的标记位置，然后拧紧它（见图6-30）。

这样它的顶部表面就能够顶起琴弦，从而增加张力，使得琴弦的震动更剧烈。

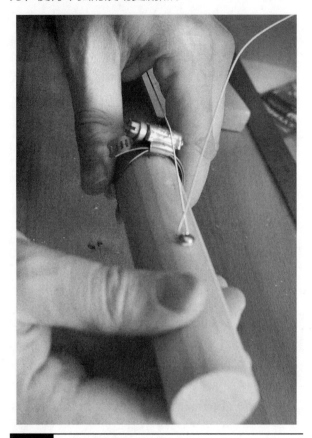

图6-30　将软管夹移到标记位置

　　琴桥则可以使用任何高度为6cm，长度为2.5～12.5cm之间的物体来充当。琴桥的作用同样是顶起琴弦，并且能够将琴弦的震动传导到盒子里。这里正是使用旧物的好时机，你可以重复利用短金属管、旧的合页或者是尺寸较大的螺栓和螺母。如果在纸盒上使用螺栓充当琴桥，记得一定要拧紧螺母，这样大部分的压力就会施加在琴颈而不是盒子上。对于雪茄盒，这点并不重要，因为它通常采用木板或者是三合板制成，因此会比纸箱牢固很多。将琴桥放在琴弦下方，并且朝向盒子的后部。现在也是调试单弦吉他的空弦音的好机会。你可以在智能手机上下载对应的调音软件进行调音。调整琴桥的位置，直到吉他能够发出一个合适的空弦音（见图6-31）。

图6-31　琴桥

第七步：钻音孔

　　现在你的单弦吉他已经可以演奏并且正常发声了。但是为了释放在盒子里不断谐振的音波，你需要给它开两个音孔。对于纸盒，你可以用第一步里介绍的方法来开圆孔，但是孔的形状并不是固定的，你可以充分发挥自己的想象力！

　　对于雪茄盒，你可以用开孔钻头开一个大孔，或者是用木工扁钻头开四个较小的音孔。在分布孔的位置的时候，尽量避免太靠近盒子的边缘或者是琴颈的位置（见图6-32）。如果用钻头来进行开孔，那么最好是在钻孔时先取下琴弦。

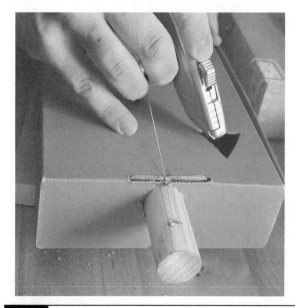

图6-32　音孔

第八步：标记音阶和琴衍

首先测量琴桥的中央位置和上弦枕之间的距离，这就是单弦吉他的音阶长度。找到它们之间的中央位置，然后做一个标记。标记的位置就大约是第十二琴衍的位置了（见图6-33）。当你用玻璃或者金属材质的滑音管压住这个位置的时候，将会产生比空弦音高一个八度的声音。你也可以用手指轻轻地拨动琴弦，这样则会产生一个高频的铃声，这就是泛音。当然使用调音器能够大大节省你的工作量。

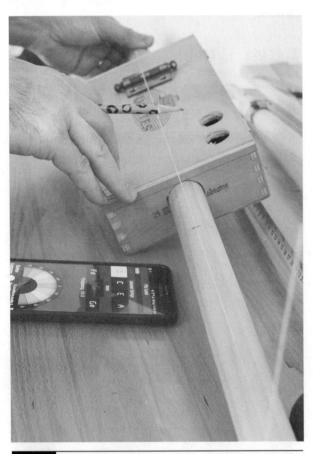

图6-33   标记第十二琴衍

而要标记第十五和第二十四琴衍的位置，你需要将音阶长度除以四。在音阶的四分之一和四分之三位置应该都会有一个产生泛音的位置。利用刚才计算的结果，音阶的四分之一位置就是第十五琴衍的位置，四分之三位置就是第二十四琴衍的位置。在对应的位置都做上标

记，然后用泛音或者调音器来测试测量是否准确（见图6-34）。

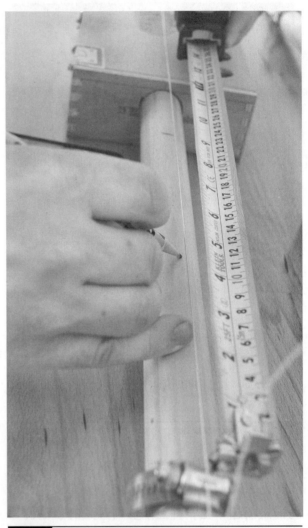

图6-34   标记第十五和第二十四琴衍的位置

第七和第十九琴衍的位置则需要将音阶长度除以三。音阶的三分之一是第七琴衍的位置，三分之二则是第十九琴衍的位置。在对应的位置做好标记，然后测试发声是否准确。之后同样可以用滑音管和调音器软件在琴颈上找到其他音符的位置（见图6-35）。

教学提示：这是一个教授分数的绝佳机会，并且可以让学生认识泛音。你可以用一根琴弦演示将它的一半、三分之一、四分之一和八分之一的长度分别是多少。

图6-35 找到其他音符

第九步：装饰和琴衍标记

用铅笔或者记号笔描深刚才标记的琴衍位置当然是最简单的方法，但是在花了这么多时间制作了一把乐器之后，你可以花点时间让你的单弦吉他变得更漂亮。如果在装饰过程里需要拆下琴弦，那么记住一定要标记上弦枕和琴桥的位置。这样才能够保证重新安装之后吉他上琴衍的位置不会发生变化。你可以尝试在吉他上自己画上图案，或者是在琴颈上用装饰性的大头钉来标记琴衍的位置。

挑战

■ 雪茄盒的体积会对它发出的音量产生怎样的影响？

■ 盒子上多开几个音孔会不会增强它发出

的声音？利用分贝计来确定最有效的音孔尺寸和位置。

■ 除了盒子之外还有其他哪些事物可以用来制作单弦吉他？

设计27：加装压电拾音器和音频插孔

制作时间：15分钟

所需材料：

材料	描述	来源
压电拾音器	6.35mm的压电式扬声器	电子元器件店、网上商城
音频插头	单声道开路音频插头	电子元器件店、网上商城
焊锡	无铅焊锡	电子元器件店、网上商城
电路焊接工具	烙铁台，吸烟器、焊台	电子元器件店、网上商城
工具	手钻、3mm钻头、钳子	五金店

第一步：取出压电单元

如果你购买的是压电式扬声器，那么首先需要从中取出压电单元。我们对于它内部的陶瓷压电单元很感兴趣，因为它能够在弯曲的时候产生电荷。压电单元是十分敏感的，因此琴弦上的震动就能够使它产生对应的电信号。当信号输入到音频插孔的和放大器之后，我们就能够听见它转化出的声音了。如果你手头已经有了单独的压电单元，那么可以直接跳到第二步。在进行这一步的时候需要注意压电单元自身是十分脆弱的，你需要注意避免弯曲或者压住它。用钳子破坏压电扬声器周边的外壳（见图6-36和图6-37）。试着破开足够多的塑料使你能够伸进一个小号的一字螺丝刀，然后轻轻地撬开压电扬声器的盖子。

图6-36 用钳子破开外壁

图6-37 破开的外壳

撬开了盖子之后，将它翻过来，找到背面的小孔。然后用竹签或者火柴棒上扁平的一头轻轻地把压电单元推出来。注意使劲一定要小心，避免用力过大使得压电单元弯曲或者承受太大的压力。

如果拆不下来，那么试着小心地用钳子拆开

侧面的外壳，注意操作过程中不要损伤到压电单元。拆开之后，再次用竹签尝试推出压电单元（见图6-38）。

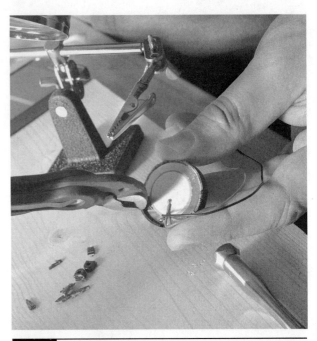

图6-38 拆下侧面的外壳

第二步：接线

压电单元上应该有一根红线和一根黑线。现在你需要先思考压电单元和音频插孔之间的距离有多长，如果你需要更长的导线，现在就可以在这两根线的末端焊接上延长线。不过一般来说，压电单元上原有的10cm的导线就足够用了（见图6-39）。

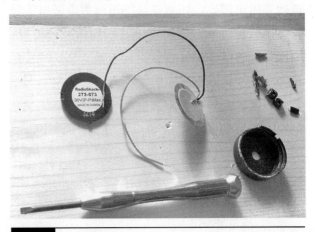

图6-39 压电单元

一个简单的音频插孔同样也只有两个连接导线的接头。在这里我们需要将黑线和接触音频插头根部的接头相连，红线则和接触音频插头尖端的接头相连。确认连接无误之后，可将其焊接在一起（见图6-40）。

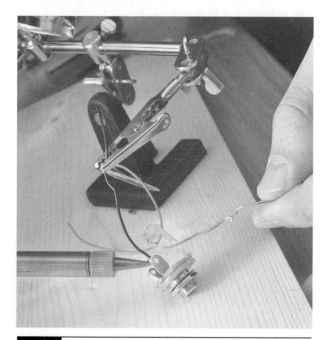

图6-40　焊接音频插孔上的导线

第三步：钻孔

在单弦吉他的侧面开一个直径10mm的通孔。移除音频插孔上的螺母和垫片，然后将接口穿过通孔，接着拧上垫片和螺母（见图6-41）。

图6-41　安装音频插孔

第四步：安装压电单元

你会发现压电单元的固定位置会影响最终乐器在放大器里发出的声音。你可以先用橡皮泥条尝试压电单元不同的固定位置。你也可以尝试只固定压电单元的一半，将另一半悬空。最终你会注意到压电单元对于震动是多么的敏感。为了防止压电单元接收到其他杂音，我们需要在它的背面粘贴一层海绵。最终确定了压电单元的安装位置之后，从拆散的压电扬声器上撕下一片海绵垫在压电单元的背后。

首先在海绵上涂一小团热熔胶，然后将它粘在压电单元的背后。接着同样用热熔胶将压电单元固定住，大功告成了！如图6-42和图6-43所示。

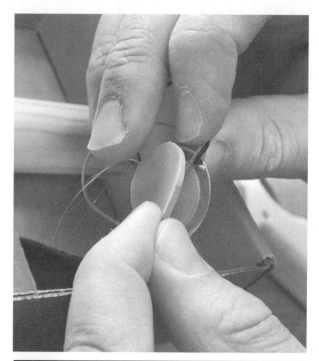

图6-42　粘贴海绵

挑战

■ 怎样才能从吉他里得到最温暖的声音？
■ 如果改变垫片海绵的厚度和密度会产生什么影响？
■ 压电单元还能用在其他什么场合？

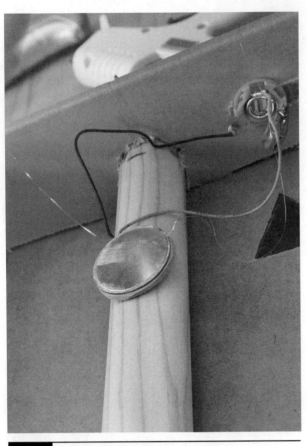

图6-43　固定好的压电单元

"自制乐器"挑战

　　回忆一下我们在这一章里使用了多少种不同的材料来得到能够产生音符的震动。你还能想到有其他哪些材料很适合用来自制乐器么？你是否能够通过改变材料的长度和密度来产生不同的音符？

　　拍下你自制的乐器，在推特上 @gravescollen 或者 @gravesdotaaron，或是在 Instagram 上使用 #bigmakerbook 标签来分享你的作品。我们会在主页上用一个相册专门陈列你们的作品。

第七章

电子织物制作：从入门到精通

到目前为止，你已经接触了纸电路，以及一些简单的编程，接下来让我们试着使用能导电的针线！这些设计有的很简单，有的也很复杂。其中最复杂的设计需要你具备一定的Arduino使用经验，以及灵活的双手！

第七章的挑战

电子织物挑战：自己设计一个绒毛玩具。

设计28：缝制LED手环

即使你是一名缝纫大师，但是如果要缝纫电路，我们最好还是从小东西开始。在我的工作室里，有两个用LilyPad和Flora Arduino制作的小玩意儿沉睡了很久，最终好不容易才找到机会用它们制作了一个萤火虫罐玩具（用LED模仿萤火虫）。这也是我爱上电子织物的契机，之后这些电路也被我重复用在各种更加复杂的设计当中！接下来我们将会介绍这个十分简单的手环作为你的第一个可穿戴设备设计，在完成之后，你可以将制作过程里用到的所有材料都重复用在后续的设计当中！

制作时间：2~3小时（对于刚刚接触针线的初学者）

所需材料：

材料	描述	来源
电子织物素材（教室）	对于一整个创客空间，你可以购买一个基础的实验室套装（SparkFun Lab 13165）	SparkFun网上商城
电子织物素材（个人）	五个LilyPad LED（白色：DEV 10081；蓝色DEV 10045；粉色DEV 10962；黄色DEV 10047；红色DEV 10044）	网上商城
导电缝线	导电缝线（10m）	网上商城
电池座	3V LilyPad电池座（带开关）	网上商城
电池	纽扣电池CR2032	网上商城
手环的材料	23cmx8cm大小的毛毡片、一般的缝纫线、金属搭扣或按扣或尼龙搭扣	手工用品、纺织品店
缝纫用具	缝纫针、针枕、剪刀	手工用品、纺织品店
装饰用品	半透明或者磨砂的纽扣、小珠、亮片、毡片等	手工用品、纺织品店
缎带（可选）	用来遮盖LED和缝线的半透明缎带	手工用品、纺织品店
绝缘层	有弹性的织物胶或者热熔胶枪	手工用品、纺织品店

如果教授许多儿童一起进行缝纫，那么可以将整片的毛毡裁剪成这样的大小。

第一步：确认手环的宽度

首先我们要准备制作手环。挑一个你喜欢的颜色，然后检查毡片的长度能不能够绕你的手腕一圈，并且重叠部分至少要有3cm长。重叠部分最后会用来保护电池，因此制作手环的毡片不能太短（见图7-1）。

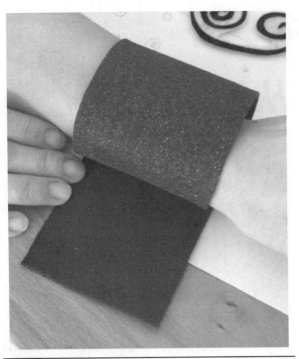

图7-1　检查手环的宽度

第二步：设计和电路原理图

首先我们需要在纸上设计手环，当然这就意味着你需要先想好手环的形状，以及最终安装LED的位置。我希望我的手环最后看起来像是凡高的《星空》里的一部分，因此LED的分布就会像星空

一样比较分散，同时我还找到了一些花纹状的毡片来装饰作为背景的蓝色毛毡。图7-2所示是我在头脑风暴时画的一个简单的设计图。同时我还希望最后整个手环的表面都有装饰物。在设计好了手环之后，接下来我们要完成手环上电路的接线。

教学提示： 如果你是在创客空间进行教学，那么设计手环的过程就更加重要了。学生可能会枯坐着并且说"我不知道要做个怎样的手环。"这时候你需要鼓励他们在毛毡上发挥自己的想象力，可以从一些最基本的元素开始，让他们逐渐构想手环的图案。我曾经在课堂上碰见过没有一个学生能够提出设计方案的情况，但是也碰见过所有学生都有自己的想法的情况！但是无论如何，不要直接跳过这一步。因为它能够帮助学生发挥自己的想象力，并且在后面缝制的过程里有一个参考物。

第三步：布置电路和测试

由于这是你制作的第一个可穿戴设备，那么电路部分最好是尽量简单一些，不过只用一个LED未免太过无聊，因此也可以考虑布置一个相对简单的并联电路，这样就可以多用几个LED了。图7-3所示就是一个并联电路的接线示意图，

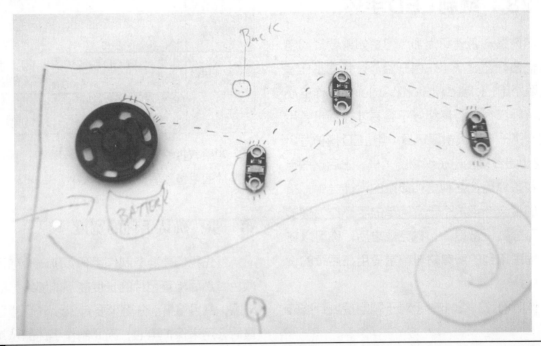

图7-2　在纸上进行设计

图7-4所示则是一个简单电路的接线示意图。将LED放在画出的设计草图上，然后用鳄鱼夹跳线来测试电路是否能够正常工作。注意所有的正极最好都摆在相同的方向上。

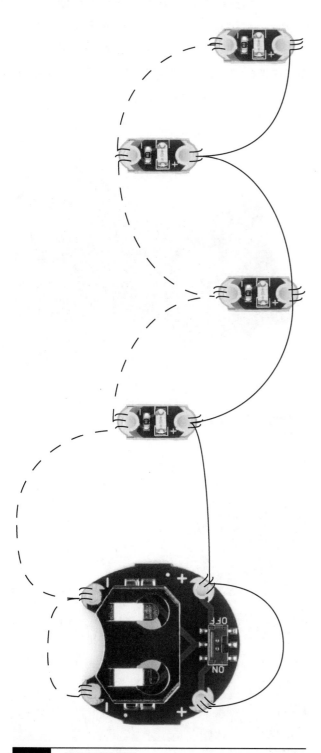

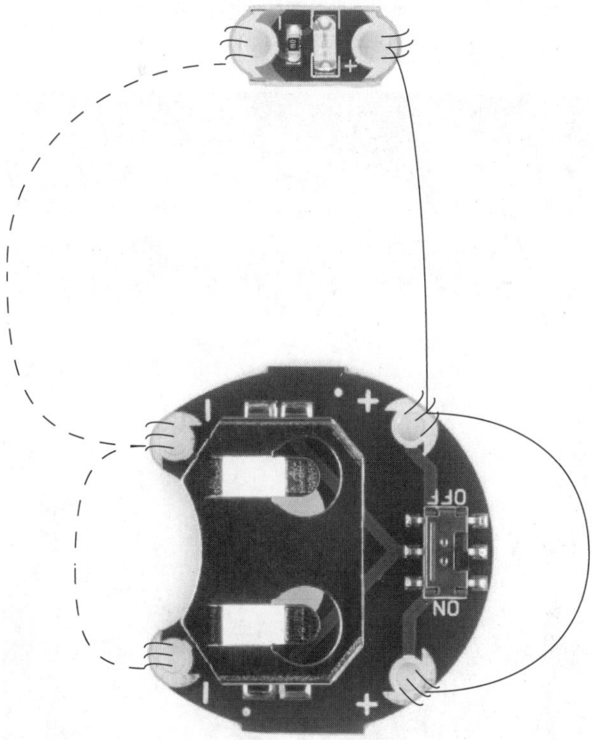

图7-4　简单电路的模板

教学提示：由于很多学生可能没接触过电路原理图，这个时候可以让他们直接将LED摆好，然后用笔直接画出正极和负极的电路，这样不仅能够帮助他们确定缝线的位置，同时还能帮助他们理解电路的原理图。通过摆放元器件的位置，你可以帮助学生学会阅读在平面上的电路图。此外，你也需要确认学生在使用LED的时候朝向是否正确。如果之后需要在LED上覆盖装饰物，那么现在就需要用鳄鱼夹测试线检测LED是否正常（见图7-5）。

第四步：假缝LED和电池

首先在开始使用导电缝线之前，先用一般的缝纫线简单缝几针固定住LED和电池的位置，或者用织物胶进行固定。在开始缝制之前先用简单的针法固定住要缝对象的位置。你可以先穿好一根普通的缝纫线，然后在LED和电池组的正极孔和负极孔上简单地缝几针进行固定。在完成了最后的缝制之后可以用剪刀剪掉这些针脚，如果不是很明显，

图7-3　并联电路的模板

也可以留着。如果准备使用胶水进行固定，那么只需要在LED和电池组的背后涂上胶水，然后将它们粘在对应的位置上即可！

线本身比较粗，这样会让它很难穿透布料。同时在使用的时候，一定要将线拉紧，确保导电缝线不会缠在手环上。）现在让我们按照从左往右的顺序开始缝制连接LED负极和电池组负极的负极电路部分。首先将线穿过第一个LED的负极孔，注意尽量让针脚紧密并且贴近手环的表面。一个孔上需要缝三到四针，注意缝线需要紧贴LED才能保证电路的连接良好。（图7-7所示是比较好的针脚示范，图7-8所示则是不良的示范。）

图7-5　测试LED

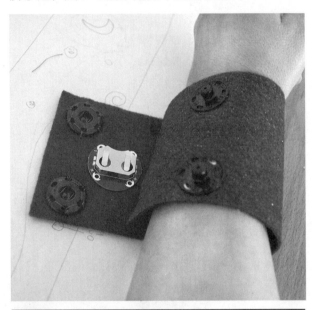

图7-6　假缝按扣和电池组的位置

第五步：假缝按扣和再次检查宽度

接下来将按扣假缝在手环材料的背面。然后再次检查手环绕在手腕上的情况，将按扣的另外一侧假缝在合适的位置。现在注意电池组也需要藏在按扣之前的布料里，同时最好不要离按扣太接近，因为金属按扣可能会使得电路短路（见图7-6）。

第六步：缝制负极电路

接下来该用到导电缝线了！首先再次检查你的电路设计和图7-3所示的模板是否符合。错缝和漏缝都会加重最后的排错工作。首先剪出大约30cm的导电缝线，穿进针里，然后在一端的末尾打一个结，另一端则打个结绑在针上。（注意不要像一般的线一样将两端绑在一起，因为导电缝

图7-7　好针脚的示范

坏的针脚

图7-8　　坏针脚的示范

教学提示：在开始缝纫的时候一定要仔细观察学生操作的情况。我曾经碰见过学生把导电缝线绑在 LED 上，这也使得电路最终无法正常工作。同样注意在开始缝纫之前一定要向学生展示如何完成正确地进行。

在固定了 LED 之后，用最基本的平针将导电缝线引到另一个 LED 的负极孔附近。同样利用三到四针固定住这个 LED 的负极孔，然后再次平针缝到下一个 LED 的附近。最后确保每个 LED 的负极孔都被牢牢地固定住了。如果仔细观察 LilyPad 的 LED，你会看见它两端的导电部分被做成了一朵小花的形状。检查导电缝线和 LED 上的导电部分之间是否有着良好的接触（见图7-9）。

在用一根导电缝线连接了各个 LED 的负极管脚之后（见图7-9），接下来你需要继续用平针连接手环另一侧的电池组。将导电缝线在电池组的第一个负极孔上绕五到六圈；然后走弧线到第二个负极孔附近，同样绕五到六圈，接着在缝线上打一个结再剪断（见图7-10）。注意缝线不要太靠近电池组，因为如果缝线不小心接触到电池组上其他的导电部位可能会使得电路短路。

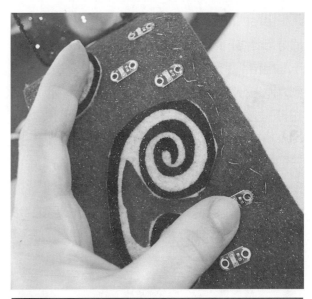

图7-9　　用平针缝制的负极电路

图7-10　　用缝线连接电池组的负极

教学提示：一开始使用导电缝线可能会有些困难，因为它并不像普通的缝线那样顺滑，而且很容易卡在布料上或者打结。因此每次使用的缝线不要太长，这样能够减少缝线打折的概率。虽然我很喜欢 SparkFun 的产品，但是 Adafruit 的导电缝线使用起来更加便利。

第七步：缝制正极电路

由于刚刚在电池组边上结束了负极电路，那么正极电路就从电池组开始。同样剪出一端30cm长的导电缝线，穿过针之后，分别在两端打上结。从电池组位于手环末端的正极孔开始，在它上面穿五到六圈进行固定，然后同样用平针走弧线到另一个正极孔上（见图7-11）。固定了这个正极孔之后，同样用平针走线到第五个LED的正极孔附近，固定四圈之后再走线至第四个LED，按照与之前相反的顺序连接好所有LED的正极孔。具体走线的路径并不是固定的，但是要注意不要让正极电路和负极电路之间互相接触（见图7-12）。

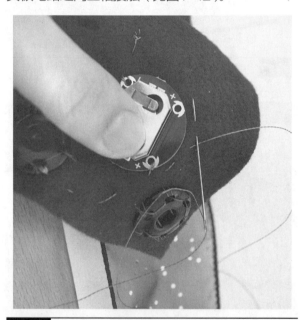

图7-11　用缝线连接电池组的正极

图7-12　针迹可以随意发挥

在最后一个LED的正极孔上，将缝线穿到手环的反面之后，打结然后剪断缝线，注意留出的缝线尽量不要太长（见图7-13）。

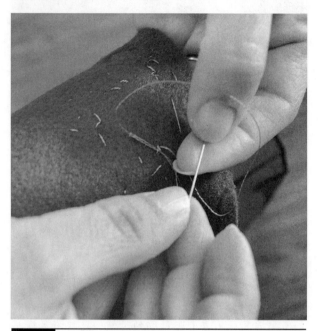

图7-13　打结

第八步：测试

见证成果的时刻到了！在缝纫的过程中，作为正极电路的导电缝线和作为负极电路的导电缝线之间是否互相交叉了？所有的LED是否都连接在同一条电路上？现在正是检验的时候。将电池放进电池组里，看看手环能不能亮起来！

如果没有发光？那么首先检查电池有没有装反。如果只有一个LED不能发光，那么检查它的两端是否都固定了导电缝线。我曾经也遇到过完成之后才发现漏缝了一个LED的事，当然修复起来也很简单！只要正极和负极电路之间的缝线没有交叉，你就可以另外再用一条缝线单独连接LED的通孔和相邻LED的通孔。如果还是没有奏效，那么需要检查正极的缝线和负极的缝线之间有没有交叉在一起。过长的针脚很有可能会扭到它不应该出现的位置，从而导致电路出现短路。同时注意检查缝线在LED通孔上的针脚是否紧实，图7-7和图7-8是良好示例和不良示例。

第九步：装饰

　　最后我希望把电路的缝线和所有的元器件都藏起来，因此我在手环上又缝上了一层缎带。然后，我又按照《星空》的样子加上了一些装饰品。你可以用各种方式来装饰手环，而我们就快完成了！

第十步：缝上按扣

　　完成了手环的装饰之后，接下来你需要把之前假缝的针脚拆线，最终固定住按扣。现在你可以骄傲地戴上自己制作的手环了（见图7-14）。记得按扣一定要牢牢地缝住；公头需要缝在手环的背面，母头可以缝在手环的正面。在开始这一切的缝纫之前，你可以量一下自己手腕的粗细来当作参考。

图7-14　完成的手环

挑战

- 注意并联电路并不一定要用两根平行的缝线构成，能不能制作出一个螺旋形的并行电路？
- 想想看并行电路还能排成其他什么形状？星形怎么样？
- 其他形状的并行电路在制作时需要注意什么？
- 在电流不够之前，最多可以在电路里添加几个LED？
- 能不能试着用布料在手环上制作立体的电路？这个时候LED应该固定在什么位置？

设计29：有开关的艺术袖口

　　在学会了构建第五章里的各种纸电路之后，相关的知识就可以帮助你制作一些可穿戴的电子设备了。在这个设计当中，我们使用的电路会变得稍微复杂一些。在第二章里我们介绍过如何自制一个开关，在这个设计当中同样我们也会用到自制的开关。这个"星夜"图案的袖口会利用一些简单的手工材料来完成一个自制的开关。如果能够自己做一个带开关的电池组，谁还要去另外买呢？此外，在这个设计当中，我们也会介绍如何用手工刺绣的方式在布料上制作图案。我们不会让整个袖口上都布满图案，而是会将图案集中在手腕袖口的前半部部分，这样你就能全天观赏到凡高著名的《星夜》了（见图7-15）。

　　制作时间：2~3小时

图7-15　星空的刺绣模板

所需材料：

材料	描述	来源
LilyPad LED	五组 LilyPad LED（黄色 DEV 10047）	网上商城
电池座	LilyPad 纽扣电池座（无开关 DEV 10730）	网上商城
电池	纽扣电池 CR2032	网上商城
导电缝线	导电缝线（10m）	网上商城
带有 LED 的微控制器	LilyPad Protosnap 开发板或 LilyTwinkle 套件（包含电池组、LED 和预编程能够让 LED 闪烁的微控制器）	网上商城
自定义微控制器套件（可选）	LilyTwinkle 套件（或者你可以单独购买里面的微控制器用在后面的设计中）	网上商城
碳转移纸	用来将刺绣的设计图转印到布料上	Sublimestitching.com 本书背后
刺绣模板	星夜的模板（见图7-15）	本书背后
袖口的材料	金属搭扣或按扣、23cm × 8cm 大小的毛毡片、一般的缝纫线	手工用品、纺织品店
缝纫用品	缝衣针、针枕、剪刀	手工用品、纺织品店
装饰品	绣花线（金色、黄色和深蓝色）	手工用品、纺织品店
绝缘层	透明的指甲油、弹性织物胶或者热熔胶（在假缝 LED 时可以用胶水进行固定，同时由于胶水时不导电的，你也可以用它来修复短路问题）	手工用品、纺织品店

第一步：测量长度

和上一个设计一样，首先你也需要测量袖口的长度。记住，我们需要让袖口能够绕你的手腕一圈，同时重叠的部分需要至少有3cm。最后重叠部分会用来固定电池组，因此手环一定不能太短！（参考图7-1。）

第二步：设计手环和电路图

接下来和刚才一样，我们需要在手环上确定 LED 的位置（当然你也可以参考图7-16）。把我们刚才画出的刺绣设计图用碳转印纸印出来，这样你就能够参考刺绣的图案来确认 LED 的位置了。如果你对自己的刺绣技巧很有自己，那么可以跳过转印这一步，直接通过眼睛和手工在手环上完成图案。当然缝纫粉笔也可以帮助你完成这一步。

图7-16　折起来的手环

教学提示：你可以在课堂上介绍一些凡高和莫奈的画作，或者是让学生在美术书里寻找灵感。印象派画家的作品可以很好地用刺绣表现出来。你可以随意使用我们提供的"星空"模板，或者是自己设计一个由其他作品启发的模板。

第三步：布置电路和测试

和上一个设计一样，你可以将电路的元器件放在纸上，然后用笔画出并行电路的示意图。但是这次我们需要在电池组的负极之前加上一个开关，因此 LED 的负极需要和作为开关的金属扣钩的一端相连，扣钩的另一端则和电池组的负极相连。参照图7-17中的电路和图7-18来试着布置你自己的电路。正极电路的部分和之前的设计一样，都是从电池组开始直到连接了每一个 LED 为止。

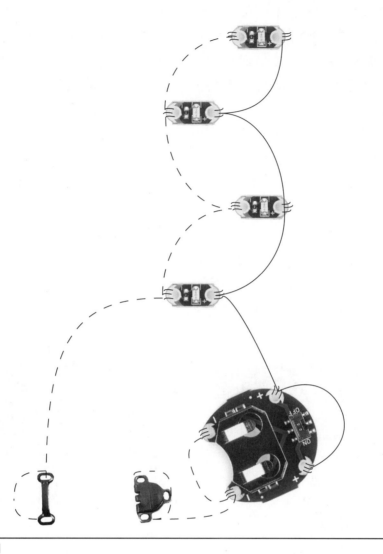

图7-17 自制开关示意图

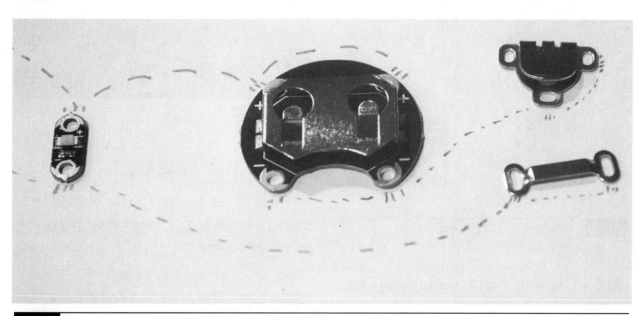

图7-18 手绘电路示例

接下来让我们测试一下金属扣钩，确认它作为开关是合格的。用一条鳄鱼夹测试线的两端分别夹住电池组的负极孔和扣钩的公口，然后用另一条连接LED的负极孔和扣钩的母口，接着用第三条鳄鱼夹测试线连接LED的正极和LED的正极。现在将开关扣起来，看看LED能不能如图7-19所示正常发光。你虽然可以连接所有的LED来测试开关，但实际上只要一个LED能发光，那么最后所有的LED也肯定能发光。

教学提示：学生可能会觉得这一步并不重要，但是和之前的设计一样，事先设计好电路很重要。它能够帮助学生做好缝纫的心理准备，并且帮助他们减少缝纫过程里可能出现的错误。毕竟事半功倍才是我们想要的效果。

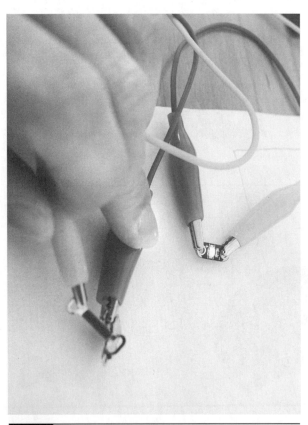

图7-19　用鳄鱼夹测试线测试自制开关

第四步：确定开关的为止和电路的布线

由于实际的电路不会和原理图那样笔直，

那么最好是花点时间来想想看怎样用缝线完成电路而又不影响袖口上的图案。将LED从设计图转移到袖口上，然后用一点点胶水假缝住。将袖口按实际穿戴的样子绕在手腕上，然后比照确定扣钩的位置（见图7-20）。确定之后同样用胶水假缝住开关。在开始缝纫之前设计电路布线的时候，注意正极电路和负极电路无论如何都不能出现交叉，否则就会导致电路短路。（虽然你可以用指甲油或者热熔胶涂在交叉的导电缝线之间来进行修复，但是一开始就别犯错总是更好的。）

图7-20　放置和假缝金属扣钩

第五步：假缝并固定电池组

和之前一样，你同样可以用一点胶水假缝住电池组。然后你就可以从电池的负极开始缝制电路了，首先用导电缝线连接电池组的负极和金属扣钩的公头。参考图7-17检查电池组上的导电缝线是否恰当，同时确保它只和金属扣钩的公头相连（见图7-21）。注意在这里不要将电池组的负极和LE的负极连接起来，否则开关会无法正常发挥作用。（因为这样会使得电路形成一个完整的回路，使得LED持续发光。我第一次制作的时候就犯过这个错误！）

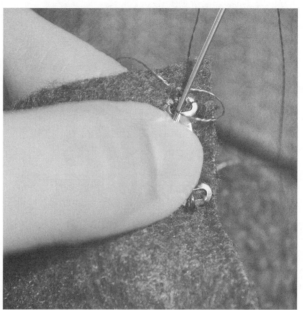

互相交叉。

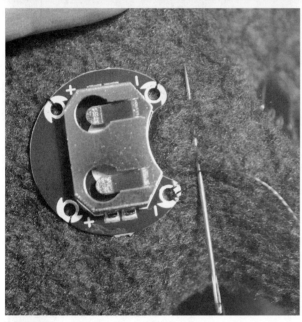

图7-21　连接金属扣钩的公头和电池组的负极

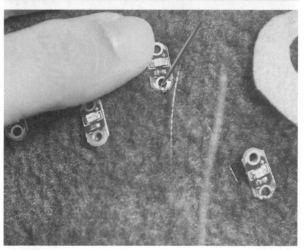

图7-22　连接扣钩和LED的负极孔

在每个LED的负极孔上都穿3到4圈，直到连接所有LED的负极孔。注意中间不要剪断缝线，每次穿过布料之后一定要拉紧缝线。同时记住LilyPad LED上导电的部分是两端的花瓣状部分，而连接不同的LED之间可以使用平针针脚。完成了所有LED负极孔的连接之后，在缝线上打个结，然后剪断缝线。

第六步：连接自制开关的母头和LED的负极

接下来用导电缝线先在金属扣钩的母头上绕3到4圈，然后用平针连接扣钩的另一个通孔，接着在这个孔上也绕3到4圈；然后你需要连接的是最近的LED的负极孔（见图7-22）。

注意确保缝线由袖口的顶部走向底部，这样能够留出足够的空间给正极电路，防止它们之间

第七步：缝制正极电路

接下来我们需要从LED开始缝制正极电路，直到连接上电池组的正极孔位置。剪出30cm长

的导电缝线，穿过针之后，从最远离电池组的
LED的正极孔开始缝制电路。

利用平针连接不同LED的正极孔，同时
每个孔上用缝线穿过3到4次。注意中间不要
剪断缝线，用一根连续的导电缝线连接所有
LED，同时记住针脚一定要尽量紧密。紧密的
针脚才能够保证LED上正常接收到电池的电
压。连接了所有LED之后，继续用缝线连接电
池组的正极孔。电池组的重量比LED更重，因
此在它的孔上最好是多绕几圈。连接了电池组
的两个通孔之后，在缝线上打一个结，然后剪
断缝线（见图7-23）。

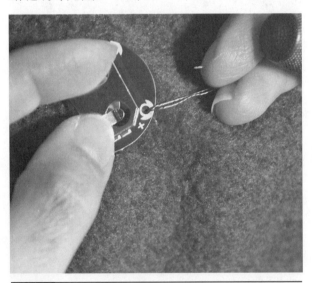

图7-23   连接电池组的正极

第八步：测试电路

恭喜你！接下来你需要把金属扣钩扣上，然
后测试你的电路，LED都能不能正常发光呢？如
果都不能，那么需要检查正极和负极电路之间是
否出现了交叉。如果只有某些LED不能，那么
需要检查是不是缝针的时候不小心跳过了某个
LED，或者是针脚出现了松脱。图7-24中既展
示了优秀的缝纫示例，也展示了不良的缝纫示例。
你在缝平针的时候使用的是长针脚还是短针脚？
虽然手缝的时候很容易使用长针脚，但是这样却

会让你失去对电路的控制。因此在使用导电缝线
的时候最好是使用短针脚，这样缝线才不会到处
乱晃导致短路。

图7-24   测试电路

第九步：装饰

按照我们提供的模板给袖口刺上图案，或者是
自己设计一个图案！我用了一小片黄色的毛毡来制
作月亮，然后用锁链针法固定住它。我在Sublime
Stitching网站上学到了一个很简单的锁链针法，你
可以参考这个链接：sublimestitching.com/pages/
how-to-chain-stitch。

在固定了月亮之后，在周围用一些平针来模
仿月光（见图7-25）。完成之后，在背面给缝线
打一个结，然后剪断。在各个LED的星星边上你
也可以使用相同的方式进行装饰。

为了模仿夜空的效果，可以单独用几根短的
蓝色缝线制作几个小漩涡，然后用白色的缝线在
漩涡的缝隙中间同样缝成漩涡对比凸显。

第十步：戴上它！

现在你就可以戴上自己亲手制作的袖口出去
炫耀了（见图7-26）。在恰当的时机扣上袖口的
口子，然后向朋友们展示LED的炫酷效果吧！

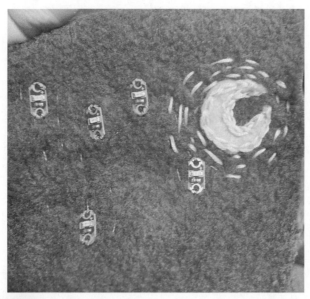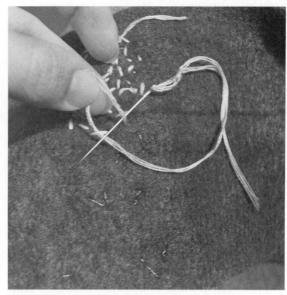

图7-25　用平针模仿月光

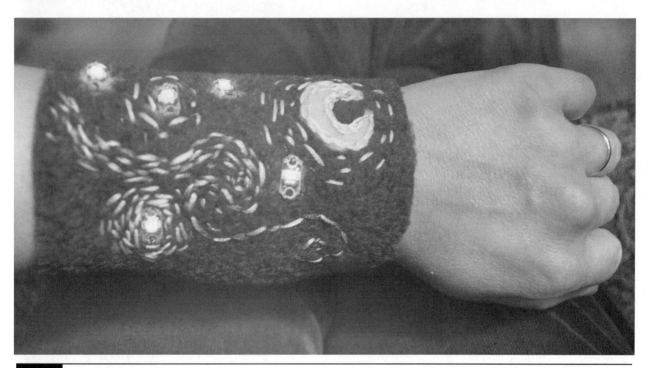

图7-26　完成后的袖口

挑战

- 试着加上 LilyTwinkle 微控制器，这是一个经过预编程能够让 LED 产生各种特效的微控制器。
- 这个设计很适合加装 LilyTwinkle，它能够让夜空变得更加美丽。

- 还有其他哪些刺绣方式可以用来模仿名画的？种子绣也是一种很有趣的针法！
- 你能不能更进一步，试着学会通过 LilyPad 微控制器和编程来让 LED 闪烁？或者试着给你的袖口加上一些音效？

设计30：使用LilyPad Arduino 的绒毛吉他

教学提示：在开始繁复的 Arduino 编程之前，你可以让学生先在开发软件当中使用 LilyPad ProtoSnap 运行几个示例程序。现成的示例程序可以在修改了管脚定义之后直接上传到 LilyPad Protosnap 上运行。通过这些程序你可以让学生感受一下编程的魅力。

制作时间：2~3小时

所需材料：

材料	描述	来源
布料	制作吉他主体的毛绒布料、对比色的毛绒布料或者毛毡布	手工用品或纺织品店
缝线	刺绣缝线（搭配吉他的主色，和边缘相反，以及制作琴弦的银色线）	手工用品或纺织品店
Arduino 音频编程教程	Simon Monk的音频编程教程	Arduino 官网
完整的套件	LilyPad ProtoSnap套件（包括下面三行列出的物品）	网上商城
LilyPad 微控制器	LilyPad 微控制器（DEV 10274）	网上商城
LilyPad 震动板	LilyPad震动板（DEV11008）	网上商城
LilyPad 蜂鸣器	LilyPad 蜂鸣器（DEV08463）	网上商城
LilyPad 光传感器	LilyPad光传感器（DEV08464）	网上商城
导电缝线	导电缝线（DEV10867）	网上商城
微型USB 转接器	LilyPad FTDI基本接口：5V（DEV10275）	网上商城
电池	锂电池（PRT00731）	网上商城

教学提示：记得在教学的时候一定要仔细观察学生制作的情况。这个设计对于没有缝纫经验的学生来说可能会比较复杂。同时注意套件和电池上的安全提示：在可穿戴设备上使用电池时请注意安全。

在使用导电缝线时，缝线短路可能会产生火花和高热量。我们推荐初学者使用纽扣电池来制作可穿戴设备。

第一步：Arduino 狂热

如果你还没有在计算机上安装Arduino软件，那么首先要做的就是装上它。如果已经安装了，那么还需要下载FTDI驱动，这样是为了将代码上传至LilyPad中。SparkFun 上提供有很棒的教程：sparkfun.com/tutorial/308。教程会告诉你需要下载哪些软件，以及如何在开发软件中运行示例的程序。

ProtoSnap的工作原理？

LilyPad Protosnap是一个元件完整并且不需要进行任何接线就可以运行Arduino示例程序的开发板套件。目前的型号中为了某些元件隐藏了Arduino的一些管脚，因此在将它拆开之前请仔细的思考。同时在拆开组成自己需要的电路之后，编写配套的程序时需要重新对Arduino的管脚进行定义。

教学提示：确保所有学生使用的计算机上都预先安装了 Arduino 软件和 FTDI 驱动，你可以参照网上给的教程进行下载和安装。当 ProtoSnap 套件通过 FTDI 和学生的计算机相连时，你可以从 Arduino 的开发软件中的文件→示例菜单（File → Examples）中的内置示例程序来演示 Arduino 代码的运行原理。举例来说，在"闪烁"（Blink）的示例程序里，你可以向学生介绍 Void Setup 中是如何定义了 13 管脚，然后让学生尝试着修改管脚定义，看看最后会产生怎样不同的效果。同时注意如果修改了定义中的管脚，那么在 Void loop 中对应使用的管脚号也需要进行修改，否则 ProtoSnap 上不会产生任何现象。在闪烁示例程序里，循环部分需要修改的是 digitalWrite 指令后面括号里的管脚编号。你还可以鼓励学生尝试着给另外的管脚加上定义和 digitalWrite 指令。最后，你可以让他们试着改变延时的长短，看看会对 LED 产生怎样的影响。通过对示例程序的改动，你可以通过 LilyPad Protosnap 介绍 Arduino 编程的很多概念。

第二步：运行示例程序

连接 ProtoSnap 之后，运行 Arduino 提供的一些示例程序，并且尝试着对示例程序进行修改来理解 Arduino 控制元件和微控制器的一些基本原理。在大致了解了 Arduino 的基本原理并准备好播放音乐之后，你需要暂时断开 ProtoSnap 的连接，因为我们需要在上传"Iron Man"（Iron Man）程序之前先修改一些管脚的定义。

第三步：上传"Iron Man"程序

```
/*
创客Big书-设计21：能播放Iron Man主题曲的吉他绒毛玩具
在特雷·福特的帮助下编写，基于Simon Monk的音频示例程序
更多信息请参考：http://arudino.cc/en/Tutorial/Tone
*/
//光传感器的管脚连接：
// S管脚连接 A5管脚
// + 管脚连接 Lilypad正极
// - 管脚连接 Lilypad负极

// 晶体管（如果缝在布料背面且扁平一侧朝上，
// 那么请对调左管脚和右管脚的连接）
// A3管脚 连接 330Ω电阻 连接 中央管脚
// 右侧管脚 连接 电池负极
// 左侧管脚 连接 扬声器的负极

// 扬声器连接方式：
// 正极连接Lilypad正极
// 负极连接Lilypad负极

// 震动板连接方式：
// 正极 连接 A2管脚
// 负极 连接 电池负极

/*********************************************
 * Public Constants(公共变量)
 *********************************************/

//这一部分定义了音乐的音符
#define NOTE_C4 262
#define NOTE_CS4 277
#define NOTE_D4 294
#define NOTE_DS4 311
#define NOTE_E4 330
#define NOTE_F4 349
#define NOTE_FS4 370
#define NOTE_G4 392
#define NOTE_GS4 415
#define NOTE_A4 440
#define NOTE_AS4 466
#define NOTE_B4 494
#define NOTE_C5 523
int sensor = A5;
int ledPin = 13;
int vibeBoard = A2;
int lastnote = 0;
int piezo = A3;
//旋律部分
int melody[] = {
NOTE_E4, NOTE_G4, 0, NOTE_G4, NOTE_A4, 0, NOTE_A4, 0,
NOTE_C5, NOTE_B4, NOTE_C5,
NOTE_B4, NOTE_C5, NOTE_B4, NOTE_C5, NOTE_B4,NOTE_G4,
NOTE_A4, NOTE_A4
};

// 音符持续时间：4 = 四分之一音符，8 = 八分之一音符，以此类推：
int noteDurations[] = {
2, 2, 8, 4, 4,16, 2, 8, 8, 8, 8, 8, 8, 8, 8, 4, 2,2, 2
};

void setup() {
pinMode(ledPin, OUTPUT); // 这两条指令将连接led和震动板的
管脚均设置为输出模式
pinMode(vibeBoard, OUTPUT);
}

void loop(){
digitalWrite(ledPin, LOW); //开始之前先熄灭所有LED
digitalWrite(vibeBoard, LOW);
if(analogRead(sensor) < 5) // 如果拨动吉他（或者盖住光传感
器）时压电单元输出信号会减小
{
digitalWrite(vibeBoard, HIGH);
// 计算音符持续的时间需要用一秒钟除以音符的长度
// 例如四分之一音符= 1000 / 4，八分之一音符= 1000/8，以此类推．
int noteDuration = 1000 / noteDurations[lastnote];
tone(piezo, melody[lastnote], noteDuration);
// 为了区分不同的音符，你需要在音符之间加上一个最小的时间间隔：
// 音符的持续时间增加30%通常就比较合适
int pauseBetweenNotes = noteDuration * 1.30;
delay(pauseBetweenNotes);
// 停止播放音乐：
noTone(piezo);
digitalWrite(ledPin, HIGH);
lastnote++;
}
if(lastnote >= 19){ //在最后的音符播放完毕之后回到开头
lastnote = 0;
delay(100);
}
}
```

第四步：取下ProtoSnap零件

如果你想要播放一首不同的歌，那么现在也可以对程序进行修改和测试。程序中的大部分代码不需要进行改动，只需要改变旋律和音符长度就可以更改它播放的音乐了。如果你觉得"Iron Man"的旋律是你想要的，内马尔接下来你需要用斜口钳从ProtoSnap上取下你需要的零件，并

且将边缘修整干净，如图7-27所示。然后按照表7-1所示连接鳄鱼夹测试线，之后上传代码来测试吉他是否能正常播放音乐。如果不能，那么首先检查鳄鱼夹测试线的连接是否正确，以及代码是否正确。

可以在这一步自己修改吉他的外形，但是注意一定要在对折后的绒毛布料上进行裁剪，这样最后你才能得到两片形状完全一致的布料。注意裁剪的时候布料要包括对折的边，即最后两片布料已经是连在一起的（见图7-28）。

图7-27　取下ProtoSnap上的零件

表7-1　LilyPad电路的测试连接

光传感器	晶体管（扁平一侧朝上）	扬声器	震动板
S管脚连接A5管脚	A3管脚通过330Ω的电阻连接中央管脚	正极连接Lilypad正极	正极连接A2管脚
正极管脚连接Lilypad正极	右侧管脚连接Lilypad负极	负极连接Lilypad负极	负极连接Lilypad负极
负极管脚连接Lilypad负极	左侧管脚连接Lilypad正极		

第五步：剪出吉他的模板

找到本书背后的吉他模板，然后将它从书页里剪下来。然后对折你的绒毛布料，接着将剪下来的模板用大头针固定在对折后的绒毛布料上，同时注意将吉他的底边和折边对齐。

第六步：剪出缝制吉他的布料

按照模板将绒毛布料裁剪成吉他的形状。你

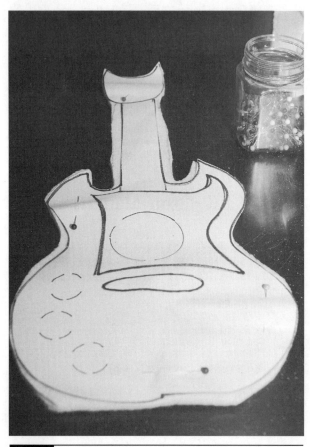

图7-28　沿着折边裁剪

第七步：剪下模板上的装饰部分

用模板和对比色的布料剪出吉他上的装饰部分，以及用来放置锂电池的小口袋。将装饰部分和小口袋都用大头针固定在吉他上。

第八步：将装饰部分缝在吉他上

接下来你需要用贴花针脚将装饰部分缝在吉他上，我们采用这种针脚的原因是因为它比较牢固，同时外观也很漂亮。我们需要按照从左往右的方向进行缝制。剪出一段40cm长的绣花线，穿过针之后在末端打一个结。注意在下第一针的时候，从装饰部分和吉他的布料之间往外穿，这样能够把第一针的针脚藏在它们之间。接下来用平针将吉他主体和柄上的装饰部分以及装电池的口袋（当然注意不要将口袋的四边都缝死）都固定在吉他上，如图7-29所示。

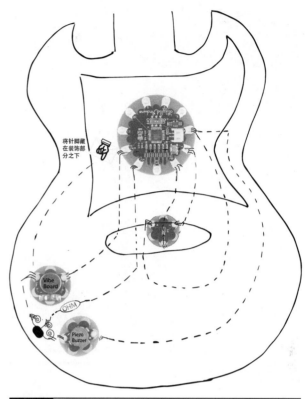

图7-30　吉他上的电路

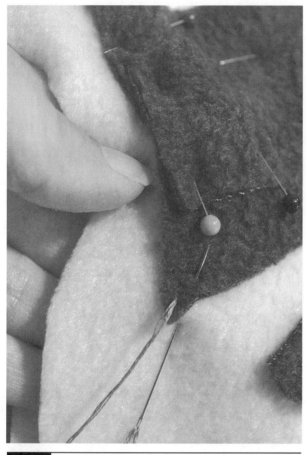

图7-29　沿着折边裁剪

第九步：标记元件的位置和规划电路

参考图7-30中的电路模板来摆放元器件的位置和布置电路。用胶水假缝住元器件，然后注意元器件之间的连接方式。和上一个设计一样，我们同样需要注意避免电路之间互相交叉，因为电流需要按顺序流经所有的元器件，而交叉的电路则会导致短路。

第十步：用鳄鱼夹测试线测试电路

虽然电路在之前就已经测试过了，但是在开始缝纫之前再测试一遍总是更好的！尤其我们需要检查晶体管的连接方式能够正常放大扬声器中发出的声音。在晶体管的两种朝向情况下都连接电路进行测试，看看哪种朝向下的放大效果最好？记住最后我们需要将电路缝在吉他的内部，因此一定要确保电路的正确性。完成了测试之后一定记住记录下三极管的哪个朝向能够正常的放大扬声器中的声音。

第十一步：准备晶体管和电阻

准备一把尖嘴钳，然后将电阻的一端卷成螺旋形（见图7-31），对另一端和晶体管的三个管脚也重复这样的操作。这样能够帮助你将元器件缝在吉他上，并且使它们和导电缝线之间保持良好的接触。

图7-31 用尖嘴钳弯曲元件的管脚

第十二步：连接晶体管和电阻

在布料的反面，用织物胶把晶体管和电阻假缝在布料上。注意这两个元件需要被缝在吉他的内部，这样最后用布料进行绝缘的时候才能获得最好的效果。注意晶体管上扁平的一侧应该朝下（除非经过测试朝上时放大效果更好）。在针上穿一根导电缝线，然后在晶体管的中央管脚上缝5到6针。注意针脚需要紧密的绕在线上，因为这是电流在元器件之间流通的路径。同时针脚尽量都绕在同一小段到线上，而不要围绕整个螺旋形；在固定了之后，用平针连接电阻的一端。在电阻的一端上同样缝5到6针，然后剪断缝线。接下来在针脚的位置用织物胶进行绝缘，如图7-32所示。

另外剪一段导电缝线，然后在电阻的另一端上缝3到4针，注意你的针脚需要位于布料的这一面，因为最后这一面是吉他的内部。接下来用平针经过布料的连接LilyPad单片机的A3管脚，利用布料的厚度让缝线不要出现在吉他的正面，图7-33所示就是最后针脚的情况。在到达A3管脚附近之后将缝线穿到布料的正面，然后在A3管

脚上缝5、6针。这个管脚负责向扬声器输出需要"演奏"的音符（当然信号要经过电阻和晶体管）。在这个设计当中晶体管并不是必需的，但是没有晶体管会使得扬声器发出的声音很微弱。晶体管能够将较小的输入电流放大很多倍，从而增加扬声器发出声音的音量。当蜂鸣器以一定频率震动的时候，它就能够发出对应的音符。每个特定的音符或者音调都对应着一个固定的频率。因此我们可以在程序中通过定义不同的频率值来控制扬声器所发出的音符。（如果你还是不太明白，那么可以参考第六章当中所介绍的关于声音的知识！）你会注意到在代码的开头（见表7-2）列出了每个音符和它所对应的频率值。如果你希望吉他演奏另一首完全不同的歌曲，那么同样需要在相应的部分定义歌曲中出现的不同音符！这个频率值就是扬声器所产生的音波每秒钟内震动的次数，也就是第六章里PVC管每秒钟内震动的次数。我们在第六章里介绍了更多和频率相关的内容，如果你忘记了，那么可以回头复习一下关于频率和声波。在第五章我们介绍过，通过Arduino代码，你还可以控制一个音符的持续时间或者说长度，我们需要将每个音符的持续时间通过Arduino中一种叫作数组的变量进行设置。参照表7-3中的音符持续时间的数组来调整每个音符的持续时间，对照我们的代码你就知道该在哪儿进行调整了。

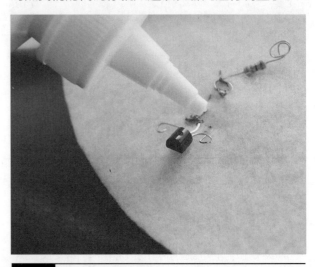

图7-32 连接晶体管和电阻

图7-33　缝住A3管脚

表7-2　"Iron Man"音符

音符名称	频率值
#define NOTE_C4	262
#define NOTE_CS4	277
#define NOTE_D4	294
#define NOTE_DS4	311
#define NOTE_E4	330
#define NOTE_F4	349
#define NOTE_FS4	370
#define NOTE_G4	392
#define NOTE_GS4	415
#define NOTE_A4	440
#define NOTE_AS4	466
#define NOTE_B4	494
#define NOTE_C5	523

表7-3　音符持续时间数组

```
//音符的持续时间：4 = 四分之一音符，8 = 八分之一音
符，以此类推：
int noteDurations[ ] = {
2, 2, 8, 4, 4,16, 2, 8, 8, 8, 8, 8,
8, 8, 8, 4, 2, 2,2, 2
};
```

第十三步：连接震动板的正极

　　重新剪一段导电缝线，然后在震动板的正极上缝3到4针（见图7-34）。接下来在表面上用平针将电路走向传感器，如图7-35所示。接着将导线走向LilyPad的A2管脚，在A2管脚上缝4到5针，然后再布料的反面打结并剪断缝线。这一部分电路将负责给震动板供电，这样当你在演奏空气吉他激活光传感器的时候，你的吉他会发生轻微的震动。当然，在没有连接震动板的负极来完成整个电路之前它是没法正常工作的。

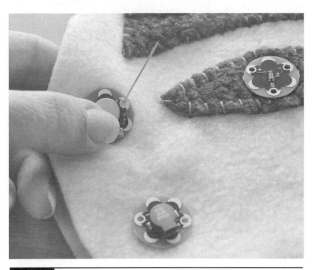

图7-34　震动板的正极

图7-35　走针方向

图7-36　缝在A2管脚上

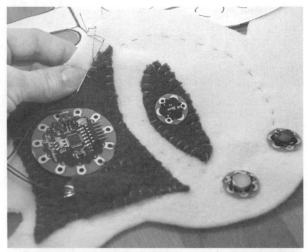

第十四步：连接扬声器正极

　　用一根新的缝线，在扬声器的正极上缝3、4针，然后将缝线走向吉他的底部，如图7-37所示。将缝线沿着边缘走向装饰部分，最后连接在LilyPad的正极上，同样缝3、4针，然后剪断缝线。

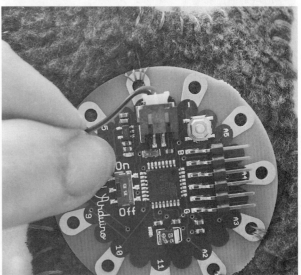

图7-37　连接扬声器和Lilypad正极

第十五步：连接传感器的S管脚和A5管脚

　　用针穿过A5管脚的通孔，然后在布料背面用马克笔标记出A5管脚的位置。由于我们的电路规模比较庞大，因此我们需要确保将传感器的S管脚和LilyPad的A5管脚通过最短的路径连接起来，如图7-38所示。这一部分电路会使LilyPad只有在光传感器上没有光照的时候给扬声器发送音符信息，而这就是当你在演奏空气吉他的时候！同时注意在布料的背面用织物胶对导电缝线的结进行绝缘。

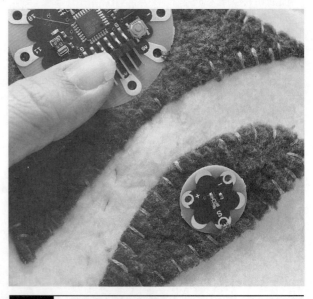

图7-38　连接传感器和A5管脚

第十六步：连接传感器正极和LilyPad正极

传感器的S管脚只负责输出信号，我们还需要给传感器进行供电，这样它才能够正常获得信息。因此我们需要将传感器的正极和LilyPad的正极连接起来。在刚才连接的电路里我们已经连接了LilyPad的正极，但是只要都是正极电路，拓展电路的分支并不会有任何问题。和之前一样，用一根新的缝线连接传感器的正极和LilyPad的正极，两端都缝上4到5针，然后打结并剪断缝线。记得用织物胶在布料的背面对打结处进行绝缘，并且缝线的路径需要遵循图7-30中的模板。

第十七步：连接传感器负极和LilyPad负极

接下来我们需要给传感器接地，并且完成与它相关的电路部分，用缝线连接传感器的负极和LilyPad的负极，在两端都缝上3、4针。

第十八步：连接晶体管、震动板和LilyPad的负极

现在从布料的背面开始，先在晶体管的右侧管脚上缝3、4针，然后将缝线从正面走向震动板的负极管脚，如图7-39所示。接着将缝线朝上走向电池，再回到辅料的背面，按照图7-39那样藏起针脚，然后从LilyPad的负极上回到正面，并在负极上缝3、4针，最后打结并剪断缝线。

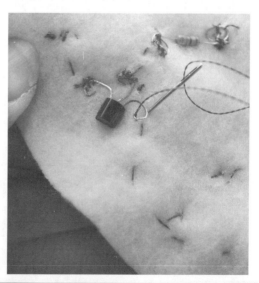

图7-39　负极电路（续）

第十九步：连接扬声器和晶体管

接下来用一根新的缝线从扬声器的负极管脚开始，缝3、4针之后，将线走向最接近的晶体管管脚，并在那个管脚上缝3、4针，然后打结并剪断缝线（见图7-40）。

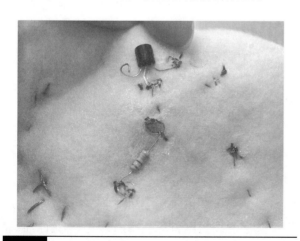

图7-39

图7-40　连接扬声器和晶体管

第二十步：检查电路和测试

现在检查你的电路连接和图 7-30 中的模板是否一致，同时各个元器件上的连接是否正确。然后就可以放进电池开始演奏你的吉他了！如果能正常播放音乐，那么恭喜你，你可以跳过这一步。如果不能，那么首先需要检查管脚上的缝线是否紧密接触了管脚，以及电路的缝制是否正确。同时检查电路之间是否存在交叉的现象。如果电路出现了交叉，那么可以在交叉的缝线之间用织物胶进行绝缘，或者是垫上一小片布料，但是有的时候这并不能完全修复问题。如果这样依然不能修复，那么可能是缝线在布料内部出现了交叉，这时候你就需要仔细分辨交叉的是哪部分电路，然后拆线并重新缝制。

第二十一步：绝缘缝线

在一大片黏合毡上再次吉他的模板描出吉他的外形，然后沿着边界画出一个小 1cm 左右的吉他形状。剪下来之后将它如图 7-41 所示铺在电路上。

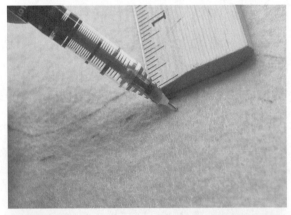

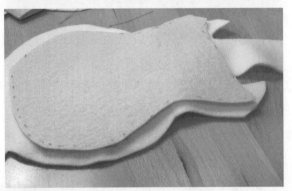

图 7-41 用黏合毡片绝缘缝线

第二十二步：缝合

现在将两侧的吉他布料折在一起，然后从底部的折边开始，沿着边缘用大头针将两侧固定在一起。接下来用不同颜色的缝线使用锁缝法沿着边缘将整个吉他缝合。这一步里最重要的是保持针脚之间的间距与下针点与边缘之间的距离相等。这样能够让吉他最终看上去更美观。你可以使用银色装饰线（不导电）来缝合吉他，同时普通的缝线最好是将两端绑在一起。

在这里我们需要从右向左进行缝合，从吉他底部的右侧开始。同时你可以从两层布料的中间开始下针，这样能够将起始的针脚藏在夹层之中。然后将针穿过往上 3mm 的位置，注意穿过之后不要将缝线完全拉紧。在即将拉紧的时候，将针穿过缝线形成的圆圈之中。现在拉紧缝线，同时检查缝线在布料上是否形成了平直的针脚。重复这一步骤直到缝合了整个吉他，你可以参考图 7-42 来学习缝合的细节。当你到达拐角的位置时，将针反向穿过上一个针脚的位置，然后在拉动缝线的时候，将布料转过来，确保缝线和拐角垂直。参考图 7-43 中拐角处的缝合细节。继续缝合直到到达另一侧吉他颈部的四分之三位置。

缝合到这个位置之后，你需要先填充吉他的颈部，因为颈部完全缝合之后填充颈部会十分困难。填充了颈部之后，继续用锁缝法缝合剩下的部分，直到离底部折边 5cm 的位置。现在先不要剪断缝线，因为在填充完成之后你还需要继续缝合剩下的部分（见图 7-44）。

第二十三步：填充吉他

接下来你需要用填充物填充吉他的主要部分。注意一定要将填充物塞满吉他的边角，同时不能过多或过少。得到你想要的效果之后，拿起刚才的缝针，继续用锁缝法缝合剩下的部分。到达底部折边之后，打结并剪断缝线，注意将针脚隐藏在吉他内部（见图 7-45）。

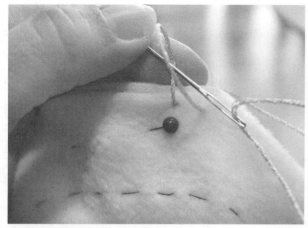
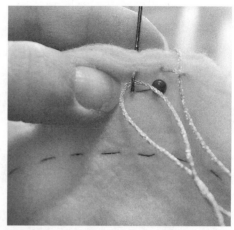
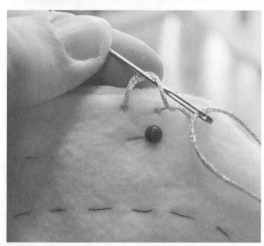
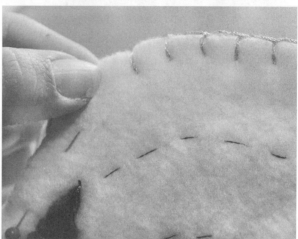

图7-42　锁缝法的细节

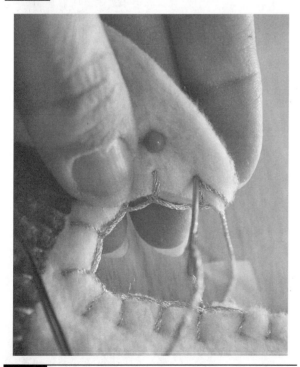

图7-43　拐角处的细节

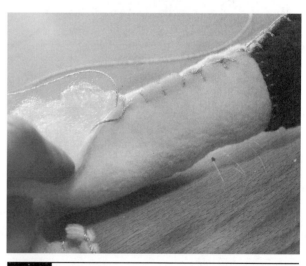

图7-44　填充颈部

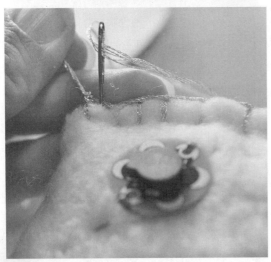

图7-45　缝合吉他

当你到达主要部分上的装饰之后，打结并将针脚藏在装饰部分之后（见图7-46）。你也可以用这个机会固定住锂电池的导线（见图7-47）。注意即使电池没电也不需要取出它，因为你可以通过FTDI将LilyPad和计算机相连来给电池充电。

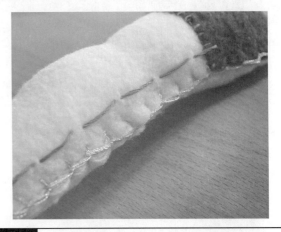

图7-46　加上吉他的弦

第二十四步：测试

见证奇迹的时刻到了，你的吉他能正常演奏吗？盖住传感器之后，扬声器里会发出声音吗？恭喜你！如果不能，你需要进行一些排错，缝制的电路都正确吗？元器件之间管脚的连接有没有错误？管脚上的针脚是否紧密？缝线之间是否出现了交叉导致短路？

第二十五步：吉他的琴弦

用缝线从吉他的顶部开始，使用较宽的平针来模拟吉他的弦，沿着琴颈朝下直到主要部分。

图7-47　用缝线固定住电池的导线

第二十六步：演奏空气吉他！

现在开始演奏吧！如果你对它播放的音乐感到厌烦，可以尝试着修改程序让它播放另外的音乐（见图 7-48）。你要做的只是找到其他乐曲的乐谱，然后将音符转化成代码中的定义，接着调节每个音符的持续时间。

图7-48　空气吉他！

挑战

■ 能不能试着加长数组，让电路能够播放更多的音符？

■ 能不能试着修改程序让电路播放另外一首你喜爱的乐曲？

■ 加点灯光特效怎么样？在吉他的颈部通过并联电路加上 LED。

■ 或者试着学习怎么实现 LED 的淡化特效，并且在吉他上加上一个旋钮。注意电路之间不能出现交叉。如果不得不交叉，你可以在缝线上盖上毡片，然后在毡片的表面进行走线，只要保证导电缝线之间不互相接触就行了。

"电子织物"挑战

能不能试着自己设计并且制作有某种功能的绒毛玩具？你会通过编程让它实现什么功能？你可以试着通过修改 Arduino 的示例程序来实现你的目标，并根据程序来制作你的电子织物。

拍下你制作的玩具，在推特上 @gravescollen 或者 @gravesdotaaron，或是在 Instagram 上使用 #bigmakerbook 标签来分享你的作品。我们会在主页上用一个相册专门陈列你们的作品。

第八章

Makey Makey 发明套件

接下来我们将会介绍一些使用到Makey Makey发明套件的十分简单和有趣的设计。Makey Makey是由埃里克·罗森鲍姆（Eric Rosenbaum）和杰·希尔弗（Jay Silver）设计和创造的一种发明套件（见图8-1）。它上面的微控制器通过USB端口与计算机相连，并且能够让计算机认为它实际上是一个外接的键盘。Makey Makey发明套件的正面有6个输入端，通过这6个输入端你可以分别模拟键盘上的4个方向键、空格键以及鼠标左键的单击。在背面，它还有更多可以通过编程自定义的按键。试着用一根鳄鱼夹测试线的一端夹在一根香蕉上，另一端接在某个方向键的输入端上。然后再用另一根测试线的一端连接Makey Makey底部的"接地"（Earth）端口。现在如果将和接地端口相连的鳄鱼夹与香蕉互相接触，实际上你就完成了一个电路，并且会触发与香蕉相连的方向键！

你可以访问MakeyMakey官网然后按照教程用测试线将所有的按键和不同的香蕉连接在一起，接着就可以演奏香蕉钢琴了！而且你能做的并不只是演奏钢琴，实际上你可以用香蕉来控制任何网页。你可以用它来控制幻灯片的放映、玩游戏或者进行其他任何计算机上的操作！而之前我们已经介绍过如何用Scratch来制作一个简单的游戏，现在你可以利用Makey Makey来制作与游戏主题搭配的游戏控制器！

准备好学习接下来的设计当中的无限创意，它们能够帮助你设计各种不同的开关，并且让你学会如何利用Makey Makey来进行发明创造。

教学提示：Makey Makey有一整套与之搭配的课程，你可以在MakeyMakey.com/lessons上找到相关的资料！

设计31：秋千开关

设计32：折叠开关

设计33：压力感应开关

设计34：Makey Makey纸电路

设计35：弹珠轨道上的开关

第八章的挑战

"Makey Makey辅助设备"设计挑战。

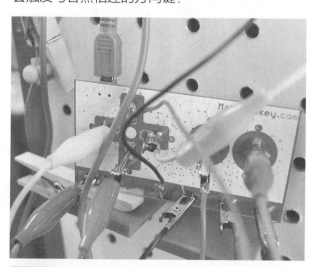

图8-1　Makey Makey发明套件

设计31～33：制作秋千开关、折叠开关和压力感应开关

　　Makey Makey是一种十分有效而有趣的空间交互设备。你可以利用它来制作各式各样的声控开关、摄像头开关和定时器等等。设计31～33将会向你介绍一些利用Makey Makey来制作各式各样开关的新奇设计。Makey Makey最棒的一个特质就是它可以结合几乎一切东西进行发明创造！你甚至可以使用食物来创作！

设计31：秋千开关

　　秋千开关是我们最喜欢的Makey Makey设计之一。它很适合用来利用某个运动的物体来触发定时器或者是音效等。

　　制作时间：10～15分钟

　　所需材料：

材料	描述	来源
发明套件	Makey Makey、鳄鱼夹测试条线、USB连接线和跳线	网上商城
日常用品	胶带、吸管、竹签或是筷子、铝箔以及卡片纸	办公用品店、百货商店
工具	剪刀、美工刀	手工用品店
其他的材料	纸盒、乐高积木或小木块	玩具箱

第一步：搭建秋千

　　我们即将制作的开关就像是一个秋千。在这个开关当中，你可以用一个运动的物体，例如玩具车，来推动一个铝箔秋千。铝箔在运动的过程中会和另外的导电面互相接触，从而触发计算机上的某个按键。首先我们需要制作两个比开关中的运动物体高5cm的支架。如果你准备使用带轨道的玩具来触发，那么你需要先组装好它的轨道来确定最终支架需要有多高。在完成了第一组支架之后，制作另外一组矮2.5cm的支架。如果使用乐高积木来制作支架，那么你可以如图8-2所示搭建，通常第二组支架只需要比第一组支架少一块积木。

图8-2　秋千的支架和充当横梁的竹签

第二步：横梁和吸管

　　竹签很适合用来充当秋千开关的横梁。把一根竹签放在两个支架之间，然后用剪刀或者美工刀在两端超出的位置上做一个标记。你不需要将它完好的切断，也可以切一个小口然后将竹签折断，只需要保证最终竹签的长度能够横跨在支架上即可。然后像图8-3那样剪两段与支架宽度相同的吸管，然后用胶带将吸管固定在支架的顶端。这样秋千在摇晃的时候竹签依然能保持在吸管当中。

图8-3　剪断吸管

第三步：制作秋千

　　剪一段比两个支架之间的距离稍短的吸管（见图8-3）。每个人制作的秋千都会有所不同，在这里我们将一张20x20cm的铝箔纸折成了20x5cm的长条形。需要注意的是秋千的底部需要比顶部更重，因为这样它才能回归到静止时的位置，而不是一直保持开关的激活状态。为了实现这一点，你只需要从底部开始折叠铝箔，直到整个铝箔条的长度合适为止，如图8-4所示。

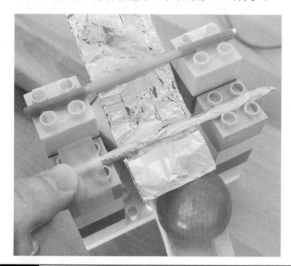

图8-4　测试

　　将吸管套在横梁中央，然后固定住吸管的位置，注意需要保证它下方有足够的空间。用胶带

　　固定之后，测试看看铝箔能不能来回晃动。如果需要的话，可以在底部上再增加一些重量；但是尽可能让秋千的重量轻一点，这样能够避免让触发开关的运动物体停下来。

第四步：停住秋千

　　接下来我们需要让秋千在合适的位置停下来，同时在这个位置上秋千又能够完成电路的回路，从而触发我们的Makey Makey。我们的停止位置就是第二组支架的高度，这样铝箔秋千在朝上运动的过程中，在接触到第二组支架上的横梁之后就会停下来，如图8-4所示。将第二组支架上的竹签用铝箔包裹住，然后用胶带固定在支架上。一般情况下，你可能需要进行几次测试来调整竹签的位置，直到它的高度刚好合适位置。如果竹签太低，那么你的开关就会过早触发；如果太高，那么开关有可能无法被触发。

第五步：摇晃秋千和设置开关

　　将Makey Makey连接在计算机上，然后用鳄鱼夹夹住Makey Makey的空格键或是其他你想要的按键。将另一根鳄鱼夹测试线接在Makey Makey的接地端口和刚在裹在第二根竹签的铝箔上（见图8-5）。接下来进行几次测试，看看你的开

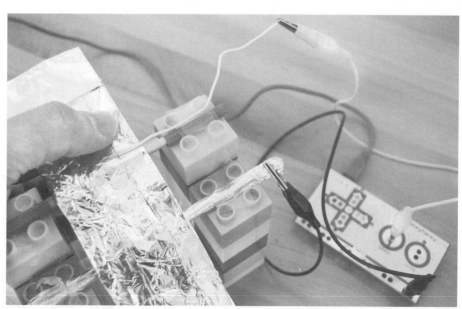

图8-5　接线

关能不能正常激活Makey Makey上的按键，并且根据测试结果调整必要的部件。如果Makey Makey上连接的按键的指示灯会在铝箔互相接触的时候点亮，说明你的开关就是成功的（见图8-6）。

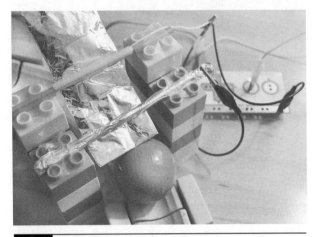

图8-6 测试开关

挑战

- 试着用其他不同的材料来制作秋千开关。
- 怎样制作一个原理更像门的开关？
- 尝试着用 littleBits 组件来让秋千能自动摇晃。

教学提示： 在使用 Makey Makey 的时候，发挥它潜力的唯一限制就是你的想象力！对于学生，我推荐将各种材料、零件都归类整理在一起，作为你的发明创造工具箱。你可以试着收集各种不同的导电和绝缘材料，然后测试它们的导电性也是一件很有趣的事。

设计32：折叠开关

折叠开关的形式十分多样，并且也许是最容易制作的开关之一了。它另外的长处则是整个开关可以做的很小，只需要玩具火车从上面经过就可以触发；或者是做的很大，用在某个会说话的箱子里。

制作时间：10~15分钟

所需材料：

材料	描述	来源
发明套件	Makey Makey、鳄鱼夹测试条线、USB 连接线	网上商城
绝缘材料	卡片纸、透明胶带、硬纸板	手工用品店、旧物箱
导电材料	铝箔纸	百货店
工具	剪刀、美工刀	手工用品店

第一步：构建折叠开关

折叠开关可以使用很多种不同的纸张进行制作，但是选择材料的时候你需要考虑最终使用开关时它会承受多大的压力。如果开关只需要用手按压，那么可以用比较薄的纸进行制作，但是用在捐书箱里的开关或者是需要踩上去的开关则可能要用硬纸板甚至是橡胶脚垫来制作！

在选定了材料之后，首先沿着水平方向将纸张对折。如果使用的是一长片硬纸板，那可能需要先用美工刀在中央的一侧开一个小口子才能将它对折。但是记住不要将纸板完全切开，你只需要在纸板中央制造一条折痕就够了。

第二步：固定纸片和铝箔

剪下两条比纸片或者纸板长5cm的铝箔纸用来固定在开关上连接外部的导线。将铝箔折叠成2.5cm到5cm宽的铝箔纸条。将铝箔条放在纸片折痕的一侧，然后将一端和纸片的右侧边缘对齐。此时纸片的另一侧会有悬空的铝箔片，这一部分最终将会和Makey Makey相连。用胶带将铝箔条固定在纸板上（见图8-7）。将纸板转过来，并用另一条铝箔重复相同的过程，只不过这一次需要将铝箔在折痕的另一侧和纸板的左侧边缘对齐。之后在纸板的两侧都会有悬空的铝箔条了，这些悬空的铝箔可以经过折叠之后再夹上测试线的鳄鱼夹（见图8-8）。或者你也可以用裸露的导线直接接触铝箔，然后用胶带固定住。如果你觉得鳄鱼夹过于笨重，那么使用这样的导线也是可以了。

第三步：接线

　　将悬空的铝箔条折叠几次可以让铝箔条变得更紧实，从而更方便夹上鳄鱼夹。将测试线的一端夹在Makey Makey的接地端口上，另一端夹在开关的铝箔条上。然后用另一条测试线的一端夹在Makey Makey的方向键上，另一端夹在另一侧的铝箔条上。按下开关测试它是否能够导通！如果方向键上的绿色指示灯能够如图8-9所示亮起来，那么说明制作折叠开关就成功了！如果在按压硬纸板的时候指示灯没有点亮，那么需要检查铝箔的位置。同时检查鳄鱼夹是否夹在了铝箔上，因为夹在纸板上并不能够使电路完整。相对应的，如果开关一直处于激活状态，那么你需要在纸板中的两片铝箔之间设置一个缓冲区（参照设计33中压力感应开关的相关内容）。如果两侧的导线连接的是同一片铝箔，那么开关也会保持激活状态。

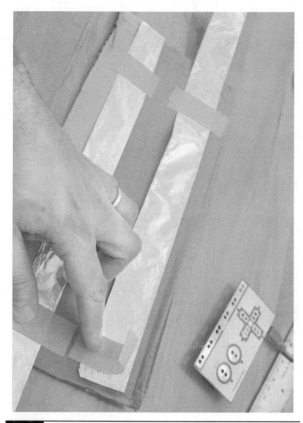

图8-7　用胶带固定住铝箔条

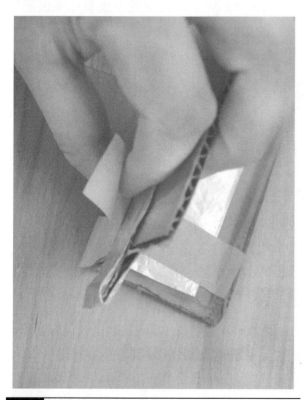

图8-8　折出环形并固定住

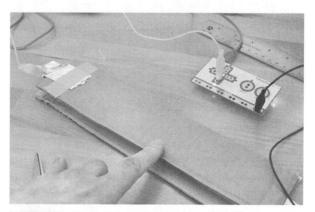

图8-9　按压折叠开关

挑战

- 能不能用除了铝箔之外的材料来制作这种开关？
- 你还能用其他怎样的方式来制作类似的开关？
- 能不能用桌垫制作一个开关？

设计33：压力感应开关

　　压力感应开关是使用Makey Makey制作的

最常见的开关之一。这也是一种能够向朋友们炫耀的十分神秘而又有趣的作品！

制作时间：10~15分钟

所需材料：

材料	描述	来源
发明套件	Makey Makey、鳄鱼夹测试线、USB连接线和跳线	网上商城
不导电的材料	卡片纸、透明胶带、硬纸板	手工用品店、旧物箱
导电材料	铝箔纸	百货店
工具	剪刀、美工刀	手工用品店

第一步：构建压力传感器

将一张卡片纸剪成大小相等的两片。如果使用一般A4大小的信纸进行制作，现在你手上就有了两片A5大小的纸片。接下来我们需要在纸上剪出一个洞来连接Makey Makey。将剪出的一片纸对折，然后沿着折边从中央剪下一个较小的长方形，如图8-10所示。这样把纸摊开之后它的中央就会有一个更大的长方形空洞。

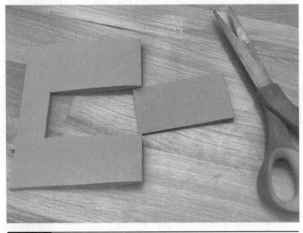

图8-10　剪下一个长方形

第二步：承压部分

剪下一条比刚才的洞宽2cm，同时长度比纸片更长的铝箔纸。然后用胶带将铝箔固定在纸片

上，超出的铝箔暂时先让它悬空在纸片边缘（见图8-11）。接着将纸片翻转过来，使你只能通过开孔看见铝箔纸。

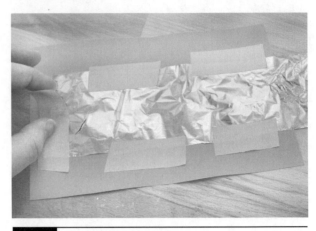

图8-11　在开孔的背面粘上铝箔纸

第三步：接地部分

另外剪一片长度短2cm、宽度不变的铝箔纸，这样它能够保持与纸片的三个边沿不接触，如图8-12所示。将铝箔的一边悬在伸出纸片1cm的位置，这一部分将会连接Makey Makey上的按键。

图8-12　开关顶部（左侧）和底部（右侧）的铝箔纸

用胶带将铝箔纸固定在纸片上，注意铝箔纸的边沿和纸片的边沿不要离太远，如图8-13所示。注意边沿上悬空的部分不要用胶带固定，这一部分经过修剪之后将用来夹上测试线的鳄鱼夹，如图8-13所示。

图8-13 修剪顶部并留出测试线的接头

第四步：留出一点空间！

这个开关有时候只需要将两个纸片叠在一起就能正常工作。开了孔的纸片实际上就是两层铝箔纸之间的缓冲区，只要按压纸片就能使铝箔互相接触从而完成电路。你可以根据实际情况改变开孔的大小，从而改变缓冲区的大小，或者你可以让上面的纸片呈一个轻微的拱形。将顶部的纸片稍稍弯曲，然后将纸片的左右边缘都固定在底部纸片边缘内侧2～3mm的位置。这样会让顶部的纸片轻微的弓起来，改变它距底部边缘的距离就可以调节弓起的程度。此时你的开关应当如图8-14所示。

图8-14　制作一个拱形

第五步：连接电路和测试

这个开关的另一个优点是它至少会有一个可

以装饰的平面。在这里我们在开关上连接的是左方向键。用一根测试跳线的一端夹住悬空的铝箔纸，另一端夹在 Makey Makey 的左方向键上。用另一根测试跳线连接底部纸片上的铝箔纸和 Makey Makey 的接地端口。然后用力压住你的开关！左方向键的指示灯亮了没有？如果没有，你需要回头检查鳄鱼夹的连接位置以及 Makey Makey 是否和计算机相连。（你想象不到这样的问题发生过多少次！）如果开关一直被激活，那么你需要增加缓冲区的厚度，或者是将缓冲区的开孔变小。最终开关应当只有在被按压的时候才会触发（见图8-15），因为按压开关会使得两片铝箔纸互相接触。如果铝箔纸一直接触，那么就不是一个开关了！

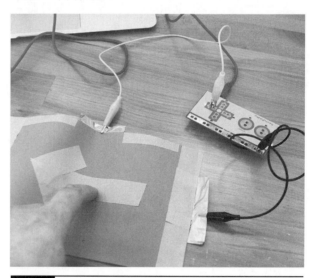

图8-15　在开关上施加压力

挑战

- 制作这种开关并不一定要用纸，我们甚至见过利用地毯和烧烤盘制作的开关！
- 这些压力感应开关能用在哪些地方？用来触发摄像头？自拍机？或者是在你跳舞的时候播放不同的音乐？
- 能不能制作一个硬纸板手鼓？或者制作一个巨大的吃豆人模型来控制吃豆人游戏？

■ 能不能用通心粉和奶酪制作一个"通心粉和奶酪烘烤定时器"？

教学提示： 无论使用哪种材料进行制作，你都可以实现将它们剪成宽度相等的长条形。但是，如果学生想要制作大小不同的开关，那么请一定让他或她自己尝试！Makey Makey就是用来帮助你发明各种不同的东西的！

设计34：Makey Makey纸电路

既然我们已经制作了几个不同的开关，接下来我们可以动手制作一些更加复杂同时也更富乐趣的设计了！完成这个纸电路就是像是制作你自己的midi合成器，不过用的是纸。这也是一个用纸来帮助你实现DJ梦想的好机会！动手吧！

制作时间： 30~45分钟

所需材料：

材料	描述	来源
Makey Makey	Makey Makey、鳄鱼夹测试线、USB连接线和跳线	网上商城
导电材料	铜箔胶带或其他柔性导电胶带	网上商城
不导电材料	卡片纸、透明胶带	手工用品店旧物箱
图片	剪下来的杂志页或图片	旧物箱
工具	剪刀、美工刀	手工用品店

第一步：接地

首先让我们完成最重要的部分，将Makey Makey接地。将一张纸对折，然后剪出比它稍小的铝箔纸。要制作接地连接，你需要在纸上贴一小段导电胶带，然后将铝箔纸用胶带固定在它表面。记住在第四章里我们介绍过导电胶带的底面通常不一定导电，因为黏合剂通常是不导电的。

因此，你需要确保导电胶带的顶部铜箔和铝箔纸互相接触，如图8-16所示。你可以用双面胶将铝箔纸粘在制作纸电路的纸上。

图8-16　粘贴接地点

第二步：确定按键位置

拿另一张纸，然后将它剪半，使它刚好能够放进刚刚对折的纸中央。然后用铅笔在纸上画五到六个区域用来连接Makey Makey的按键，接着将这些按键位置镂空，如图8-17所示。把纸对折能够帮助你剪出十分漂亮的圆形。

图8-17　画出开关的位置并将它剪开

第三步：装上开关

　　利用刚刚挖空的模板，在纸电路的上半部分标记出各个连接的位置。这些位置将用来连接Makey Makey上的各个按键，而这些按键可以通过Scratch编程调用。剪出和每个孔大小相等的铝箔纸，然后将它们放在各自的位置上，同时注意各

个开关之间不能互相接触，因为它们最后需要各自充当独立的按键。接下来你需要将它们取下来，因为我们需要用导电胶带给它们布置各自独立的电路（见图8-18）。注意，如果它们之间互相接触了，那么每次Makey Makey上就会有多个按键同时被激活，就像是弹钢琴的时候同时按住了几个键一样。

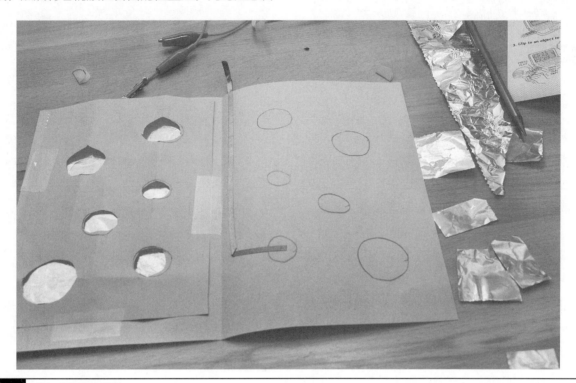

図8-18　第一个开关的线路

第四步：开始布线

　　还记得第四章里我们制作的分支纸电路吗？这里的电路和它十分相似，因为我们需要给每个Makey Makey按键布置一条独立的电路。但是，最终每个开关的触发方式并不会完全一样。布线时你只需要记住每个开关都需要独立的一条电路，否则就会有多个按键同时触发（就像设计16当中同时点亮许多个LED一样）。首先布置第一个开关的电路，这也是离纸电路边缘最远的开关（见图8-18）。最终我们需要在纸张的这一侧完成所有开关的线路，因此空间并不是很充足。这也是为什么我们从最远端的开关开始，然后依次添加各个开关。如果你担心在布线时不小心使电路交

叉，那么可以先用铅笔设计电路的线路。

　　一个小提示：还记得第四章里我们介绍的铜箔胶带的使用技巧么？对于柔性的导电胶带，大部分技巧也是适用的。但是，有的导电胶带在结束的时候用手是撕不断的，不过这也说明它粘贴的会更牢固，因此更适合用在长期使用的设计当中。

　　依次完成所有开关的线路，注意将所有线路的末端都朝向纸张的左侧。注意在拐角的时候你需要在胶带上压一个折角，这样能够保证拐角处的接触更加良好。

　　依次完成所有开关的线路，直到所有开关上都有一条线路伸出纸张的左侧为止。图8-19所示是我布置的各个开关的线路。

图8-19   纸电路的各个线路

第五步：加入开关触点

现在拿起我们刚刚剪出的铝箔开关，然后从最右侧的开关开始，将铝箔固定在对应的位置上。在铝箔的边缘用双面胶将它固定在纸张上，因为在中间部分我们不能在铝箔和导电胶带之间夹上胶带。双面胶的粘合部分是绝缘的，这样会导致铝箔无法和导电胶带之间流通电流。因此在粘贴的时候一定要注意胶带的位置。

按照图8-20所示将铝箔和导电胶带紧紧地按在一起，这样你就完成了第一个Makey Makey纸电路上的开关了！

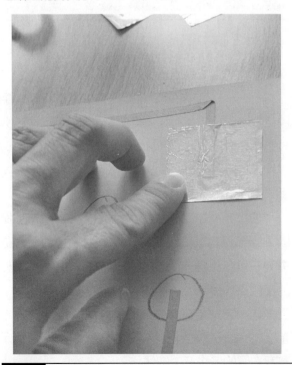

图8-20   完成开关

接下来继续完成其他的开关，同时注意检查铝箔和导电胶带之间有没有出现交叉的部分。你可以如图8-21所示通过在导电胶带上粘贴双面胶防止它接触充当其他开关的铝箔纸。

图8-21   使用双面胶的小技巧

第六步：绝缘和连接！

有时候各个开关的铝箔之间可能会十分接近。发生这种情况的时候，你可以在靠近的部分之间贴上普通的胶带来隔绝它们之间的电路连接。

接下来我们需要用鳄鱼夹来连接纸电路上的各个开关和Makey Makey！但是首先我们需要在纸电路中间加上一层绝缘层，这样能够防止开关一直处于激活的状态。图8-22中的橙色纸张发挥的就是绝缘层的作用。

在从每个铝箔开关伸出的导电胶带上都夹上一个鳄鱼夹，如图8-22所示。然后用另一端的鳄鱼夹分别区连接Makey Makey上的各个按键。你可以用它们连接所有的方向键、空格，甚至是背面的 w、a、s、d、f、g 按键，连接背面的按键可能需要用到套件里的跳线（两端都是公头的导线）。你需要将跳线的一端接在想要的按键插头上（我们在这里也使用了 w 按键），跳线的另一端则和从开关上接过来的测试跳线上的鳄鱼夹相连。

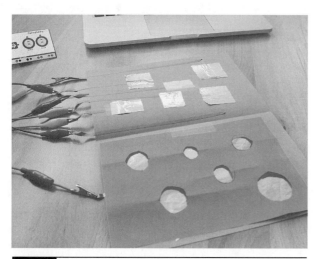

图8-22　用普通胶带进行绝缘并将鳄鱼夹夹在纸电路上

不要忘了在充当接地的铝箔纸上也夹上一个鳄鱼夹！在上面的图里我们接地的鳄鱼夹实际上和其他夹子离得太近了，因此后面我们会将它移到纸电路的底部，在接下来的步骤里我们会介绍怎么做。

由于我们现在有很多接头，那么你可以考虑用透明胶带将它们绑在一起方便进行测试。按压各个开关检查 Makey Makey 上的指示灯能不能亮起。如果它们都能正常工作，接下来我们要做的就是在纸电路的背面标记出各个开关的位置！

第七步：标记按键

如图8-23所示把纸电路对着光源，这样你就能看见各个开关的位置了。用铅笔大致画出它们的位置，这样在最后添加装饰的时候就更方便了。

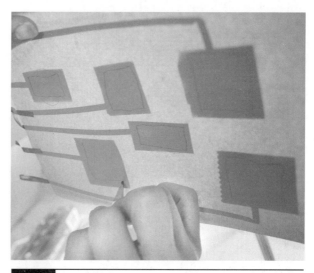

图8-23　标记按键

第八步：根据需要改动接地的位置

如果左侧接地的夹子会触碰到连接其他开关的位置，那么你可能需要改变接地的位置。我们最后把一根跳线固定在接地的铝箔纸下，然后再用鳄鱼夹夹住这个跳线完成了接地，如图8-24所示。

图8-24　根据需要改变接地的位置

第九步：标记不同的按钮

既然我们已经完成了各个按钮和开关的电路部分，接下来我们需要给不同的按钮做上标签。分别按压纸电路上不同的开关，然后观察Makey Makey上对应哪个指示灯亮起，接着给开关做上对应的标签（见图8-25）。在纸上标记出了不同的开关之后，接下来我们就可以通过编程让它播放一些音乐了！

图8-25　完成连接并标记

第十步：DJ Scratch

如果你已经阅读了第五章里关于Scratch的内容，那很好！相信你已经掌握了如何编写

Scratch程序，但是现在我们要结合Makey Makey让程序能够与外界的事物进行交互！虽然接下来我们不会介绍过多与美术相关的内容，但是你完全可以自己给程序加上合适的背景和装饰，或者是用纸电路来充当某个游戏的控制器！正如在第五章我们介绍过的，在开始编写Scratch程序的时候，你都需要一个"当旗帜被单击"模块。然后确定你希望角色的开始位置是多少，这一步也和我们之前介绍的内容一样。

教学提示：接下来的内容对于没有接触Scratch的学生来说依然很有趣。它可以教会学生给方向键编写不同的功能。此外，谁不喜欢在发明创造的时候弄出一点音乐呢？因此如果你没有介绍过第五章的话，这个设计也是教授Scratch的好机会；它实际上也是一个很适合充当第一个程序的小游戏！

第十一步：太空怪谈

开始编程！首先从事件标签中拖出一个"当按下 空格键"（when space clicked）模块，然后在它下面加入声音标签中的"播放音效"（ploy sound）模块（见图8-26）。为了让程序更有趣，我们可以自己录制一些音效。单击模块下拉菜单里的录制选项。

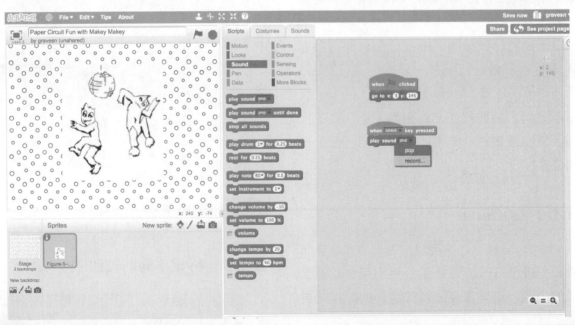

图8-26　编辑空格键的功能

注意在接下来的选项里你需要允许"Adobe"访问电脑的麦克风，这样才能够通过它录制你自己的声音。

录音界面如图 8-27 所示，单击界面里的圆圈按钮开始录制，单击方块按钮停止录制。

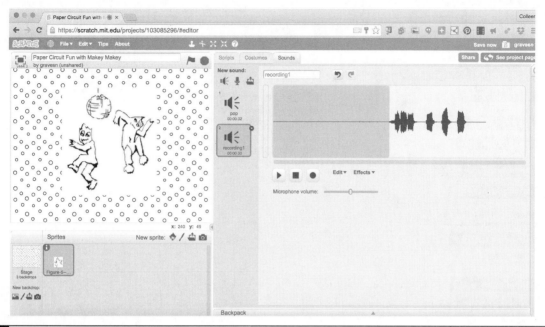

图8-27　录音和编辑

Scratch 可以帮助你编辑刚刚录制的声音，甚至可以给它加上各种不同的特效！如果想要删除某一段录音，只需要高亮选中它，然后按下键盘的 delete 按键（图 8-27 中按下 delete 之后就删除了一段录音）。你也可以选中一段录音，然后给它加上某种特效，特效种类如图 8-28 所示。我反转了录制的声音，然后又复制了一遍。

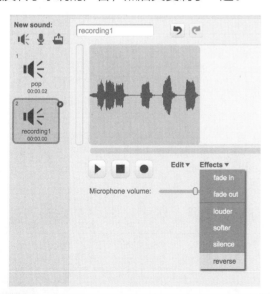

图8-28　添加特效

教学提示：学生在录制声音的时候应该会很开心。你可以帮助他们在比较安静的环境里录下更加清晰的声音。如果有 Synth littleBits 套件的话，你还可以向学生介绍如何在 Scratch 里录制电子乐！

第十二步：使用 Scratch 的音频库

在脚本区里再拖入一个"当按下空格键"（when space clicked）模块，然后将空格键改成"→"方向键，接下来我们准备让它播放 Scratch 音频库里的声音，同样我们需要先单击下拉菜单里的录制，如图 8-29 所示。图 8-30 中展示了如何进入音频库并挑选一个合适的音效。单击界面上的扬声器图案，你就会进入 Scratch 自带的音频库。在音频库里，你可以单击音频文件旁边的小三角按钮来试听它的效果。当你找到合适的音频之后，如图 8-30 所示高亮选中它，然后单击确认按钮。

音频会出现在和刚才录音一样的编辑窗口里。你同样可以给它加上特效，或者是直接使用原始的文件。单击界面上方的代码标签回到脚本区，现在检查下拉菜单里有没有我们刚才挑选的音频文件。

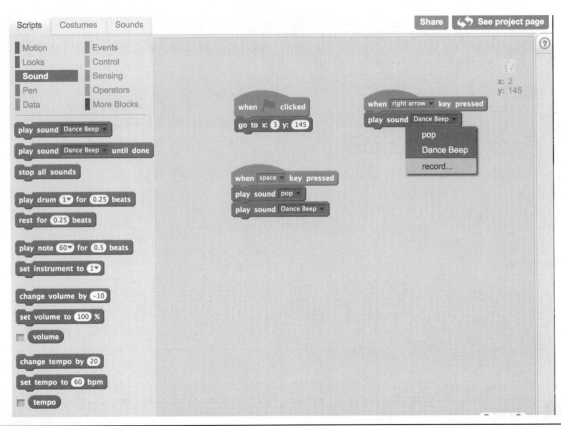

图8-29　编辑右方向键的功能

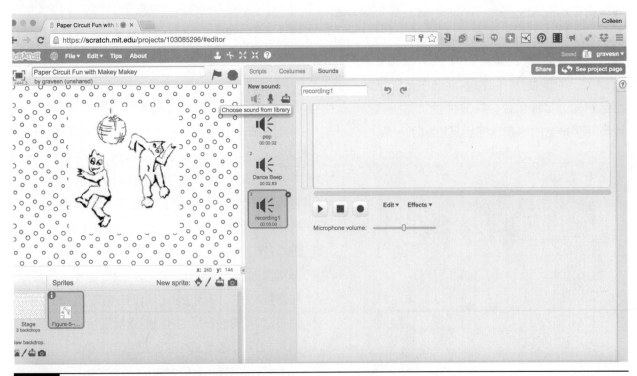

图8-30　从Scratch音频库里挑选合适的声音

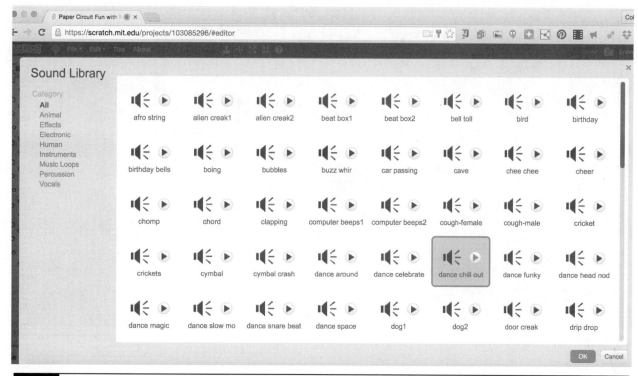

图8-30　从Scratch音频库里挑选合适的声音（续）

第十三步：继续编程

继续完成其他按键功能的编程，并且给它们挑选不同的音乐。你也可以上传之前录制好的音频文件，在单击录制进入音频编辑界面之后，单击界面上的文件夹按钮，然后从本地挑选你想要上传的wav或者mp3音频文件。你上传的音频文件同样会出现在模块里的下拉菜单当中。

第十四步：复制脚本块

这个技巧能够帮助我们快速完成所有按键功能的编辑。完成了一个按键的"按下"和"播放"（Sound）模块设置之后，你可以右键单击它，然后单击复制选项将整个脚本块进行复制。在给所有的按键都加上不同的音效之后，接下来我们就可以测试电路了！

第十五步：测试！

按下纸电路上的各个开关，看看Scratch能不能正常播放对应的声音（见图8-31）。你也许在玩了一段时间之后会想要更换开关对应的声音，那么只需要修改Scratch中对应那个按键的"播放"模块就行了。都满意了之后，接下来我们需要给纸电路加点装饰！

第十六步：加点惊喜！

你可以在纸电路上粘贴一些装饰的图案，或者是用笔画上一些图案。用双面胶来固定你的装饰物。如果你想的话，甚至可以如图8-32所示给它加上一些立体的装饰物。

教学提示： 在教授这个设计时准备好大量的旧杂志、不同的贴纸和旧照片来帮助学生装饰他们的作品。

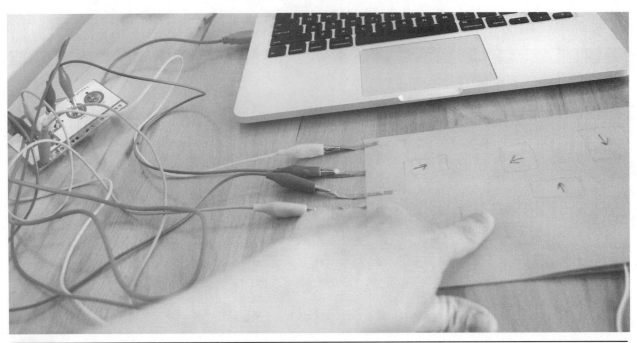

图8-32　加上装饰

第十七步：尽情演奏！

　　是时候开始演奏了！单击Scratch的绿色旗帜，把计算机的音量放到最大，然后开始吧！不要独享你的midi演奏台，让其他人和你一起享受它带来的快乐。如果对音乐感到厌烦，同样只需要对程序进行修改，你的合成器就能焕发出新的活力！（见图8-33）

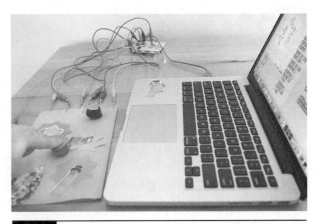

图8-33　开始演奏！

挑战

- 现在你已经掌握了制作原理，那么能不能试着制作一架巨大的纸钢琴呢？
- 试着用纸电路制作一个巨大的游戏手柄，让你能够用脚来玩一些经典红白机游戏。
- 用littleBits能够生成什么样的音效？利用身边日常的物件又能制作出哪些不同的音效呢？

设计35：弹珠轨道上的开关

制作时间：10~15分钟

所需材料：

材料	描述	来源
弹珠轨道	现有的弹珠轨道	自己动手制作
发明套件	Makey Makey、鳄鱼夹测试线、USB连接线和跳线	网上商城
导电材料	铝箔纸、直径1.5cm的金属弹珠、铜箔胶带或其他导电胶带	百货店、五金店、网上商城
不导电材料	卡片纸、透明胶带、硬纸板	手工用品店、旧物箱
工具	剪刀、美工刀	

第一步：滚动开关

要制作这种十分简单的开关，首先剪出两条2.5cm宽、10cm长的铝箔纸。弹珠轨道的规格各不相同，但是这里介绍的开关基本适用于所有的弹珠轨道，当然前提是你的弹珠需要是金属材质的。这个开关中的两片铝箔需要靠得非常近才能够让它正常生效，但是也要注意一般情况下铝箔之间不能互相接触，否则Makey Makey上的按键也会一直激活。在注意这个问题的前提下将两片铝箔放置得尽可能近。

在开始之前我们需要先对弹珠进行测试。将两根测试线一端的鳄鱼夹夹在Makey Makey的上方向键上以及接地端口上，另外一端则分别夹在两片铝箔上。然后用金属弹珠如图8-34所示滚过铝箔表面，检查这样是否能够激活Makey Makey上的按键。如果可以的话，接下来你就可以将铝箔固定在轨道上了。

用铝箔的两端用少量的胶带将它固定在弹珠轨道上。记住在铝箔上的胶带是绝缘的，因此不要用胶带将铝箔全部盖住，只需要将铝箔

固定在轨道上即可。如果你的轨道上有弧形或者方形的凹槽，那么可以将铝箔纸沿着凹槽压折，注意在凹槽中间的铝箔之间必须留有一些间隔。用胶带固定时注意两侧的铝箔最好留出一部分悬空，用来连接跳线或是夹上鳄鱼夹（见图8-35）。

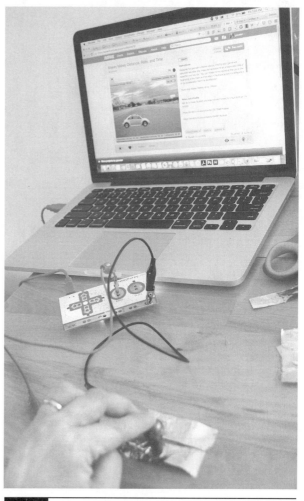

图8-34　铝箔条和测试弹珠

将测试线的一端夹在Makey Makey的接地端口上，另一端夹在开关一侧的铝箔上。然后用另外一根测试线连接另一侧的铝箔和Makey Makey上的方向键。将金属球滚过开关，然后检查电路是否能够正常联通。如果Makey Makey上按键的指示灯能够正常点亮，那就说明开关能够正常运作。

图8-35　测试滚动开关

第二步：重复开关

有时候你也许会希望让弹珠轨道重复触发相同的音效或者动作，例如不停播放的警报声。在这种情况下，你需要制作的就是重复开关。弹珠轨道上的这种开关能够产生和脉冲信号类似的效果，因为它能够按照相同的间隔激活 Makey Makey 上的按键。首先你需要剪出一小片铝箔纸或者一小段导电胶带用来放置在轨道上，将它固定在轨道的凹槽里。注意将它们留出少量悬空的

部分用来连接地线。接下来，将另外的一些铝箔纸折成15cm长、1cm宽的长条。

将这些长条从中间弯折成L形，然后用胶带将几个L形连接在一起，如图8-36所示。注意胶带一定要缠紧一点，确保L形之间互相接触并且不会轻易地被拉脱。

图8-36　将L形铝箔条用胶带固定在一起

接下来你需要将L形的开关悬空固定在弹珠前进的路径上。我们使用的是小塑料钉，但是你也可以用大号的回形针、缝衣针、铅笔等其他不同的材料。由于这个钉子只是用来支撑开关，而并不是开关的一部分，因此它本身是否导电并不重要。如果准备用回形针，只需要将回形针拆开，然后用胶带固定在轨道上方即可。在确定了开关的位置之后，调整悬空部分的长度，使它们的高度刚好能接触到轨道里的弹珠。你也许需要在每个开关的旁边标记好它在空闲时的位置，这样方便开关在触发之后进行复位。在弹珠沿着轨道向下运动的时候，它会连接悬空的铝箔和轨道底部的导电胶带，从而完成整个电路。

确定了各个悬空开关的位置之后，将开关用胶带固定在支撑物上。将测试线的一端夹在轨道里的铜箔胶带或铝箔纸上，另一端夹在 Makey Makey 的接地端口卡。用另一根测试线的两端分别夹住 Makey Makey 的方向键和连续L形铝箔中起始的那一片（如图8-37和图8-38所示）。然后在轨道里放入一个弹珠，测试开关能否正常

触发，你需要确保弹珠在经过每一片悬空的铝箔时都能够触发Makey Makey上的按键。

图8-37　测试重复开关

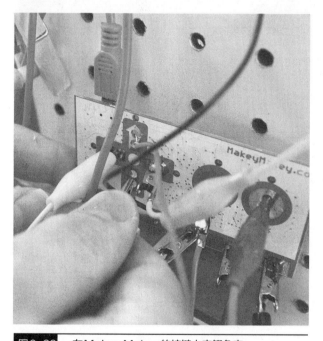

图8-38　在Makey Makey的按键上夹鳄鱼夹

第三步：顺序开关

这种开关能够让弹珠在轨道里运动时按顺序触发一系列不同的行为。这种开关的大小和触发行为的数量可以根据你的需要自行调整。在这个例子当中，我们首先做的是在硬纸板的表面切出了一条缝，如图8-39所示。在裁开

之后，将硬纸板沿着中间折叠，我们使用的硬纸板大小是7.5cm×25cm（你可以根据轨道的尺寸来进行调整）。将硬纸板沿着缝折成V字形，如果缝切的太深，你可以用胶带将硬纸板固定住。

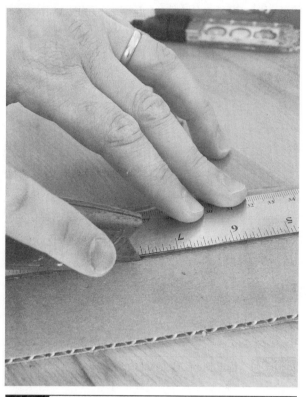

图8-39　在硬纸板上划缝

接下来折一条1.2cm宽、25cm长的铝箔条。将铝箔条用胶带固定在离硬纸板中央3mm的位置上，你需要将太长的部分折叠起来，然后将它固定在轨道后半部分（见图8-40）。这条铝箔将会充当接地连接，因此弹珠在V形轨道里运动时需要一直和它保持接触。

接下来就可以开始制作开关了！裁剪并折叠出4条3.5cm宽、5cm长的铝箔纸条，这些纸条将会充当序列开关中的接触面。在布置接触面时，你需要考虑弹珠在轨道里滚动的速度，以及你想要的开关触发间隔是多少。在我们的例子当中，弹珠在轨道上滚动得比较慢，因为序列开关所处的轨道位于全部轨道的初始部分，因此我们的各个接触面之间的距离大约是1cm。

用双面胶将铝箔条固定在接地连接另一侧离中心3mm的位置上，然后将过长的铝箔条压在轨道背部，并用胶带固定住，如图8-41所示。

为了让铝箔的边缘不会翘起来阻碍弹珠的运动，我们在接触面之间用胶带进行了固定。然后我们就可以用测试线连接之前的接地铝箔和

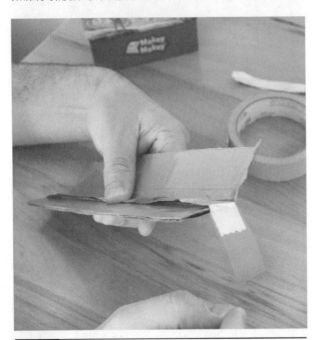

图8-40　固定了接地连接的Ｖ形轨道

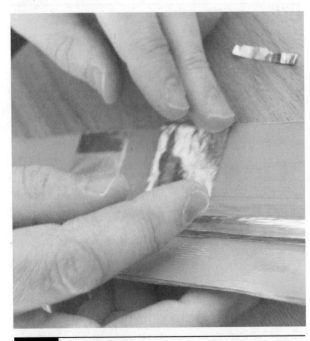

图8-41　固定接触面

Makey Makey上的接地端口了。同样用测试线将每一个接触面和它对应的按键连接起来，之后在Scratch中编程时我们就会用到这些按键。在制作这个序列开关时，实际上你在制作的是一系列公用同一个接地端的独立开关。每个开关都需要通过一根独立的测试线或者跳线来连接Makey Makey上不同的按键。在测试开关的时候，你可以调整整个开关的倾斜角度让弹珠在开关上缓缓经过从而确保能够触发每一个开关（见图8-42）。测试无误之后，将所有的开关都装在你的轨道里，测试它们能不能在弹珠的运动过程中正常触发（见图8-43）。接下来我们需要做的就是编程了！

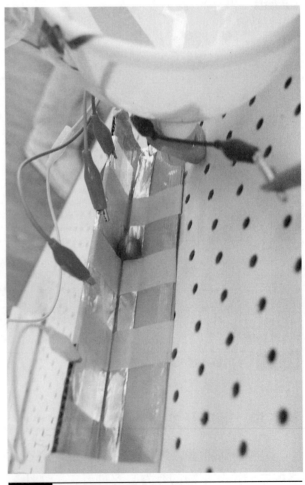

图8-42　在弹珠轨道上测试序列开关

么你会发现随着角色被拖动，模块当中的坐标值也会随之发声变化。因此你可以先将角色拖到对应的位置，然后再将"前往x: y:"（Go to x: y:）模块拖到脚本区里，如图8-44所示。

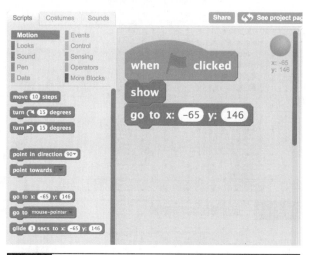

图8-44　"前往"模块

接下来我们需要在"变量"标签中创建能够控制定时器的变量。首先创建一个名称为"milliseconds"（毫秒），一个名称为"seconds"（秒）的变量，如果你需要的话，也可以再创建一个"minutes"（分钟）变量（见图8-45）。

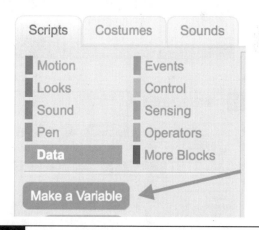

图8-45　生成一个数据变量

生成了变量之后，你需要为每个变量加入一个"显示变量"（Show variables）模块。你的变量定时器会在单击旗帜之后出现，如图8-46所示，不过后面程序完成时我们可能会需要隐藏它们。现在从"变量"（Data）标签里为每个变量加入一个"显示变量"（Show variables）模块，

图8-43　测试所有的开关

第四步：Scratch 编程

登录 Scratch 然后创建一个新项目。挑选一个合适的背景和角色来搭配你的弹珠轨道。我们上传了一张我们的弹珠轨道的照片当作背景，然后挑选了一个球形来充当弹珠。之后通过编程我还会让球形的角色沿着轨道滚动。如果你想的话也可以尝试这样做，但是我们要介绍的重点是如何在程序当中设置通过轨道上的开关可以触发的定时器！

每个游戏都需要一个"当旗帜被单击"（When flag clicked）模块，因此首先将一个这样的模块拖在角色的脚本区里，然后将角色放置在游戏的起始位置。在我们的例子里，球的起始位置当然就是弹珠轨道的顶部。获得起点坐标的最简单的方式就是在舞台区里直接将角色拖到对应的位置。如果此时打开的是"动作"（Motion）标签，那

同时再加入一个"将变量设置为"（Set Variables）模块。将这些模块都加入到"当旗帜被单击"（When flag clicked）模块下，同时将模块中的变量值都设置为0，现在你就有了三个初始值都为0的变量：毫秒、秒和分（见图8-47和图8-48）。

图8-46　通过单击激活定时器

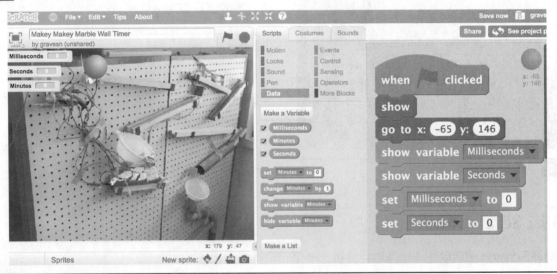

图8-47　显示和设置变量

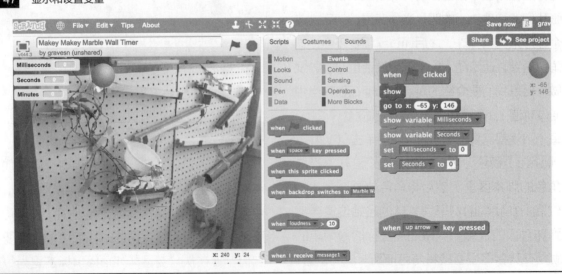

图8-48　显示定时器

接下来我们需要加入"事件"（Events）标签中的"当按下空格键"（when space clicked）模块。这个模块能够设定键盘上某个按键的功能，因此不需要连接在"当旗帜被单击"（when flag clicked）模块上。

利用模块里的下拉菜单，将空格键改成向上的方向键（↑）。这一部分的程序负责启动轨道最上方开关的定时器。还记得图8-35中我们在Makey Makey上连接的第一个按键么？在开关上放置一个金属弹珠的时候，它会激活开关连接的按键从而启动定时器！但是现在我们并没有在程序中告诉定时器改怎么做。

从"控制"（control）标签下加入一个"重复"（forever）循环，将它连接在"当↑被按下"（when up arrow key pressed）模块上。然后回到变量标签中，在循环之中加入一个"将

变量增加1"（change Milliseconds by 1）的模块。只要定时器还在运行，那么这个模块就会每一毫秒将变量值增加1。但是当定时器累积到1秒之后又该怎么办呢？怎样才能将定时器重置为0呢？很简单，只需要加上判断模块就行了。因此在它后面继续加入"控制"（Control）标签下的"如果，那么"（if/then）模块，如图8-49所示。然后我们需要在如果的后面加入"运算"（Operator）标签中的"__=__"模块，如图8-50所示。然后将"毫秒"变量拖入等号的左边，右侧填入数字1000，因为1000ms等于1s。第一个定时器就快设置完成了，每次计算出一秒之后，毫秒的计数值需要回到0。因此我们需要再在"那么"（then）后加入一个"将毫秒设置为0"（set Milliseconds to 0）模块，最终完成的程序如图8-51所示。

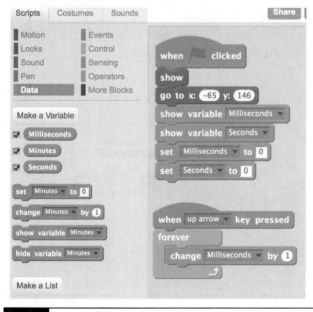

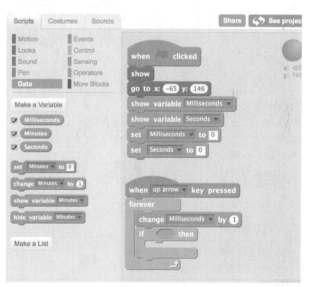

图8-49　毫秒变量的处理

接下来我们需要让定时器能够计算秒，但是它同样也是由"↑"键激活。因此在脚本区中再次加入一个"当↑被按下"（when up arrow key pressed）模块，然后在它下面加入一个"重复"forever模块。同样每次我们需要将秒的定时器增加1，不过这里我们需要填入的是"运算"

（Operator）模块中的"___+____"模块（见图8-52）。这和刚才有什么不同呢？其实并没有什么不同。接下来在加入分钟定时器之前，我们需要完成剩下的秒定时器的设置。在"重复"中加入"事件"（Events）标签中的"等待1秒"（wait 1 sec）模块。

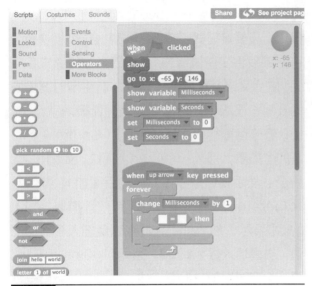

图8-50　加入运算符

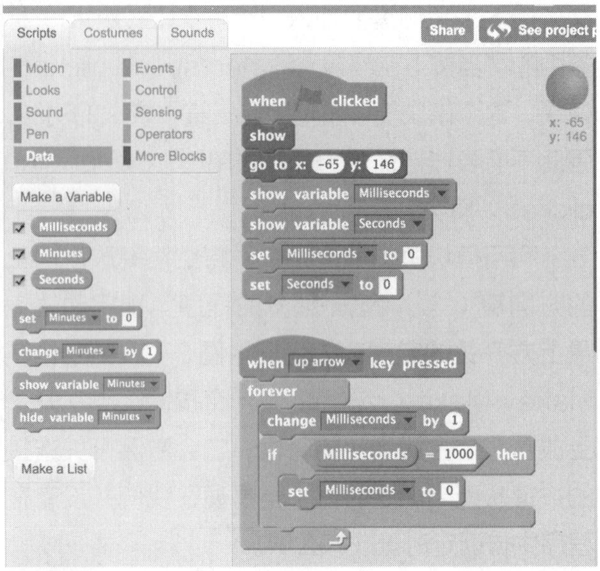

图8-51　毫秒定时器

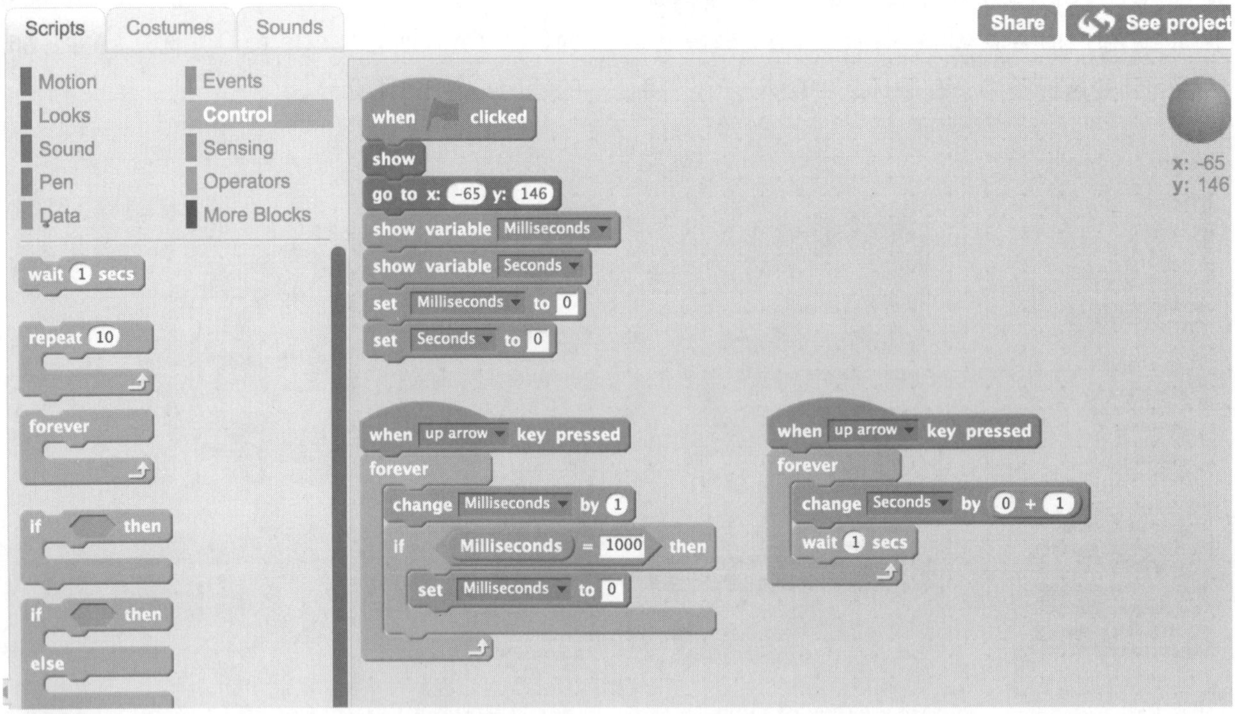

图8-52　等一秒

　　和之前的毫秒定时器一样，我们需要在"重复"（forever）当中加入一个"如果，那么"（if/then）的判断模块。同样我们需要通过运算符来让程序在"秒=60"之后执行一定的操作。在"那么"（then）之后，程序需要将秒变量重置为0，然后将分钟定时器加1。这样程序就会计算60秒，然后标记出1分钟，接着重新开始计算秒数（见

图8-53）。

　　现在你可以通过编程利用其他Makey Makey上的按键来发出音效、加入更多的定时器或者是触发屏幕上的动画了，要实现什么功能完全取决于你！但是不要急，我们还有最后一件事要做才能让定时器真正有效，它还缺少一个"停止"（Stop）按钮！在脚本区里加入一个"当↓被按

下"（when down arrow pressed）模块。我们在这里使用的是"↓"按键，但是你可以使用最后一个开关连接的任意Makey Makey上的按键。在"控制"（Control）标签里，你会找到一个"停止全部脚本"（stop all）模块，它能够让所有的定时器都停下来（见图8-54）。这样你就可以记录下弹珠在轨道上滚动的事件，然后单击旗帜再来一遍！图8-55中展示了完整的程序。我们在这里让球形角色随着弹珠一起沿着轨道向下运动！你可以根据自己的轨道和实际需求来调整程序。

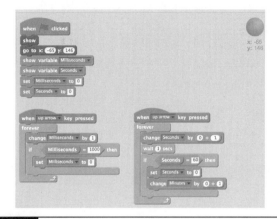

图8-53　等一分

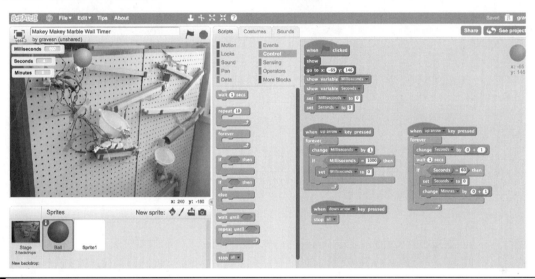

图8-54　停下来！弹珠时间到！

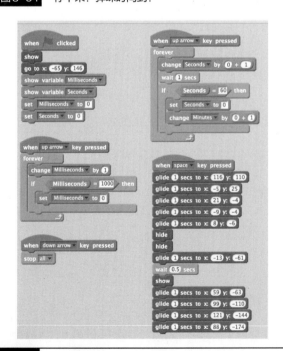

图8-55　完整的程序

"Makey Makey辅助装置"挑战

既然你现在学会了如何编写Scratch程序，以及利用Makey Makey来制作各种不同的开关，让我们利用所学的知识来做些好事吧！受到Geekbus的马克·巴内特（Makr Barnett）启发，汤姆·黑克（Tom Heck）启动了一个面向青少年的项目，它和普渡大学的EPICS项目很类似，旨在让工程师通过设计方案满足学生的特殊需求。现在这个重任也落在了你的肩上，利用你所学的知识，能不能用Makey Makey制作一些帮助他人的小设计？

拍下你完成的Scratch游戏和辅助装置，在推特上@gravescollen或者@gravesdotaaron，或是在Instagram上使用#bigmakerbook标签来分享你的作品。我们会在主页上用一个相册专门陈列你们的作品。

第九章

可编程机器人

在本章中，我们将会介绍一些使用到各种软件和机器人玩具的编程设计。随着内容的推进，我们还会进一步介绍其他的一些可以通过编程控制的对象，以及如何自己制作可以编程的机器人。

> 设计36：用 Tickle 软件编程控制 Dash&Dot 机器人
>
> 设计37：用 Tickle 软件编程控制 Sphero 走三角形
>
> 设计38：用 SPRK Lighting Lab 软件编程控制 Sphero 走三角形
>
> 设计39：用 Tickle 软件编写一个机器人舞蹈派对
>
> 设计40：用 Snap 软件编程控制 Hummingbird 机器人

第九章的挑战

准备好综合应用多种软件来编程！

设计36：用 Tickle 编程控制 Dash& Dot 机器人

Tickle 是一个很棒的编程工具。它能够适配许多不同种类的机器人玩具，因此它很适合可编程机器人的初学者使用。你可以把它看成是专门用于机器人编程的 Scratch。在这里我们编程的对象不再是一个个虚拟的角色，而是各种类型的

机器人！当然你也可以通过它提供的"Orca"角色来测试代码的作用，但是我们在这里主要还是将它配合各种机器人使用。

制作时间：30分钟

所需材料：

材料	描述	来源
可编程机器人	Dash机器人	Wonder Workshop
蓝牙设备	iPad或iPhone	Apple公司
编程软件	Tickle	Apple应用商店
胶带	低黏性胶带	五金店
工具	卷尺、量角器	学校用品店

让 Dash/Dot 机器人走等边三角形

第一步：创建新的项目/程序

启动 Tickle 软件，然后单击界面里的"+"号来建立一个新的程序。在创建新程序时，Tickle 一定会询问你创建的程序搭配的机器人型号。你可以浏览一下有多少种机器人可以通过编程来控制！我们甚至可以通过编程来控制飞利浦的智能灯泡。在菜单之中往下拉找到Dash&Dot机器人。选中之后，你会发现软件中生成了一个预置的程序。每个机器人都有一个搭配的预置程序，并且所有的预置程序之间都存在着轻微的不同，就像是不同型号的机器人一样。

第二步：Tickle 的界面

现在让我们通过试着运行程序来认识一下 Tickle 的界面。要运行软件的预置程序，你可以单击代码上方的"Play"（运行/播放）按钮。你会注意到单击之后运行按钮会变成一个"Stop"（停止）按钮。这是因为接下来程序会持续运行直到你单击停止按钮为止。即便现有的代码都执行过了一遍，你还是需要单击停止按钮或者是从代码库里加入新的模块来停止程序的运行。你还会注意到在程序运行的时候，每一个行代码在被执行的时候都会高亮显示。Tickle 是否让你想起了 Scratch 呢？看看它的代码库里是否有你熟悉的标签？同样它的代码库也分出了控制、运动、音效、外观、事件、侦测甚至是运算等标签。浏览每个标签中的模块来熟悉软件能够实现的功能。各类机器人能够共用其中的大部分模块，但是一些模块会随着机器人型号的变化而发生变化，尤其是"侦测"（Sensing）、"音效"（Sound）和"事件"（Events）标签中的模块，因为这些模块依赖于机器人自身的功能才能实现。你能够使用的代码模块都位于软件界面的左侧，而你的角色（机器人）则显示在代码区的上方。你可以单击程序名称左侧的三条横线回到项目清单。如果遇到了问题，你可以单击界面上的问号来查阅软件的帮助手册。在程序块的底部可以添加变量，而在代码区的底部，你可以看见"撤销"（Undo）和"恢复"（Redo）箭头按钮。

在运行了几次预置程序之后，我们就可以按住底部的代码模块将它拖动到左侧部分。你会发现模块区当中会出现一个垃圾桶的图案。将代码区中的模块拖动到这个垃圾桶里就可以删除它。和 Scratch 与 Ardublock 一样，你也可以拖动代码区中的单个模块或整个程序块。现在我们希望将预置程序都删掉重新开始编程，因此你需要将整个程序块都拖到垃圾桶里（见图9-1）。

我们还希望在代码区中编写 Dot 机器人的代码，因此单击机器人清单右侧的加号，然后在出现的窗口里找到 Dot 机器人。如果房间里有多个 Dot 机器人，那长按 Dot 机器人的型号之后会出现不同

的机器人名称供你挑选。当机器人清单之中出现了 Dot 机器人之后，你会发现它也有自己的预置程序。单击播放按钮看看预置程序能够让 Dot 机器人做些什么。然后将除了"开始运行"（when starting to play）模块之外的所有程序块都删除掉。而和 Scratch 一样，你可以单击 Dash 和 Dot 机器人的图标来切换它们的代码区。因此不要担心暂时看不见 Dash 的代码，只要单击图标就会再次出现了！

图9-1 删除代码

第三步：编写等边三角形程序

作为你的第一个可编程对象的程序，你将会通过编程让机器人走一个等边三角形，因为在走每个边时运动的距离相等，转角上转动的角度也相等，因此只需要完成一边的代码之后复制两遍即可。如果你想的话，可以将 Dash 放置在一张纸上，然后在上面固定一只记号笔，这样运行程序时它就会帮你画出一个等边三角形了。

如果你不小心删除了"开始运行"（When）模

块，你可以在"事件"（Events）标签里找到它。当然接下来你也可以通过"外观"（Looks）标签里的"改变灯光颜色"（change color of all lights to）模块来增加一些趣味性。不过为了完成我们的等边三角形，我们首先要做的是加入"控制"（Control）标签里的"重复执行"（repeat）模块，然后将重复执行的次数改成3次。为了让Dash机器人动起来，接下来我们需要加入"动作"（Motion）标签里的"向前运动"（move forward）模块。在这个模块中，你可以调整运动的方向、事件和速度。接下来，我们还需要一个"转向"（turn direction）模块来完成三角形的边角。你觉得转向模块应该放在哪个位置？为了完成三角形，我们需要让Dash机器人一直向前运动并完成3次转向。通常情况下，三角形的内角都是60°，但是机器人转动的角度实际上是三角形的外角，所以它转动的角度应该是120°（见图9-2）。

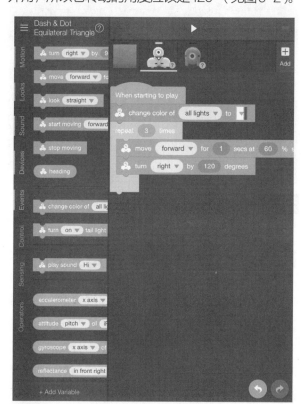

图9-2 Dash的程序

第四步：Dot机器人的程序

接下来让我们给Dot赋予一些任务，让它在开始运行之后播放音效给Dash加油。同时我们也可以让它变化自己的灯光。首先加入"控制"（Control）标签中的"重复"（forever）循环，然后将"改变颜色"（change color）模块放在循环当中。如果在程序块中加入一个"等待1秒"（wait 1 sec）模块，Dot上的灯光就会变成闪烁的效果（见图9-3）。

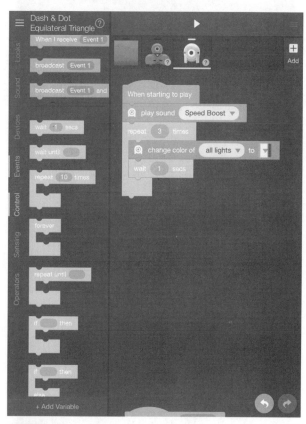

图9-3 Dot的程序

第五步：广播和接收信息

由于走三角形的程序并不复杂，我们可以在完成之后给它加上让Dash机器人发送信息的代码。前往"事件"（Events）标签中找到"广播信息"（broadcast）模块，将它加到程序块的最下方（见图9-4）。然后单击模块中的文本框将广播的信息修改成"成功了！"接下来我们需要给Dot的脚本中添加接收信息的代码，同样加入"事件"（Events）标签下的"当接收到信息"（when I receive）模块，让Dot能够接收Dash发送出的信息。参照图9-5中的程序，如果现在运行程序的话，Dash和Dot会出现什么行为？代码里还有哪些问题？

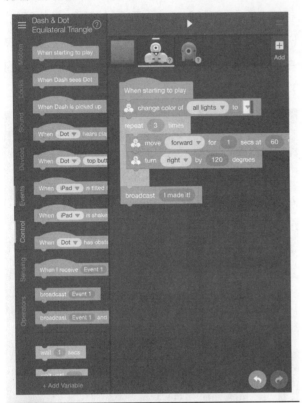

图9-4　让Dash广播信息

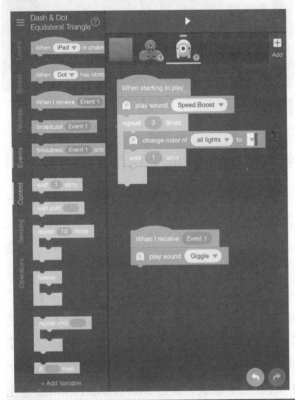

图9-5　让Dot接收信息：有错吗？

第六步：调试代码

由于我们之前让Dash广播的信息是"成功了！"，因此在Dot的接收模块中也要将它改成相同的信息。图9-6所示是经过修改之后的正确代码。对比一下，你能找到图9-5中的代码错在哪里吗？如果能，那说明你已经初步掌握了调试的诀窍了。

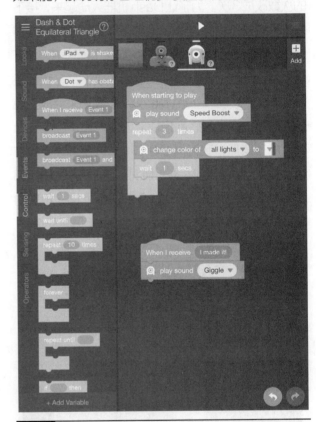

图9-6　调试修正后的代码

让Dash和Dot走直角三角形

实现等边三角形的程序并不是很复杂。接下来让我们尝试一些稍微复杂些的程序，试着让Dash走一个直角三角形。由于代码并不是十分直观，我们可以在桌面上用胶带贴出一个直角三角形。你可以用瓷砖的长度作为参考来帮助你确定三角形的大小。

第七步：贴出直角三角形

首先我们需要确定Dash的起始点，如图9-7所示。如果Dash没有准确的起始点，那么我们就没法通过程序让它画出一个完美的三角形。你可以用量角器来帮助你在地板上贴出一个三角形。由于我们这里要实现的是一个直角等边三角形，那么除了直角之外的两个内角均为45°。同时记住45°内角对应的外角是135°，从图9-8中的量角器上也可以看出来。我们在程序当中需要让Dash转动这个角度，因为Dash转动的角度实际上是三角形的外角。如果想要计算出这个角度，实际上只需要用180°减去45°就可以了。

图9-7　Dash的起始点

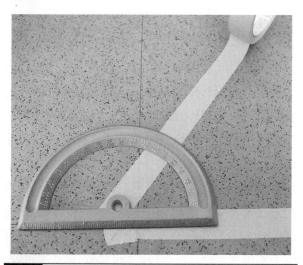

图9-8　用量角器测量内外角

第八步：编写程序

　　首先，我们需要让Dash向前运动然后左转90°。而为了完成后面两次转弯，我们对后面的代码需要进行一些调整。首先加入"运动"（Motion）标签中的"向左转动°"（turn left by degrees）模块，然后将角度设置为135°。接着在转动模块下连接一个"向前运动"（move forward block）模块。由于我们希望Dash两次转动和前进的距离都相同，我们可以将这一部分的程序块放在重复循环当中，而重复循环模块来自于控制标签中。现在你能发现图9-9中的错误吗？我们怎样修改代码才能让Dash完成一个正确的三角形？程序当中的角度没有错误，但是你可以根据自己的场地大小调整Dash前进的速度和时间。不同的地板材质也会影响Dash所受的摩擦力和前进速度，因此在编写程序的时候也一定要考虑到这些因素！在瓷砖地板上能够画出正确三角形的程序在地毯上肯定会产生不一样的效果！这个设计更多地是为了

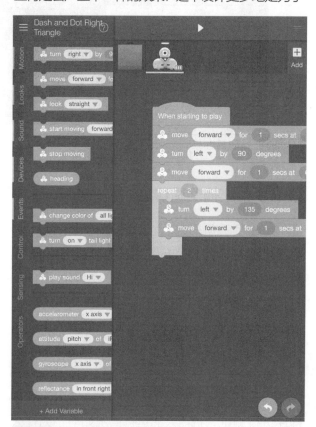

图9-9　在重复循环中

帮助你学会如何针对自己的使用场景来调整程序，你可以借这个机会学习如何调节程序中的变量。

环，因此我们需要将程序修改成图9-10中的那样。这样Dash将会从三角形的一个45°角开始，向前，然后在直角处左转，接着在另一个角左转135°角回到起始点。

第九步：调试代码

实际上我们并不能在这个程序中使用重复循

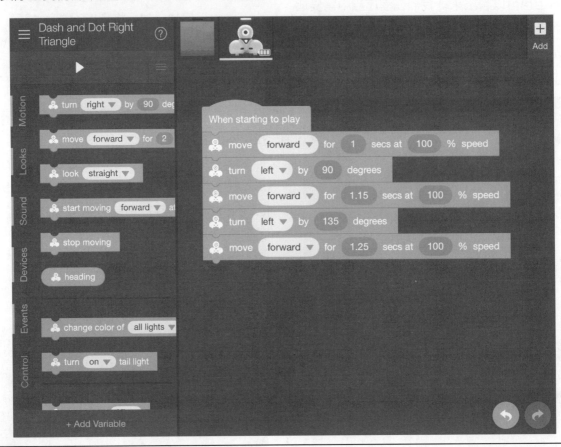

图9-10　调试后的代码

第十步：广播奖励信息

完成了三角形之后，让我们给Dash一些奖励！你可以将Dot机器人放在起始点，这样当Dash返回之后，你可以让它发出欢呼声。首先在代码区中加入一个"当Dash遇见Dot"（when Dash sees Dot）模块，然后加入外观标签下的"点亮尾灯"（turn on taillight）模块以及音效标签下的"播放声音"（play sound）模块，现在你的程序应当如图9-11所示。运行程序进行测试，机器人的运行情况如何？为什么会这样呢？

第十一步：调试代码

除非后续继续给Dash添加模块让它继续运动，否则Dash在回到起始点之后会一直播放飞机的音效。为了停止这一行为，我们需要用到从Scratch中学到的另外一个技巧。你需要在程序块的最后加上控制标签中的"全部停止"（stop all）模块，如图9-12所示。想想看还有没有其他方式能够修正这个错误？注意Dash需要朝着远离Dot的方向开始运动，否则一开始就会出现结束的信息。当Dash最后回归朝向Dot的时候，你就会听见它发出的飞机音效了（见图9-13）。

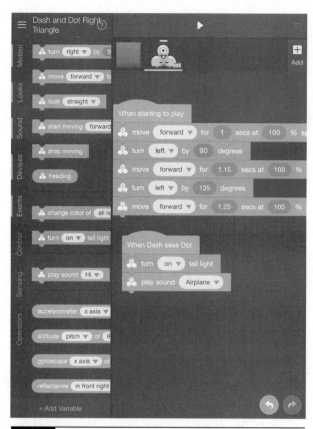

图9-11　奖励Dash

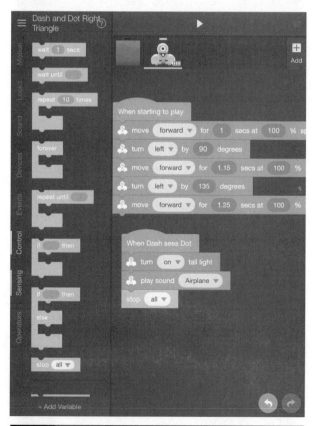

图9-12　调试后的代码

图9-13　你好Dot!

让Dash走出钝角三角形

第十二步：完整的程序

相信现在你已经能十分熟练地编写用于 Dash 的程序了，现在试试看能不能编写一个让 Dash 完成钝角三角形的程序？我们在图9-14中 给出了一个可能的实现，你可以在完成自己的程 序之后进行参考和对比。

第十三步：测试和调整

由于钝角三角形有一条很长的边，因此你可 能需要多次测试并调整 Dash 的速度和运动时间。 通过测试让你的 Dash 机器人完成一个完美的钝 角三角形（见图9-15）。

挑战

- 既然你学会了如何广播和接收信息，能不能 让Dash和Dot演绎一个故事或者一段对话？
- 通过编程你还能实现其他哪些和这两个 机器人交互的方式？

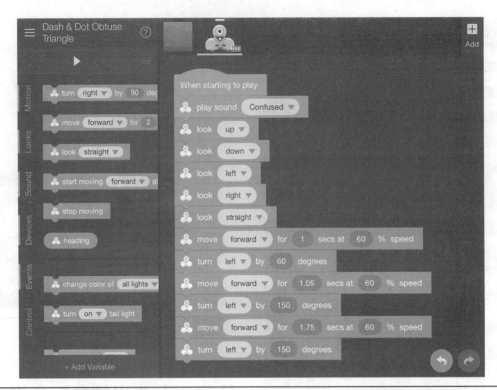

图9-14　钝角三角形的完整程序

图9-15　起始点

- 你可以通过 Wonder Workshop 提供的其他开发软件来更加深入地了解这对可爱的小机器人！

设计37：用Tickle软件编程控制Sphero走三角形

Sphero是另一款能够通过编程控制的机器人玩具。但是要让它走出一个形状或者是绕过障碍物会比较困难，因为它自身是球形的，但是这也意味着通过它能够大大提升你的编程水平。那么Sphero究竟是什么？它是一个内置有陀螺仪和加速度计的十分酷的球形机器人玩具。它的运动速度比Dash机器人要快得多，并且自身没有外置的轮子。因此，它很适合用来完成一系列的物理学实验！在接下来的两个设计里，我们将会分别介绍如何利用Tickle和Sphero的原生软件SPRK Lightning Lab配合Sphero来完成和之前一样的三角形。

制作时间：30分钟

所需材料：

材料	描述	来源
可编程机器人	Sphero或Ollie机器人	Orbotix
蓝牙设备	iPhone或iPad	Apple公司
编程软件	Tickle	Apple应用商店

让Sphero走直角三角形

第一步：等一等！

　　试着照着Dash机器人的直角三角形程序编写一个程序来驱动Sphero，看看会得到什么结果？Sphero会在该转弯的地方转弯吗？怎样才能修复呢？由于Sphero的速度比Dash要快得多，因此首先我们需要修改模块中向前运动的速度。我们推荐将速度调节成小与40%，这样Sphero才能比较好地完成整个三角形。（说到速度，如果我们把速度调节成小与10%，Sphero会怎样呢？）编程的一大乐趣就是同一个问题可能有许多不同的正确答案，你也可以尝试其他能想到的解决方法，然后看看会有怎样不同的效果。接下来我们还需要从"控制"（Control）标签中加入"等待1秒"（wait 1 sec）模块（图9-16）。Sphero在转向和继续运动之前都需要通过这个指令来稳定自身的状态。

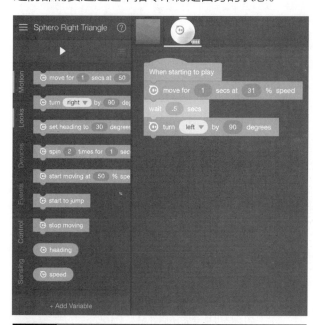

图9-16　调整运动速度并添加"等待"指令

第二步：转向

　　为了让三角形尽量精确，你需要在"等待"（Wait）指令之后再进行转向，如图9-17所示。

　　这样Sphero将会在停住之后向左转90°并继续前进到下一个转角位置。和之前一样，Sphero前进的速度和时间也需要根据地板的材质来进行设置。同时如果按照图9-18所示编写程序，你会发现Sphero无法完成第二个转角，因为没有添加等待指令让Sphero稳定。在编程过程中很容易会出现这种小错误，但是不要被它们消耗你的信心，要学会从错误中吸取教训并不断前进！保持这样的心态，你一定能成为一个越来越好的编程者！

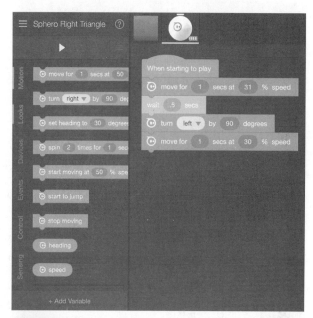

图9-17　前进

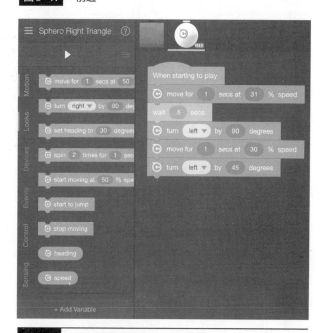

图9-18　转向的错误示范

第三步：完整的程序和调试

由于Sphero是一个球形，它自己很难保持在起始点上不动。因此在每次运行程序的时候你都需要手动将它的尾灯和起始点对齐。图9-19中展示了完整的三角形程序，但是你的程序需要根据机器人运动的表面材质和三角形的大小进行调整。图9-20中展示了实际运行时的Sphero和程序！

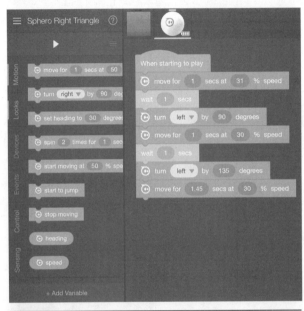

图9-19　完整的三角形程序

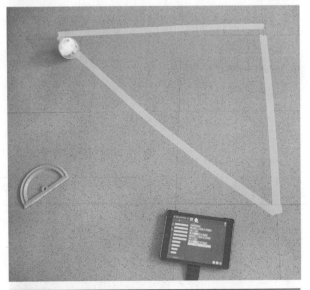

图9-20　走三角形的Sphero

挑战

- 能不能让 Dash 和 Sphero 进行互动？
- 试着改变 Sphero 的灯光设定。你能从中学到关于 RGB 色彩和混色的什么知识？
- 试试看用编程软件设计一个用 Sphero 来玩的游戏。

设计38：用SPRK Lightning Lab 软件编程控制Sphero走三角形

Tickle是一个很棒的软件，但是有时候使用Sphero原生的配套软件，SPRK Lighting Lab来操控它会更加简单。这个软件最棒的一点就是每次运行程序进行测试之后都能够让Sphero自动回到起始点！

制作时间：30分钟

所需材料：

材料	描述	来源
可编程机器人	Sphero 或 Ollie 机器人	Orbotix
蓝牙设备	安卓或苹果手机或平板电脑	
编程软件	SPRK Lightning Lab	苹果应用商店、安卓应用商店

第一步：SPRK 软件

首先下载SPRK软件，并且简单浏览它的教程。在前面我们也介绍过，Sphero自身的形状使得它很难保持在起始点上。因此你可以制作一个与图9-21中类似的起始点。此外，如果在瓷砖地板上进行实验，你也可以利用瓷砖的网格作为起始点的参考。

SPRK软件和Tickle及Scratch很类似，只是在代码模块的标签划分上有些许的不同。之前的"外观"（Looks）和"运动"（Motions）标签中的模块在SPRK中大部分都位于"动作"（Actions）标签下，如图9-22所示。但是"运算"（Operators）"变量"（Variables）和"事件"（Events）等标签中的模块基本是一致的。这些标签在所有的图形化编程语言中基本上都会保持一致。

图9-21　Sphero的起点

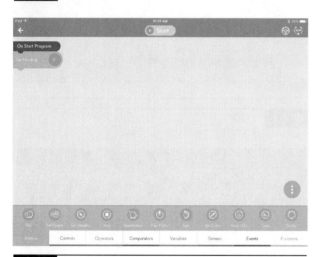

图9-22　SPRK软件

第二步：设置朝向

在SPRK中，我们通过设置Sphero的朝向来控制前进的方向。而在程序中能设置的角度范围不是180°，而是360°（见图9-23）。你需要先用量角器测量Sphero前进的方向，如图9-24所示。然后就可以拖动软件中的箭头来选择Sphero前进的朝向。在刚开始时，我们可以将Sphero放置在起始点，在程序中设置让它朝着0°方向前进。这个朝向会让Sphero笔直朝前运动（即朝向

尾灯的反方向。你对齐了尾灯吗？记得每次开始之前都要对齐尾灯。）如果你希望Sphero朝着反方向运动，那么需要将它的朝向设置为180°。朝右运动的朝向设置为90°，朝左运动的朝向设置为270°。在下一个转角的位置，通过测量我们知道三角形的内角为35°，但是Sphero实际运动的朝向需要用180°减去这个角度。所以实际Sphero的朝向应当设置成145°。注意我们这里设置的并不是让Sphero转向这个角度，而是让Sphero朝着这个角度滚动前往钝角。到达钝角之后，我们需要重新设置Sphero的朝向，但是这里的设置会稍微复杂一些。注意在钝角上我们需要让Sphero朝向180°加上35°的方向，所以实际上应该将Sphero的朝向设置为215°。在编程使用Sphero的时候最好是搭配360°的量角器使用。如果没有的话，也可以利用类似的软件来帮助你实验。当然在没有办法测量准确角度的情况下，重复进行实验不断调整相关参数是唯一的解决方案（见图9-25）。

图9-23　在软件里调整Sphero的朝向

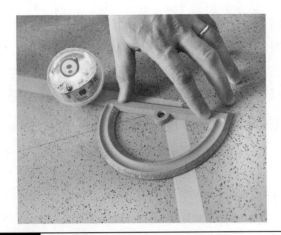

图 9-24   测量角度

Heading

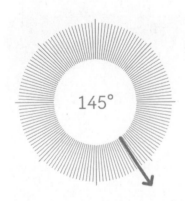

图 9-25   实验不同的角度

第三步：等待还是闪灯？

除了添加"等待"（Wait）模块之外，为什么不让Sphero在每个转角的地方都闪一次灯呢？（还记得我们说过的每个问题都有很多种解决方案吗？）"频闪"（Strobe）模块位于"动作"（Actions）标签当中。你可以在模块里设置灯光的颜色，只需要在颜色盘上选中想要的颜色即可。同时在模块里还可以设置闪光的次数和间隔。如图9-26所示，我们设置让Sphero在1秒内闪烁4次粉色的灯光（见图9-27）。

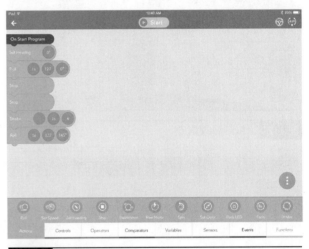

图 9-26   频闪

图 9-27   频闪的效果

第四步：完成程序

要完成三角形，Sphero 需要静止 3 次，我们可以在每一个静止点上让 Sphero 进行一次频闪，如图 9-28 所示。在设置频闪时，要分别设置闪烁的间隔和次数。

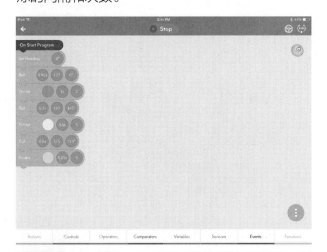

图9-28　完整的程序

在设置频闪的持续时间时（模块中间的数字），实际上就相当于在 Arduino 程序中增加了"延时"（delay microseconds）模块。我们设置的持续时间是灯光持续点亮的时间。因此，如果将持续时间设置为 1s，那么 Sphero 上的灯光将会点亮 1s 然后熄灭 1s。模块里的第二个数字则是闪烁的次数。我们会在每个转角上让 Sphero 的灯光闪烁不同的次数来让它等待自身稳定，不过你也可以通过不同的持续时间来实现相同的效果。最终你可以参照图 9-28 中的程序和图 9-29 中的实际效果。你可以在"滚动"（Roll）模块里改变中央的数值来设置 Sphero 前进的速度（见图 9-30）。如果你想删除某个指令模块，只需要用手指长按模块让它高亮显示并进行拖动，这时代码区的上方会出现一个红色的垃圾桶图标，将模块拖动到上面就可以删除了。程序编写完成准备好测试之后，单击界面上的播放按钮来运行程序，单击停止按钮可以停止程序的运行增加新的模块。记住我们给出的程序只是一个参考，你需要根据实际情况来调节速度和滚动的朝向（见图 9-31）。

图9-29　在拐角处闪灯

图9-30　设置速度

图9-31　运行程序

挑战

- 试着让 Sphero 完成一个锐角三角形。
- 能不能自己动手为 Sphero 设计或制作一个底座？装上底座之后要对程序做出怎样的修改呢？
- 让 Sphero 在不同材质的地板上运动，看看摩擦力对它的速度会产生怎样的影响？

设计39：用Tickle软件编写一个机器人舞蹈派对

利用 Tickle 软件，你可以编写程序让机器人一起跳舞甚至是进行同步舞蹈派对。相信你已经注意到 Tickle 的界面和 Scratch 很类似，因此这个设计很适合进一步增强你的编程技巧。每个机器人就相当于是 Scratch 中的一个角色。我们需要为派对里的每个机器人分别编写脚本，同时和这一章的其他设计一样，我们这里给出的程序只是参考。你需要根据实际情况来调整速度和运动方向。

在这个设计中，我们希望几个机器人能够一起起舞、旋转和运动。我们可以在 Tickle 里新建一个项目开始编程，在一个项目里我们就可以完成所有机器人代码的编写。在程序开始运行之后，如果有机器人的运行不如预期，那么你需要根据实际的情况来修改代码里的各项参数（见图9-32）。

制作时间：30分钟

所需材料：

材料	描述	来源
可编程机器人	Sphero 或 Ollie 机器人、Dash 机器人	Orbotix、Wonder Workshop、网上商城
蓝牙设备	iPhone 或 iPad	Apple公司
编程软件	Tickle	Apple 应用商店

图9-32　开派对的机器人

第一步：让Dash跳两步舞

　　Dash控制起来最简单，我们可以从它着手。我们需要在程序里编写控制Dash的灯光颜色，让它前后来回运动两次。要实现这些动作，首先加入"事件"（Events）标签下的"开始运行之后"（when starting to play）模块。然后加入"外观"（Looks）标签里的"改变所有灯光的颜色"（change color of all lights）模块。记住，如果模块之间没有互相连接，那么运行程序之后可能无法执行全部的指令模块。接下来加入"控制"（Control）标签中的"重复_次"（repeat __times）模块，在重复模块中加入"动作"（Motion）标签中的"向前以__%速度运动__秒"（move for __ secs at __% speed）和"向右转动__°"（turn right by __ degrees）模块。然后将重复模块中的次数改为2（参考图9-33中的完整程序）。

第二步：让Dash旋转起来

　　通过编程让Dash旋转很简单。我们需要用到刚才的"向右转动__°"（turn right by __degrees）模块，同时将参数设置为360°即可。设置好之后复制这个模块可以让Dash多转几圈，或者你也可以使用重复模块。最后我们希望Dash停在90°上，这样方便我们完成最后一个舞蹈动作。（这个动作会

让Dash把摄像头随着Sphero的运动旋转。）

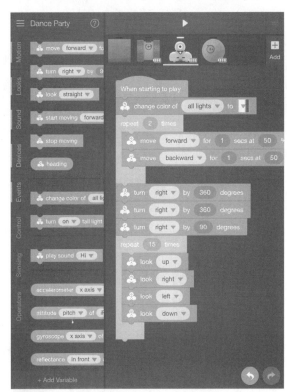

图9-33　Dash的完整程序

第三步：让Dash的头转起来

　　从"控制"（Control）标签中再次加入一个重复模块，接下来在重复模块中加入"动作"（Motion）标签里的4个"向前看"（look straight）模块。然后将4个模块分别设置成向上、向下、向左、向右

看，接着将重复的次数设置为15。Dash的舞步就基本完成了！图9-33中列出了它的全部脚本。

第四步：让Ollie跳两步舞

接下来，让我们完成Ollie的程序。单击机器人清单右侧的加号来加入一个新的机器人。首先我们同样希望Ollie前后运动两次，运动的距离和时间点都和Dash保持一致。由于Ollie机器人的驱动电机和Dash的驱动电机不一样，你可能需要对具体指令中的参数进行修改才能达到理想的效果。

单击加号，然后在项目中加入Ollie机器人，接着我们就可以开始编写它的脚本了。同样先加入"事件"（Events）标签里的"开始运行"（when Starting to play）模块，接着加入"外观"（Looks）标签中的"改变颜色"（change color）模块。

接着我们需要加入"控制"（Control）标签中的"重复10次"（repeat 10 times）模块，然后再重复模块中加入"向前以50%的速度运动1秒"（move for 1 sec at 50% speed）。将事件修改为0.5s，速度改成40%。（参考图9-34中Ollie的完整程序。）

如果不让它停下来，Ollie里的驱动电机就会一直运行下去，因此我们需要加入"等待1秒"（Wait lsec）模块让Ollie在转头往回之前先停下来。同样，我们这里给出的程序只是参考，你可以根据自己构想的舞步来修改程序。

第五步：让Ollie背旋

让Ollie背旋同样很简单，因为"动作"（Motion）标签里有一个专门的旋转指令。同样我们首先按需要"控制"（Control）标签里的"重复"（repeat）模块。为了让派对更丰富一点，你可以在重复模块里加上外观标签里的"改变颜色"（chang color）模块。现在再加入两个"在__秒内旋转__圈"（spin __ times for __ seconds）模块。你需要调整这些模块里的参数，让Ollie看上去是和Dash在一起跳舞。最好是每完成一部分舞步就进行一次测试调整参数，如果Ollie的动作有些延迟，那么就可以及时地停止并修改程序（见图9-35）。如果一次性完成全部程序，然后再进行调试来修复这样的小错误，通常会花费你更多的时间。

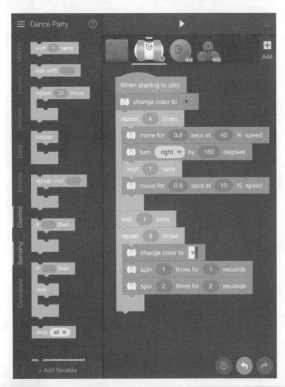

图9-34　Ollie的完整程序

图9-35　测试机器人的旋转

第六步：让Sphero跳两步舞

单击右侧的加号让Sphero也加入这场排队。试着运行图9-36中的程序，看看有什么效果？在之前让Sphero走三角形的时候介绍过，我们需要通过等待指令来让Sphero稳定自身。因此能够正确地让Sphero完成两步舞的代码如图9-37所示，但是记住你需要根据派对的场地来调整模块中的时间和速度百分比参数。

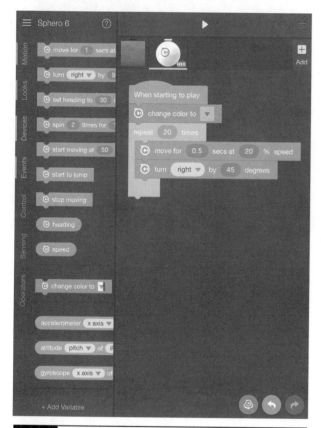

图9-36　测试一下Sphero的动作

第七步：让Sphero转起来

让Sphero转起来的程序也很简单，因为同样可以直接在重复循环里使用"在＿秒内旋转＿圈"（spin ＿ times for ＿ seconds）模块。和之前设置频闪的持续时间一样，在这里你也需要设置转动模块中的参数。但是在这里我们要设置的是Sphero转动的持续时间和它转动的圈数，比如将模块设置成"在1s内旋转10圈"（spin 10 times

for 1 second）（见图9-38）。这个模块很值得你进行不同的尝试。你可以试着让它在1s里旋转4圈，看看有什么不同？如果1s只转1圈呢？那如果1s转100圈又会产生怎样的效果？

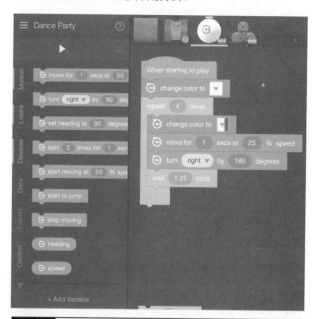

图9-37　调试后的两步舞代码

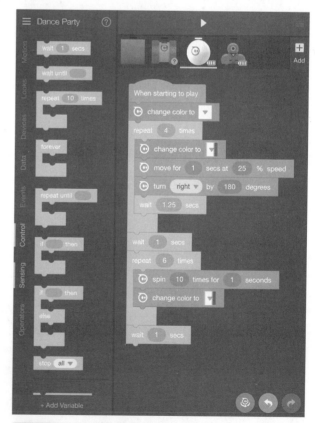

图9-38　旋转的Sphero

第八步：走弧形

让Sphero完成这个舞步会稍微复杂一点，需要用到一个方程式和一点点的代数知识。

首先找到"数据"（Data）标签里的"将X设置为0"（set X to 0）模块。在程序当中，我们会通过X的值来控制循环的次数，当X大于180的时候循环将会停止。在循环的当中，我们首先会让Sphero以40%的速度运动0.05s，而运动的朝向由X的值决定。在每次循环的最后，我们会将X的值增大10，这就使得Sphero的运动方向也会每次增加10°。当朝向超过180°之后，Sphero就会停下来。

接下来我们准备让Sphero沿着原路返回，因此在接下来的循环中每次需要让X的值减少10，同时让循环在X小于-180的时候结束。图9-39中展示了走弧形的完整程序。

最后依然要注意，这些机器人的舞步需要是同步的，因此你需要调整程序中各个模块之间的时间参数或者是加上延时。但是这些内容可以经过实验不断地进行微调，现在先让它们跳起来吧（见图9-40）！如果在同步性上还是有问题，你也可以如图9-41所示让机器人在一条平行的直线上开始跳舞。

挑战

- 试着按照一首歌的节拍来设计你的舞步！
- 试着编写程序让一个机器人领舞，另外两个机器人伴舞。

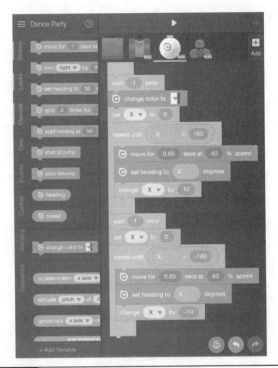

图9-39 让Sphero走弧形

图9-40 跟着节拍动起来

图9-41 也许要准备一条起始线

■ 编写程序让两个机器人来一场舞蹈对决，首先它们需要互相模仿对方的舞步，然后再加入新的舞步。

设计40：用Snap软件编程控制Hummingbird机器人

Hummingbird机器人套件是一个帮助创客学习机器人学和Arduino微控制器的绝佳工具。这里使用的微控制器是Arduino at Heart套件，这也意味着你可以用到新学的Arduino编程知识，此外这个套件里还有构建一个机器人所需的一切部件，包括一个可交互的框架和其他零件等。你可以在框架范围内自由组合LED、伺服电机、电机和其他素材来制作各种不同的机器人和可交互设计。更棒的是，不论什么水平和年龄的创客都能够找到适合自己并且适配它的编程工具。学生可以使用Snap!，一个类似于Scratch的编程环境，来编写适用于Hummingbird机器人、Ardublock和Arduino的程序。Hummingbird Duo开发板上配备了易识别的接口和即插即用的配件，因此即使是创客新手也可以很简单地利用它制作出机器人。在这个设计里我们将会使用Duo套件来制作一个简单的两轮机器人，然后给它配备上LED指示灯，最后利用Snap!编写适配它的软件（见图9-42）。

图9-42　两轮Hummingbird机器人

制作时间：25～35分钟

所需材料：

材料	描述	来源
机器人套件	Hummingbird Duo套件，电池组（可选）、USB延长线（可选）	网上商城
计算机	有互联网连接能够运行Snap!的计算机	
软件	Snap!软件和BirdbrainRobot Sever软件	软件官网
机器人构建素材	美工小木棒、胶带、塑料容器	杂货店、手工用品店、旧物箱、

第一步：处理容器和电机

挑选一个大小合适的方角塑料盒或者塑料容器。大部分塑料容器在底部都会有轻微的角度或者弧度，不过依然可以用来制作机器人。找到套件里轮子转接头、橡胶垫圈和齿轮电机。将橡胶垫圈套在轮子的转接头上，然后将转接头套在电机上。

第二步：在容器上安装电机和轮子

将电机放在容器或者盒子的底部。如果容器底部有轻微的弧度，注意电机放置的位置需要让齿轮有足够的转动空间，如图9-43所示。用一

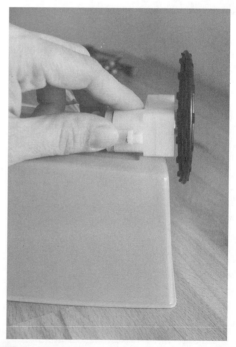

图9-43　注意留出间隔

片较大的胶布将电机固定住，固定时需要注意电机不能超出容器的边缘。将轮子从电机上取下来，然后如图9-44所示在电机的前后都用胶带进行固定。通常情况下你可能会用到很多胶带来固定电机。在另一侧重复相同的步骤将另一个电机牢牢地固定在容器上（见图9-45）。

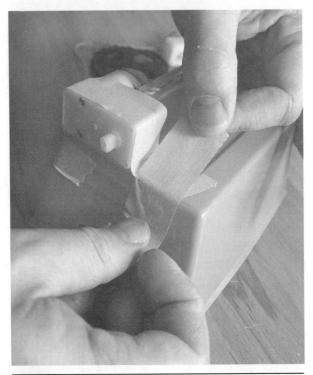

图9-44　用胶带固定

图9-45　整理电机线

第三步：整理导线和手工木条导轮

Hummingbird的电路板最终会被放置在容器内部。现在将电机的导线从容器的另一面延伸至容器的顶部，然后用胶带将导线固定住。有许多二轮机器人套件都会用金属或者塑料的导轮来保持机器人的平衡，但是手工木条的圆角使Hummingbird套件很适合完成这项工作。将容器转过来使轮子面向你，然后将手工木条用胶带固定在容器的侧面，抵住容器的后侧，如图9-46所示。你的容器现在静止时会有一个轻微的倾斜角度。在两侧都固定一根手工木条，你可以使用胶带或者热熔胶。

图9-46　固定好的导轮

第四步：转向指示灯和刹车灯

找到导线是橙色和黑色的橙光LED和导线是黄色和黑色的黄光LED。我们将会用这两个LED来充当转向指示灯。将橙光LED固定在容器的右侧，高出边缘大约2.5cm。在另一个角上用同样的方式固定住黄光LED。接下来我们需要固定RGB LED的位置。这个LED将会指示出机器人处于向前运动、向后运动、刹车或是静止状态。将RGB固定在容器后侧的中央位置，高度和其他LED保持一致（见图9-47）。现在暂时不用整理导线，只需要将导线放在边沿上即可。

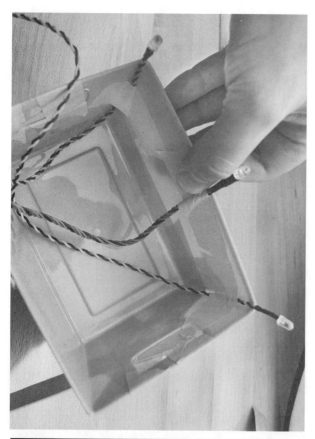

固定好的指示灯和刹车灯

图9-48　接入电机的导线

第五步：连接电机

将Hummingbird开发板放在桌上，有许多端口的一面朝上。找到其中标记了"电机1"和"电机2"的两个端口（Motor 1、Motor 2）。你会注意到每个端口里有两个接口，分别对应电机的正极和负极，同时颜色也和电机的导线相同。这两个导线的连接方式决定了电机是顺时针还是逆时针旋转。在后续的步骤里，你可能需要改变导线的接入顺序或调整代码中的参数来确保两个电机朝着相同的方向转动。首先从右侧的电机开始，用套件里的橙色塑料工具按住接口上的压片，将电机的导线压进侧面的开口中（见图9-48）。当导线上裸露的金属部分都进入接口之后，松开压片，然后轻轻地拉导线检查是否牢固。接着按照相同的方法固定住另一个电机的导线，将它们固定在端口2中。

第六步：连接LED

三色LED需要连接在RGB LED端口1上。三色LED上有4根导线，标记了R的导线代表红色，标记了G的导线代表绿色，标记了B的导线代表蓝色，标记了 - 的导线代表负极。注意3种颜色的导线需要对应接到R、G、B接口里，黑色的负极导线则需要接到负极接口里。

在RGB LED端口右侧有4个普通LED端口，每个端口上都有正极和负极两个接口。LED的颜色可以通过正极导线的颜色区分。将橙色LED接在LED端口1上，橙色导线接在正极接口里，黑色导线接在负极接口里。用相同的方式在端口2中接入黄色LED（见图9-49）。

图9-49　连接完成并通上电的开发板

第七步：安装Snap!

要编写Hummingbird机器人的程序，你可以使用的编程软件有很多。在这里，我们要使用的是Snap!。Snap!是一款由Scratch衍生出来的图形交互式编程软件，它们的界面很类似，不过添加了能够控制Hummingbird套件里的电机、伺服电机、传感器和LED的各种指令模块。按照网页上的教程来安装Snap!和BirdBrainRobotSever软件。你需要注册一个Snap!账户才能储存你编写的程序。在开始编程之前，用USB线将Hummingbird Duo开发板和计算机连接起来，并且给它插上电源线。

第八步：编写刹车和前进程序

在开始编写程序之前，我们首先需要确定两侧的电机转动方向是否相同。你还记得在最早的涂鸦机器人里，如果对调电机两极上的导线，电机转动的方向也会反过来。Hummingbird套件里的齿轮电机也是这样。电机的导线上没有标记正负极，不过你可以将导线接在电池的两极上进行测试。或者你可以通过几行代码来测试电机1和电机2的转动方向。

首先从"控制"（Control）标签里加入"当按下空格键"模块（when space key is pressed）（见图9-50）。然后单击"动作"（Motion）标签，然后加入两个"Hummingbird电机"（Hummingbird Motor）模块。你会发现模块里有两个可以设置的参数。第一个参数表示连接电机的端口编号，第二个参数表示电机的转速，它的范围是从 -100%到100%，分别表示反向全速和正向全速（见图9-51）。

在开始测试之前，我们还需要在末尾加上停止电机转动的代码。按键模块中的空格键不需要改动。而电机控制模块里默认的端口号是1，在我们的电路板上对应的是右侧的电机，因此我们只需要将第二个模块中的端口号改成2即可。在第二个数字的速度参数里，将两个模块都设置为0。这样当你按下键盘的空格键时，两个电机就会停止转动了（见图9-51）。

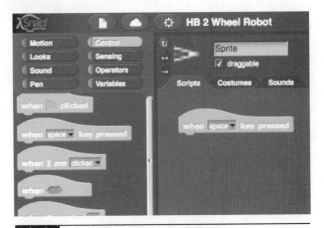

图9-50　在Snap!里加入按下空格键模块

图9-51　在Snap!里加入两个控制电机的模块

第九步：向前运动和电机的方向

用右键单击我们刚刚完成的刹车代码，然后单击"复制"（Duplicate），如图9-52所示。将复制出的程序块拖到旁边。然后单击"按下空格键"（when space key is pressed）模块里的下拉菜单，将按键变成"↑"（up arrow）。我们不需要改变电机的端口号，只需要改变后面的速度参数，将它从0变成50，这样会使两个电机都以正向50%的速度转动（见图9-53）。

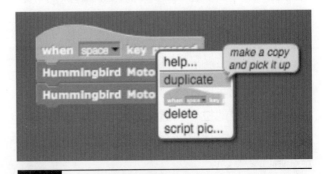

图9-52　在Snap!中复制代码

图9-53　让机器人前进的代码

　　把机器人举在空中，运行程序，然后按下上方向键。看看两侧电机转动的方向是否能够让机器人前进。如果两侧电机的转动方向不一致，注意观察哪侧电机的方向不正确。按下空格键让电机都停下来，然后将机器人放回桌面上。如果机器人能够正确前进，你可以跳到第十一步。

第十步：调试

　　如果电机转动的方向不相同，或是没有向前，这里可选的解决方案有两种。首先你可以选择对调端口里电机的两根导线。第二个选择是将方向不正确的电机对应的指令模块里的速度参数从50改为-50（见图9-54）。两种方法最终的效果都是相同的，但是修改代码可能会导致后面在使用速度参数的时候出现混淆。因此我们推荐你直接对调电机的两根导线，因为我们的代码示例里默认了两个电机的转动方向相同并且是正确的。

图9-54　调试代码：将速度参数变为-50

第十一步：向后

　　右击刚刚完成的前进程序块，同样复制一遍，

　　这次将模块中的按键从"↑"（up arrow）改成"↓"（down arrow）。电机的端口号同样不需要变动，现在将两个速度参数都修改为-50，如图9-55所示。这样在按下"↓"下方向键的时候会让电机反方向转动。

图9-55　让机器人向后的代码

第十二步：左转和右转代码

　　现在再次复制一份向后的代码，将按键修改成"→"（right arrow，右方向键），同样不修改端口号。要让机器人向右转，我们只需要让右侧的电机停转即可。在我们的机器人中，右侧的电机连接在端口1上，因此将电机1模块中的速度参数设置为0，另一侧电机2的速度参数保持为50（见图9-56）。这样会使左侧的电机持续转动让机器人向右转。

图9-56　在Snap！里让机器人向右转

　　要向左转，我们需要复制相同的一段代码，然后将按键修改为"←"（left arrow，左方向键）。只不过这里我们需要将左右电机的速度参数对调一下，让电机2保持静止，而电机1以50%的速度转动（见图9-57）。在机器人上测试你的代码，

并根据效果调整模块里的速度设置。

图9-57　在Snap! 里让机器人向左转

第十三步：闪烁指示灯

一个文明的机器人在转向的时候一定会打出指示灯！选中"控制"（Control）标签，找到"重复10次"模块（Repeat 10），接下来从"外观"（Looks）标签里加入"Hummingbird LED"模块。这个模块中的第一个参数代表LED连接的端口号。我们将机器人右侧的橙光LED接在了端口1里，因此在右转的代码里不要修改LED端口号。模块中的第二个参数代表LED的亮度，你可以将它修改为80。机器人左侧的黄光LED接在端口2里，因此你需要将左转代码中的端口号修改为2，将亮度同样设置为80（见图9-58）。

图9-58　LED的亮灭

要实现闪烁的效果，我们需要让LED不停地亮灭，同时中间有一个间隔时间。为了完成这个功能，我们需要在左转和右转的循环中再次加入一个"Hummingbird LED"模块。将端口值对应设置为1或2，然后将亮度值设置为0。然后为了在LED的亮和灭的状态之间加上

一个间隔，在两个"LED"模块之间加上"控制"（Control）标签中的"等待"模块（Wait）。将等待的时间设置为0.2s（见图9-59）。运行程序之后按下左、右方向键来检查代码的效果，现在机器人转向的时候对应方向的LED指示灯也应当会闪烁。

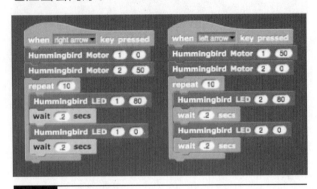

图9-59　等着闪烁

第十四步：状态指示灯

机器人中央的LED是能够改变颜色的RGB LED。要使用它，我们需要用到"外观"（Looks）标签中的"Hummingbird三色LED"（Hummingbird tri-LED）模块，在向前、向后和刹车的程序块中分别加入一个三色LED模块。模块中的第一个参数表示RGB LED的端口号，这里我们只需要将它设置为默认值1。后面的参数中，"R"表示红色、"G"表示绿色、"B"表示蓝色，它们各自的亮度设置最终混合成RGB LED显示的颜色。亮度值范围也是0到100。

在前进代码中，我们的设置是R 0、G 100和B 0。这样会使RGB LED在机器人前进时发出绿光。在机器人向后时，我们的设置是R 100、G 0和B 0。这样会使RGB LED在机器人向后的时候发出红光。在刹车时，我们的设置是R 50、G 0和B 50，这样会使RGB LED发出紫色的光。记住我们在图9-60中给出的设置只是一个参考值，你可以随意调整三个颜色的亮度来让你的机器人更具个性，又或者你可以试着加上更多的LED指示灯！

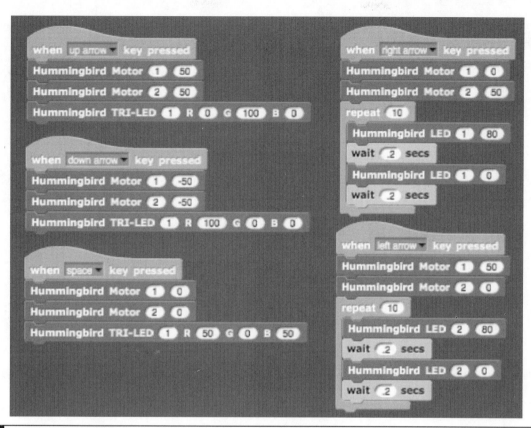

图9-60　完整的Snap！程序

第十五步：提升灵活性

　　你也许已经注意到开发板的电源线和各种杂乱的导线极大地影响了机器人地灵活性。我们建议购买一个电池组或者按照 Hummingbird 网站上的教程自己试着制作一个便携电源。在使用 Snap！编程和测试的时候，机器人会受到 USB 连接线长度的限制，不过测试完成之后，我们就可以将导线都塞进塑料容器里，将电路板也固定在里面，如图9-61所示。

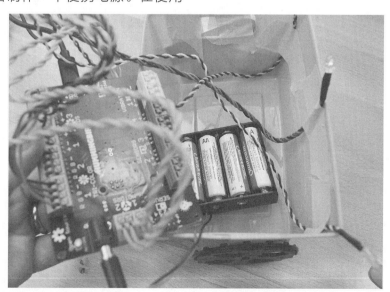

图9-61　作为电源的电池组

挑战

- 试着用不同的软件来编写适用于 Hummingbird 套件的程序。想想看怎样才能利用传感器和其他的零件让机器人变得更棒？

- 能不能用 Ardublock 来编写 Hummingbird 程序？试着完成一个让机器人跳舞的程序，或者是让它走一段8字形。

- 想想看怎样用"如果/那么"（if/then）指令来让 Hummingbird 机器人在感应到某个特定事物的情况下执行特定的动作？

"多软件综合编程"挑战

掌握一个编程软件的使用已经很不错了，但能在不同的软件里重复实现相同的程序足以证明你是一名编程大师！试着用与我们介绍的不同的软件来实现本章中各个不同的程序。

在推特上 @gravescollen 或者 @gravesdotaaron，或是在 Instagram 上使用 #bigmakerbook 标签来告诉我们你的做法。我们会在主页上用一个相册专门陈列你们的作品。

第十章

littleBits 玩具

littleBits 是一种很棒的组合类玩具。只需要将它的各种部件和纸板或者其他的家庭日常材料组合起来，你就可以十分方便地测试自己的各种新奇想法！这一章里介绍的各个设计都能够和之前介绍的各种设计结合起来。littleBits 最棒的一点是你可以利用各种不同的组件来实现相同的功能。这样能够让你思考该选用哪些组件，以及如何实现自己的想法！

> 设计41：机器臂和活动闸门
> 设计42：闪烁的彩虹灯或隧道
> 设计43：迷你高尔夫里的风车

第十章的挑战

设计挑战：____的工作原理是什么？怎样自己动手制作一个呢？

设计41：机器臂和活动闸门

制作时间：15～30分钟

所需材料：

材料	描述	来源
硬纸板	硬纸盒	旧物箱
黏合剂	胶带、布胶带、塑料扎线带	五金店、手工用品店
工具	美工刀、铅笔、十字螺丝刀	五金店
littleBits 组件	舵机组件（o14）、脉冲组件（i16）、电源组件（p1）及电源线和9V电池	littleBits.cc
littleBits 组件（可选）	动作感应组件（i18）	littleBits.cc

舵机很适合用来控制物体的精密运动。你可以将这个设计与 Makey Makey 结合起来制作一个"别动我的饼干"机械臂，或者是完成一个完整的机器人。完成这个设计，你能够获得一个可以活动的机器臂，你要思考的是如何完成机器人的其他部分。

第一步：制作手臂或闸门

裁剪出一片7.5cm×30cm长的硬纸板，从较短的边中央向内量5cm，然后在那个位置做一个标记。接下来将硬纸板架空在一卷胶带上，接着用螺丝刀或者铅笔在标记的位置开一个小孔（见图10-1）。这个小孔能够帮助你用螺丝固定住舵机的位置，同时你也可以通过它对手臂的运动进行调整。

图10-1　在臂上开孔

第二步：舵机的转动范围

在这个设计中，我们准备将舵机固定在盒子的侧面，这样机器臂会在侧面平面里上下平行转动。将舵机臂放在盒子的侧面，然后将它朝右转到底。这样可以帮助你确定最终机器臂的固定位置，从而方便调节各个设置。当舵机位于朝右到底的位置时，需要令舵机臂和水平面保持平行。松开螺丝，将舵机臂调节至合适的位置。检查舵机电机的模式是否设置为了摇晃模式，然后将塑料舵机臂用螺丝固定住（见图10-2）。

图10-2　位置正确的舵机和舵机臂

第三步：将机器臂或闸门固定在舵机上

将舵机中央对齐刚刚在硬纸板上开的孔，这样使你在需要调节舵机臂的时候能够更方便地拧螺丝，如图10-3所示。用两条胶带将硬纸板和舵机臂粘连固定在一起。注意胶带可以多绕几圈，因为我们需要将舵机臂和机器臂牢牢地固定在一起。

第四步：舵机在盒子上的位置

从盒子侧面的底部往上量7.5cm，然后做一

个标记。这个标记向外延伸的位置就是舵机臂的转动平面。我们需要将舵机的中央和这个标记对齐，然后在纸盒的侧面标记出舵机电机部分的上沿和下沿。接下来在这两个标记位置同样用螺丝刀开一个小孔，然后如图10-4所示用扎线带穿过这两个孔将舵机固定在纸盒的侧面。

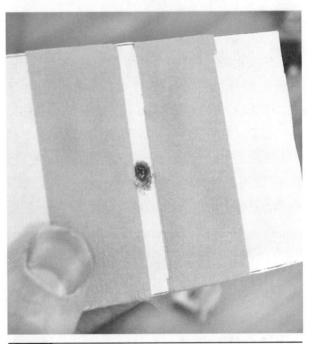

图10-3　用胶带固定住机器臂，通孔使你能够拧到舵机上的螺丝

图10-4　用扎线带固定住的舵机

第五步：连接电路

首先思考你准备用动作感应组件、按钮甚至是无线遥控来控制机器臂或者闸门的运动。在制作全自动感应电路之前，你也可以先通过按钮控制来测试机器臂是否能正常转动。从左侧的电源和电源组件开始，将按钮和接线组件（w1）固定在另外一个测试舵机（o11）上。如果你准备将机器人变成全自动的，那么你需要在电路中加入脉冲组件（i16），

并且将脉冲的速度调节至尽可能小地数值。如果准备添加动作感应组件，那么你可以将它直接接在电源组件和脉冲组件之间的位置上，然后就可以通电并测试电路了！测试过电路，并且调试解决了各种不同的问题之后，将整个电路连接到盒子侧面的舵机上。你可以将它用在 Sphero 机器人的轨道里制作一个恶作剧装置，或者是完成一个完整的机器人！图10-6中展示了完成之后的活动闸门。

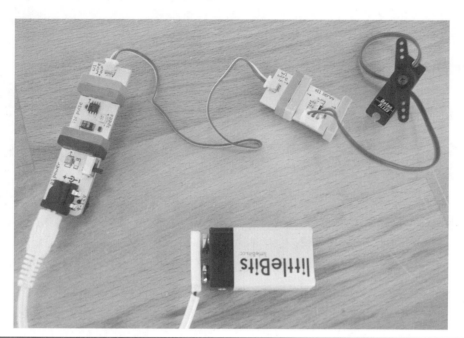

图10-5　未固定的电路

图10-6　工作中的活动闸门

挑战

- 怎样制作另外一个由这个机器臂控制的机器臂？
- 想想看给闸门加上什么装饰比较有创意？雷神之锤怎么样？
- 你还能想到其他哪些能够用到机器臂的场合？
- 想想看怎样利用舵机和无线信号接收器来完成一个小恶作剧？

设计42：闪烁的彩虹灯或隧道

制作时间：15~30分钟

所需材料：

材料	描述	来源
硬纸板	硬纸盒、纸巾、铝箔	旧物箱
黏合剂	胶带、布胶带、塑料扎线带	五金店、手工用品店
工具	美工刀、热熔胶枪	五金店
littleBits组件	RGB组件（o3）、脉冲组件（i16）、接线组件（w1）、电源组件（p1）电源线和9V电池	littleBits.cc

第一步：标记和横条

要完成这个设计，你需要找一个狭长的纸盒。我们采用的纸盒尺寸为20cm×15cm×45cm。在纸盒顶部中央和两条场边上每隔2.5cm做一个标记。把这些标记用直线连起来从而将顶部分成一个个长条区域，然后每隔一个区域做一个"X"标记。接下来在纸盒的一个侧面中央画一条水平线，在我们的纸盒上，这条水平线位于高边的中央，即距顶部和底部都为7.5cm的位置。在这条线上每隔2.5cm做一个标记，然后将标记和顶部侧边上的标记连起来，如图10-7所示。所有有"X"标记的横条区域都要挖空，标记可以帮助你在挖空的时候不犯错误。

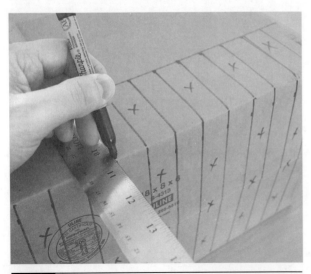

图10-7　在顶部和侧面上画出横条区域，然后间隔标记X

第二步：挖空横条和隧道口

用美工刀把我们标记出的横条区域每隔一个挖空一个（见图10-8）。注意纸盒两侧的横条尽可能保留下来，这样能够保持纸盒的稳固性。挖空之后的纸盒如图10-9所示。

图10-8　间隔挖空横条

完成这一步之后，你需要思考你想要的是一盏台灯还是通信玩具或者机器人的隧道。如果你准备制作一个隧道，那么你需要在纸盒的正面和反面挖出供机器人使用的进出口。隧道进出口的大小取决于你的玩具或者机器人的体积（见图10-9）。然后将纸盒的底面划开，将两边翻折出去，这样就能够很方便地用胶带固定住隧道了，如图10-9所示。

图10-9　完成的隧道框架

如果你想制作一盏灯，那么先不要动纸盒的其他面，因为最后将 littleBits 放进纸盒之后你还需要将纸盒密封起来。

第三步：装饰和散射灯光

接下来，我们可以用喷漆给纸盒上色，让你的台灯变得更炫一点。注意漆不要上的太厚，防止纸板出现弯曲。当然如果你选择的纸盒本身就很漂亮的话，完全没有必要去上漆。

你可以用纸巾来让台灯的光线更加柔和均匀，只需要将它均匀地铺在纸盒里即可（见图10-10）。这样还可以帮你遮蔽住台灯内部的电路元器件。如果你没有 RGB 三色 LED，那么也可以使用彩色的纸巾来得到多彩的效果。把盒子翻转过来，然后剪出一张比挖空区域宽 5cm 的纸巾。如果使用的是彩色纸巾，那么只需要确保纸巾能够粘贴覆盖住一个横条区域即可。用胶水将纸巾固定在纸盒上，注意涂抹胶水时尽量均匀。然后将纸盒内侧的其他部分都用铝箔覆盖住，用胶水或胶带把铝箔固定在纸盒上。铝箔能够反射 LED 发射出的光，从而增加台灯发出光的亮度。完成之后等几分钟让胶水自然风干，接下来我们开始组装 littleBits 电路。

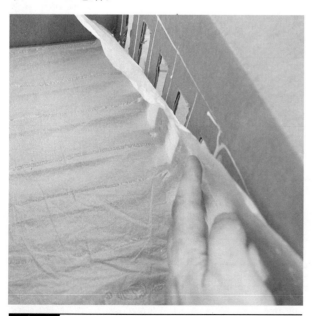

图10-10　用胶水固定住纸巾

第四步：组装电路

这里的 littleBits 电路需要用到电源组件（p1）、4~8个 RGB LED 组件（o3）以及脉冲组件（i16）。如果你没有 8 个 RGB LED 组件，你也可以用 LED 组件（o1）、高亮 LED 组件（o14）或者灯条组件（o9）和彩色纸巾来替代。使用 RGB LED，你可以通过调节不同 RGB LED 组件上的三种颜色的设定来得到彩虹灯光的效果，当然你也可以自己设计独特的效果。如果你想让灯光有闪烁的效果，那么只需要把脉冲组件连接在 LED 组件和电源组件之间即可。如果希望得到彩虹灯效果，那么你一定要注意不同 RGB LED 颜色的设定要符合彩虹的顺序（见图10-11）。组装好之后将电路放在纸盒里，然后通电测试看灯光效果是否满意。你可以尝试几个不同的位置，然后在效果最好的位置做上标记。

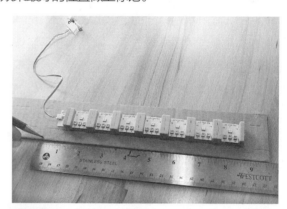

图10-11　放在隧道内部的电路

图10-12　隧道外面的部分电路

第五步：隧道里的Bits电路

你可以用littleBits专用的黏性贴纸把电路固定在纸盒里，或者是先用橡皮筋把电路固定在一条硬纸板上，然后用硬纸板充当导轨将电路固定在纸盒内部。如果你准备制作的是台灯，那么可以在电路里加上一个接线组件（w1），这样你就可以将开关放在纸盒外面了。要制作导轨，你可以先剪出一条5cm宽的硬纸板。然后在纸板两条短边距两侧1.2cm的位置各做一个标记（见图10-11）。接着在标记位置用美工刀水平的划开两条缝，沿着缝把硬纸板折成U形导轨。把电路塞进导轨里，使末尾离入口处大约2.5cm，然后在距电路起始部分2.5cm的位置做一个标记。用剪刀将超出电路的U型导轨部分两侧剪开、摊平（见图10-13）。接着用橡皮筋把导轨固定在电路上，把摊平的部分用胶水固定在纸盒里刚刚标记的位置上（见图10-14），用热熔胶固定当然更好不过了。如果你准备制作台灯，那么将导线从纸盒的一角伸到外面，然后用胶带把导线固定住。你也可以试着用扎线带把外面的电源和脉冲电路固定在纸盒上。完成这些步骤之后，你就可以通电享受自己的成果了！最终的效果如图10-15所示。

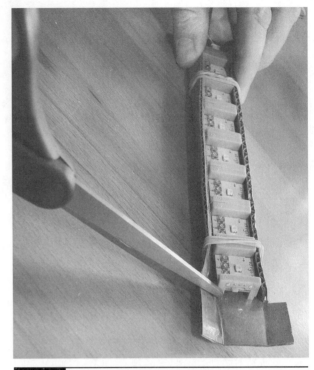

图10-13　在纸板导轨里固定LittleBits电路

教学提示：如果是在课堂上教授这个设计，你可以让他们都制作台灯，但是RGB LED的颜色设定最好不要统一。这是一个很好的介绍RGB三原色和混色原理的机会，同时也可以向学生介绍光的散射。如果用暗色的纸巾而不是白色的纸巾会产生怎样的效果？黄色、橙色、蓝色的呢？

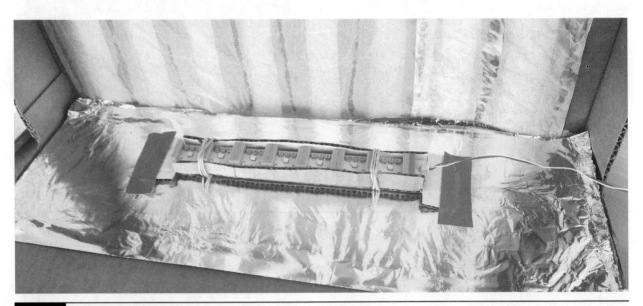

图10-14　固定在隧道里的照明组件

图10-15　彩虹照明隧道

挑战

- 还有其他什么材料可以用来散射灯光？使用发泡胶或者棉球会有怎样的效果？
- 试着加些文字制作一个闪烁的标语牌。
- 还有其他哪些 littleBits 组件可以用来给我们的灯光加上一些不同的特效？
- 试着给台灯设计一个不同的开口。

设计43：迷你高尔夫里的风车

这个设计完成之后是一个很棒的装饰物，不过你也可以用它充当机器人赛道或者是迷你高尔夫游戏里的障碍物。制作出的风车大小取决于你使用的纸盒大小。这里我们介绍的只是泛用性的指南，教授你一些基本的步骤，你可以根据具体的情况来更改我们在指南里给出的参考尺寸和形状。首先我们从一个能够以最小的面立起来的大纸盒开始，我们使用的是一个30cm×30cm×50cm的纸盒。

制作时间：15～30分钟

所需材料：

材料	描述	来源
硬纸板	硬纸盒	旧物箱
黏合剂	胶带、布胶带、热熔胶棒、塑料扎线带	五金店、手工用品店
工具	美工刀、热熔胶枪	手工用品店
littleBits 组件	直流电机组件（o25）、滑动调光器组件（i5）、接线组件（w1）、电源组件（p1）和电源线及9V电池、MotorMate电机转接件	littleBits.cc
传感器组件（可选）	动作感应组件（i18）	littleBits.cc

第一步：制作底座和风车柄

剪出两条7.5cm宽、55cm长的硬纸板条。如果你的纸盒比我们的大或者小，那么请对应调整纸板的长度。一般情况下，这个纸板条的长度至少要是纸盒高度的两倍。这两片纸条将会成为风车的柄，用来固定风车的叶片。将两片纸条的中心对齐，在平行于短边的方向上画一条线，并且延伸到两侧的另一片纸条上，如图10-16所示。注意现在还不能用胶水固定，我们可以用螺丝刀或者铅笔在中心位置开一个通孔。为了防止开孔的时候划伤你的工作台，你可以把纸板条夹在一卷胶布上，如图10-16所示。用铅笔扩大开的孔，直到你能够把MotorMate电机转接件塞进去为止（见图10-17）。接下来把一根手工木条嵌在它中央的凹槽里，然后用热熔胶把木条固定在纸板上（见图10-18）。在后面的步骤中我们也需要用热熔胶把电机固定在转接件上，但是现在只需要将电机插在转接件里即可。

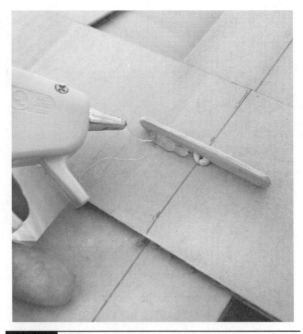

图10-18　固定住手工木条

第二步：固定电机

找到盒子顶部侧边的中央位置，然后做一个标记。将直流电机组件（o25）固定在上面，注意转轴要伸出纸盒边缘。然后在电机的两侧各做一个标记，用螺丝刀在这两个标记的位置开一个孔，这样就可以用塑料扎线带把电机固定在纸盒顶部了（见图10-19）。如果使用的是旧型号的电机组件，那么可以在它下面垫上硬纸板防止扎线带太紧弯曲组件的电路板。

图10-16　用铅笔在纸板上开孔

图10-17　测试电机和转接件的适配性

图10-19　用扎线带固定住的直流电机

第三步：装上叶片

接下来我们需要制作装在柄上的叶片，首先剪出四片15cm×20cm大小的长方形硬纸板。将刚才堆叠起来的十字形柄装在电机的转轴上，然后转动它使一条柄笔直朝下。接着将叶片和柄的左侧边沿对齐，轻轻转动。调整叶片固定的位置使得它在转动过程中不会触碰到地面，然后标记出当前的固定位置。在四个柄上都标记出叶片的固定位置，用热熔胶把叶片固定住（见图10-20）。确保叶片和柄的左侧边缘互相对齐，这样你的风车看上去才更真实。

图10-20 测试并标记叶片固定的位置

第四步：加上门怎么样？

如果你想把风车变成赛道上的障碍物，接下来你还需要在它的正面和背面开两个口子来充当门。在切割之前取下叶片、柄和电路。开口的宽度通常为15cm，高度则可以根据你的机器人或

者玩具大小来决定（见图10-21）。

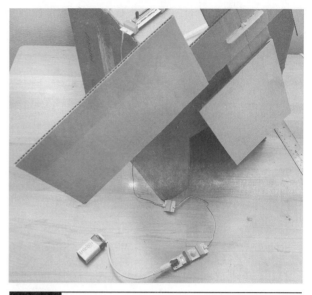

图10-21 切出门

第五步：电机电路和动作感应

首先在电源组件（p1）上街上电池，然后在直流电机组件（o25）上连接一个滑动调光器组件（i5）。把调光器转到最小位置，将直流电机上的开关设置为"顺时针"（CW）或者"逆时针"（CCW）。接通电路，然后转动调光器调整电机的转速（见图10-22）。

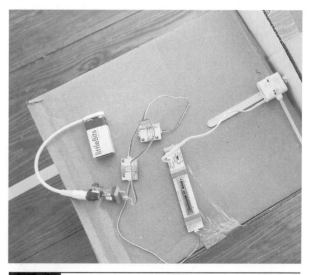

图10-22 带有调光器的风车电路

如果你不想让风车持续转动，那么可以试着给风车加上一个动作感应组件。用到动作感应组

件的时候，你需要将它放在距叶片有一定距离的地方，因此我们可能需要用到多个接线组件（w1）（见图10-21）。将动作感应组件连接在电源的旁边，你可以把它看作是电路的开关按钮，它应当能被靠近风车的人或者机器人所触发。用导线将动作感应组件和电机连接起来。如果你需要制作固定电路的导轨，可以回顾上一个设计中的第五步。此外你也可以使用littleBits专用贴纸或在纸盒上粘贴固定一个底座。

挑战

- 试着使用更多不同的 littlebits 组件来让你的风车更吸引人。

- 想想看怎样在 Arduino 中使用"如果，那么"（if/then）指令来让动作感应组件激活风车？

- 想想看这个风车还能进行怎样的改造？

"___的工作原理是什么？怎样自己动手制作一个呢？"挑战

littleBits 是一种很棒的组合类玩具，因此你能不能试着用它来重新制作一些其他常见的日用品呢？或者改进它们的使用呢？你可以在littleBits 的网站上找很多使用 littleBits 的发明设计，或者你可以加入 Bitster 社区每天获取最新鲜的灵感！

你可以用 #bigmakerbook 标签来和我们分享你的发明设计，当然也不要忘了 @littleBits！

第十一章

3D 打印

这一章将会介绍一些用到3D打印技术（三维打印）并且能够充实我们创客空间的设计。学习三维造型和设计并不需要你拥有一台3D打印机。你可以访问各地的公立图书馆来了解是否能打印3D模型。Tinkercad也在各地有3D打印合作伙伴，它能帮助你打印你的设计。一般来说你只要花几十块钱就能打印出自己设计的模型了。

第十一章的挑战

"3D打印"挑战！

设计 44：Makey Makey专用——接地手环

我们很喜欢Makey Makey，但是有时候我们会想有没有一种更时尚的方式来实现它的接地。在这个设计里，你将会学习如何三维设计一个最简单的手环，然后你可以在上面用少量的铜箔胶带来充当任意电路的接地点（见图11-1）。

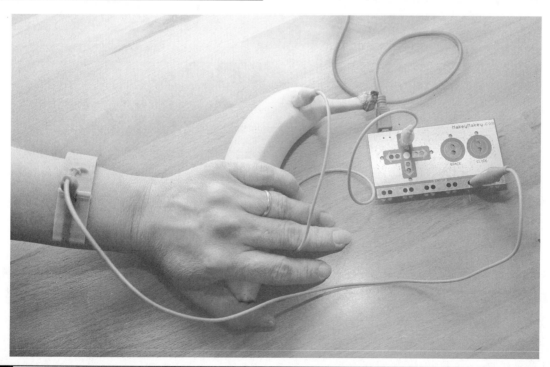

图11-1　Makey Makey 接地手环

制作时间：45分钟～2小时

所需材料：

材料	描述	来源
测量工具	尺子、记号笔	手工用品店
3D模型设计软件	Tinkercad是一个基于浏览器的三维造型和设计软件。你需要一台有互联网连接并且符合Tinkercad性能需求的计算机和浏览器软件	Tinkercad.com
3D打印机和打印纤维	3D打印设计可以使用各种不同的打印机和纤维完成	公立图书馆、网上商城
导电胶带	铜箔胶带或者柔性导电胶带	SparkFun、Joylabz.com、网上商城
Makey Makey发明套件	Makey Makey、鳄鱼夹测试线、USB连接线和跳线	Joylabz.com、网上商城

第一步：测量手腕的周长

首先我们要确定手环的大小，因此我们需要测量手腕的周长。用尺子量出手腕的宽度，然后把手转90°，接着测量手环的高度。测量结果对于每个人是不同的。我们在这里使用的参数参考的是一般青少年或者正常体型的成年人的尺寸。

第二步：确定手环的大小

在这个设计里，我们会用到捕捉网格改变手环的尺寸和对齐它的形状。首先单击页面右下角的"编辑网格"（Edit grid）按钮，将单位改成厘米，如图11-2所示。将我们刚才量出的宽度和高度各加上0.6cm，这就是最初圆柱体的尺寸。在这里，我们量出手腕的长度是6.6cm、宽度是4.4cm，因此所需的圆柱体长度为7.2cm，宽度为5cm。从"几何图形"（Geometric Shapes）菜单中找到圆柱体，然后加入到工作区当中。用圆柱体顶部的白色小方块将圆柱体的高度调节为

2cm。接着用四周的额白色小方块将圆柱体的大小调节为7.2cm×5cm（见图11-3）。

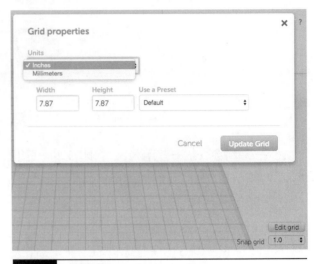

图11-2　编辑网格

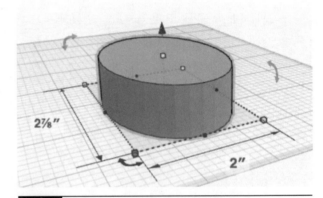

图11-3　将圆柱体大小调节为7.2cmx5cm

接下来我们需要在圆柱体的中间挖一个洞，把它变成我们的手环。单击"开孔形状"（Hole shape）菜单，找到圆柱体形的通孔并加入工作区中。单击"尺子"（Ruler）工具，然后将它放置在圆柱体通孔的右下角。接着根据手腕的测量数据调整通孔的大小，我们所开的孔大小为6.6cm×4.4cm（见图11-4）。高度不需要进行调整，因为默认的高度就是2.5cm，比原先的圆柱体要高。接下来将通孔和圆柱体的中心对齐，这样得到的手环厚度为3mm。你可以选中两个形状，然后找到"调整"（Adjust）菜单中的"对齐"（Align）选项。这个功能会在形状上标记出

上、下、左、右、顶、底和各个中心的对齐标记（见图11-5）。单击出现的正面和侧面的中心对齐标记，就可以将通孔和圆柱体的中心对齐了。对齐之后，单击"调整"（Adjust）菜单旁边的"组合"（Group）选项将两个形状组合起来，这样就完成了手环中空的部分。

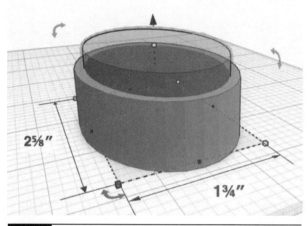

图11-4　圆柱体通孔的大小

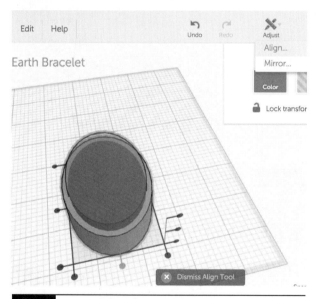

图11-5　对齐圆柱体通孔

第三步：怎么套上手环

我们已经初步完成了手环，但是现在它是一整片的形状，我们没有办法把它套在手上。为了修复这一点，首先在工作区里加入一个长方体形状的通孔，然后将它的宽度调整至比手腕的宽度

小1.2cm。我们测量出手腕的宽度是4.4cm，因此长方体通孔的大小应当是3.2cm×3.2cm，然后将通孔从手环的短边放入手环中（见图11-6）。在打印完成之后，塑料手环的柔性应当能让我们把手环套在手腕上，同时手环也能牢牢地固定在手腕上。利用"对齐"（Align）工具把方形的通孔和手环短边的中央对齐。注意在完成下一步之前先不要将它和手环组合在一起，我们还需要用手环来对齐其他的一些部分。

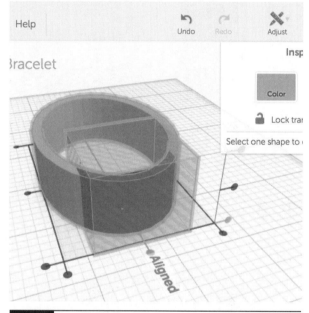

图11-6　对齐后的长方体通孔

第四步：夹子的接地点

接下来，我们需要在手环上制作一个方便夹夹子的接头，这样我们才能更方便地把Makey Makey的接地测试线连接在手环上，同时手环看上去也会更漂亮。转动工作区使手环的长沿朝向你，从"几何图形"（Geometric Shapes）中加入一个长方体。用长方体顶部的白色方块将它的高度调整为2cm。接着将长方体的长调节至7mm、宽调节为3mm（见图11-7）。你可以将网格的间距减小或者用"尺子"（Ruler）工具来帮助你调节长方体的大小。然后将长方体与手环长沿的中央位置对齐，然后将远离你的那条侧边与

手环的内沿对齐。利用"对齐"（Align）工具对齐后的长方体如图11-8所示。现在你可以选中长方体、手环和刚才的长方体通孔，然后用"组合"（Group）工具把它们组合在一起。

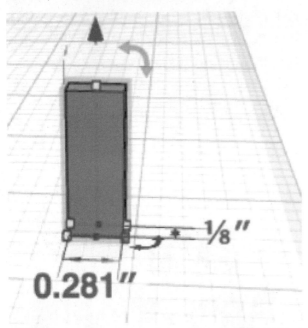

图11-7　长方体的尺寸

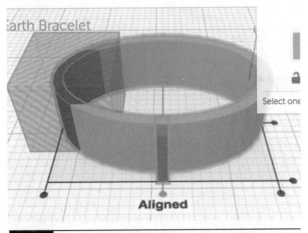

图11-8　对齐后的接头位置

现在手环的表面有了能够固定夹子的接头，接下来我们可以制作两个通孔来帮助夹子夹在手环上。首先制作一个3mm×3mm的圆柱形通孔，高度在这里不重要，但是我们需要调整通孔的角度，将它水平转动90°。图11-9中展示了"旋转"（Rotation）工具和旋转到指定位置的圆柱形通孔。按照图11-10所示把它放

在夹子的接头旁边。选中圆柱体，单击"编辑"（Edit）菜单，然后选择"复制"（duplicate）。接下来将网格的间隙改成0.3mm，然后选中所有形状，进入"对齐"（Align）模式。将通孔对齐在手环高度的中央位置，注意让两个通孔分别位于夹子接头的两侧。接下来选中所有形状，然后将它们组合起来。

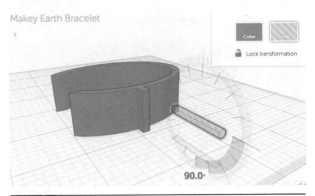

图11-9　转动3mm的通孔

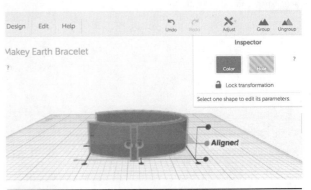

图11-10　对齐固定鳄鱼夹的通孔

第五步：打磨边缘

手环上需要挖空的部分都已经完成了，但是我们最好把边缘部分打磨得更加平滑一点。从"几何形状"（Geometric Shapes）里加入一个圆柱体（见图11-11）。用圆柱体底部的白方块或者"尺子"（Ruler）工具将圆柱体的长和宽都设置为5mm。单击圆柱体顶部的方块将高度设置为2cm。调整完大小之后，单击"编辑"（Edit）菜单，复制一个圆柱体。将这两个圆柱体放在手环开口的边缘位置，让它们覆盖住尖锐边缘（见

图11-12）。将手环和这两个圆柱体组合起来。到现在手环基本结构的设计就完成了，接下来你可以自己给它加上一些装饰性的部分。

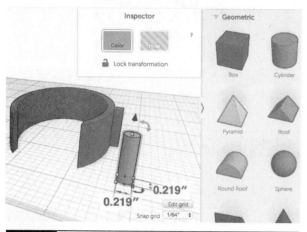

图11-11　加入圆柱体

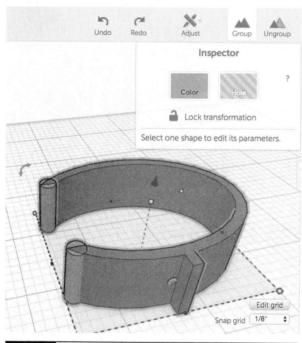

图11-12　覆盖尖锐边缘

第六步：下载、打印、连接和导电

单击"设计"（Design）菜单，然后选中"为3D打印下载"（Download for 3D Printing）。将导出的文件类型修改成.stl或者.obj格式，根据使用的3D打印机决定。在打印出手环之后，如图11-13所示从开口位置的内侧粘贴导电胶带，直到鳄鱼夹固

定的通孔旁边。然后你就可以利用这条鳄鱼夹测试线给Makey Makey接地了！

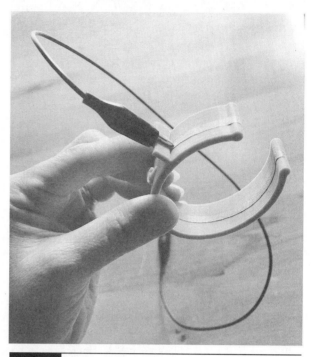

图11-13　导电胶带的位置和手环

挑战

- 还有其他哪些把 3D 打印设计和 Makey Makey 结合起来的方式？
- 试着设计一个同样能用来接地的戒指。
- 设计一对给两个人的友谊手环怎么样？

设计45：littleBits专用——直流电机的轮子和传动轮

littleBits Motor Mate可以帮助你在设计中固定乐高十字轴、手工木条和硬纸板等部件，但是有时候你也可以用它来连接轮子或者传动轮。接下来会介绍如何设计一个简单的传动轮和车轮，同时你可以根据不同设计的需要来修改它的模型。

制作时间： 45分钟~2小时
所需材料：

材料	描述	来源
测量工具	尺子	手工用品店
3D模型设计软件	Tinkercad是一个基于浏览器的三维造型和设计软件。你需要一台有互联网连接并且符合Tinkercad性能需求的计算机和浏览器软件	Tinkercad.com
3D打印机和打印纤维	3D打印设计可以使用各种不同的打印机和纤维完成	公立图书馆
littleBits	直流电机组件（o25）、电源组件（p1）和电源线及9V电池、MotorMate转接头	littleBits.cc

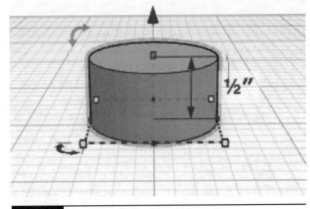

图11-14   圆柱体的高度

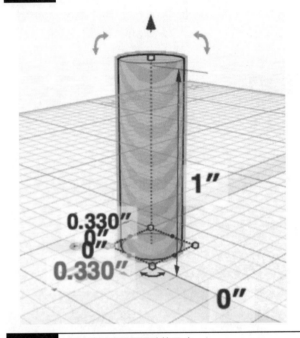

图11-15   用尺子工具设置通孔的尺寸

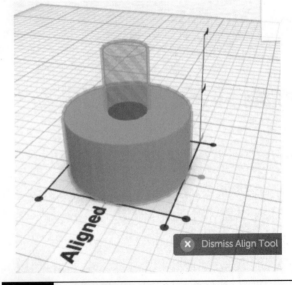

图11-16   对齐圆柱形的通孔

第一步：基本的形状

首先我们需要将网格的间隙单位修改成"厘米"。记住在设计过程中有时候需要调整网格的间隙来完成介绍的尺寸或者形状。为了完成滑轮的主要部分，首先在工作区从"几何图形"（Geometric Shapes）中加入一个圆柱形。默认的圆柱体直径为2.5cm，我们在这里设计的滑轮直径也是2.5cm，因此不用修改。但是我们需要用圆柱体顶部的白色方块将它的高度设置为1.2cm（见图11-14）。littleBits MotorMate转接件上有固定手工木条的凹槽的部分直径大约为8mm，我们需要在轮子上开一个直径相同的通孔，在工作区中加入一个圆柱形的通孔，然后将直径设置为8mm。你可以通过单击"工具"（Helper）菜单，然后利用里面的尺子工具快速的设置圆柱形的尺寸。单击圆柱形通孔左下角的白色方块来显示目前的尺寸信息，将它的长和宽都修改为8mm（见图11-15）。修改了通孔的直径之后，将通孔放在圆柱体的中央位置，然后单击"调整"（Adjast）菜单中的"对齐"（Align）选项。你需要将通孔的中心和圆柱体的中心对齐（见图11-16），然后将它们组合起来。

第二步：中央的凸起

MotorMate上的凹槽大约是1.5mm宽、7.5mm深，这个凹槽是柔性的，这样就可以牢牢地固定住其他部件。因此我们可以在滑轮上设计一个能够嵌在凹槽里的凸起部分。同样我们需要用到"尺子"（Ruler）工具来精密地确定凸起部分的尺寸。首先在工作区加入一个长方体，将它的高度设置为7.5mm、宽度为1.5mm、长度为2.2cm。将这个细长的长方体放在通孔的中央，然后利用"对齐"（Align）工具，单击正面和侧面的中央对齐标记将长方体对齐在内壁上（见图11-17）。然后将轮子和凸起部分组合起来。

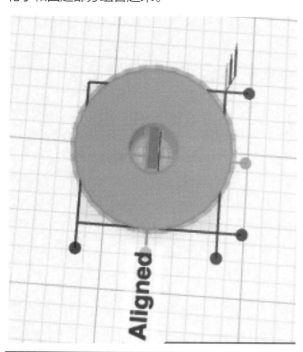

图11-17　将长方体对齐在中心位置

第三步：在滑轮上添加传动带的凹槽

如果你准备制作的是车轮，到这里就可以了，但是如果准备制作传动轮，那么你还需要在轮子上设计固定传动带的凹槽。一般来说橡皮筋就是很棒的传动带，只要你能够把它固定在轮子上。单击"几何形状"（Geometric Shapes）里的"薄圆环"（Thin torus），将它加入到工作区中，接着将它的高度设置为3mm，直径设置为2.8cm（见图11-18）。

将圆环和圆柱体拖放在一起，然后用"对齐"（Align）工具将它们的中心对齐。复制一个圆环，将它和圆柱体的顶部对齐，如图11-19所示。

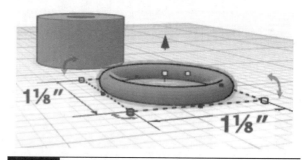

图11-18　设置薄圆环的尺寸

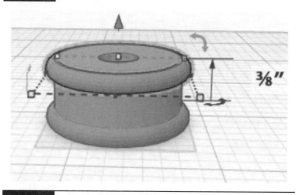

图11-19　在顶部也放置一个圆环

第四步：完成设计然后打印

将所有的形状组合起来，单击"设计"（Design）菜单中的"为3D打印下载"（Download for 3D printing）。按照打印机的需求选择合适的文件格式，打印出来之后就可以将这个传动轮固定在MotorMate上，然后让littleBits的电机驱动小车的运动了（见图11-20）。

图11-20　完成后的传动轮

挑战

- O 形环很适合用来当作轮胎。试着设计一个能够套上 O 形环轮胎的轮子。
- 还能设计一些怎样的零件来改进你的 littleBits 设计？
- 能不能为 littleBits 的舵机设计一些配套的零件？

设计46：自制留声机盖子

还记得我们之前制作的自制留声机么？想想看设计一个什么零件才能让留声机的声音更响同时使音乐更加连贯？我们考虑这个问题考虑了很久，最终发现需要的是一个让我们不会在桌面上涂鸦，同时还要时不时削铅笔的小零件。最终我们决定设计一个盖子来包裹住铅笔，如图11-21所示。我们希望你可以想出更多不同的解决方案，不过现在可以先了解我们的设计步骤。

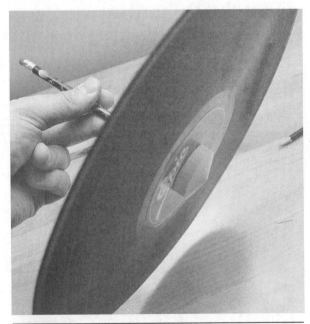

图11-21 铅笔尖上的改进

制作时间：45分钟

所需材料：

材料	描述	来源
测量工具	尺子	手工用品店
3D 模型设计软件	Tinkercad是一个基于浏览器的三维造型和设计软件。你需要一台有互联网连接并且符合Tinkercad性能需求的计算机和浏览器软件	Tinkercad.com
3D 打印机和打印纤维	3D打印设计可以使用各种不同的打印机和纤维完成	公立图书馆
铅笔	没削尖的HB铅笔	学习用品店
之前的设计	自制留声机	设计23

第一步：主体

首先记得将网格的单位修改成厘米，然后在工作区加入一个圆柱体，将圆柱体的直径设置为3.8cm，然后用顶部的白色方块将高度设置为9.5mm。

第二步：固定铅笔

一般铅笔的直径大约为7mm。首先我们需要在圆柱形里挖一个通孔来固定住铅笔。将网格间隙修改为1.5mm，然后在工作区里加入一个圆柱形的通孔，将通孔的直径设置为8mm。利用对齐工具将通孔的中心和圆柱的中心对齐，如图11-22所示。然后将通孔和圆柱组合起来。

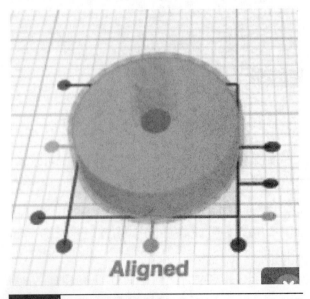

图11-22 对齐后的圆柱和通孔

第三步：尖尖的顶

有孔可以固定铅笔之后，接下来需要完成盖子顶上的尖端部分。在工作区里加入"几何形状"（Eeometric Shapes）里的圆锥形，用四周的白色方框将圆锥底部的半径设置为1.4mm，用顶部的白色方块将圆锥高度设置为6mm，用顶部的黑色箭头将圆锥抬升9.5mm的高度，然后将圆锥的中心和圆柱对齐，并组合起来，最后的形状如图11-23所示。

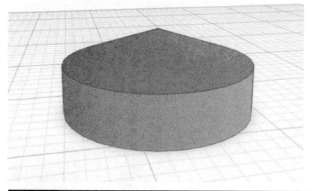

图11-23　在圆柱上的圆锥

第四步：下载和转动

单击"设计"Design菜单里的"为3D打印下载"Download for 3D printing，然后根据3D打印机型号选择 .stl 或者 .obj 文件格式。打印完成之后，你需要将整个零件倒转过来，让尖端朝着桌面，然后把一根未削尖的铅笔穿过唱片套进零件中间的通孔里。现在你可以尽情转动铅笔享受留声机给你带来的音乐了（见图11-21）。

挑战

- 这个盖子适用于通孔直径为8mm的标准唱片，要对它进行怎样的改动才能用在通孔直径是3.8cm的45转唱片上呢？
- 还能设计些怎样的零件让留声机播放的音乐更响、更持久？
- 你能不能为留声机设计一个可活动的臂？或者是为喇叭设计一个底座？

设计47：Sphero的桨

Sphero在陆地上是一个十分脆弱但又敏捷的小机器人，但是如果你直接把它放进水里，它的速度会减慢许多。那为什么不试着让它称霸陆地和水中呢？在接下来的内容里，我们将会设计能够让Sphero在水中遨游的一系列桨片，最终效果如图11-24所示。

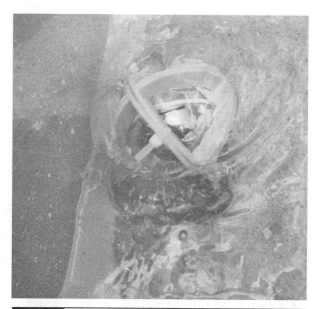

图11-24　完成后的Sphero桨片

制作时间：45分钟

所需材料：

材料	描述	来源
3D模型设计软件	Tinkercad是一个基于浏览器的三维造型和设计软件。你需要一台有互联网连接并且符合Tinkercad性能需求的计算机和浏览器软件	Tinkercad.com
3D打印机和打印纤维	3D打印设计可以使用各种不同的打印机和纤维完成	公立图书馆
防水机器人	Sphero	Orbotix网上商城
缓冲材料	3mm厚的工艺海绵或包装海绵	手工用品店、旧物箱
固定件	塑料扎线带	五金店

第一步：Sphero大小的通孔

　　首先记得将网格的单位设置成厘米，单击窗口里的"更新网格"（Update Grid）来套用设置。接下来在工作区中加入一个"几何形状"（Geometric Shapes）里的球体。然后用尺子工具显示球体的具体尺寸，将球体的长宽高均设置为7.5cm，如图11-25所示。完成之后单击界面上的"X"关闭"尺子"工具。选中球体，在"观察"（Inspector）菜单中将它的属性变成一个通孔。这个形状就是Sphero的体积大小，我们需要围绕它来设计桨片。

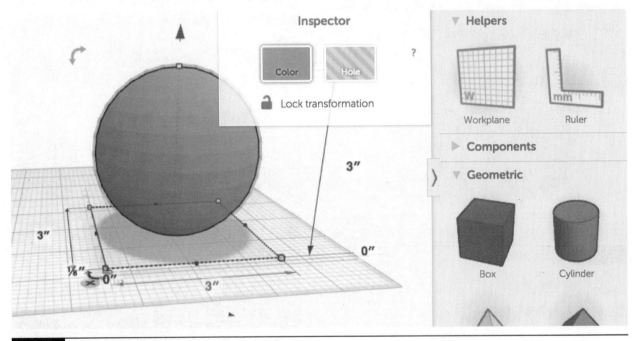

图11-25　用尺子工具设置球体的大小

第二步：围绕Sphero的环形

　　首先我们需要设计成为第一个桨片的环形，向工作区里加入一个"几何形状"（Geometric Shapes）中的"管状体"（Tube）。然后用"尺子"工具将管状体的长度和宽度都设置为10cm，高度设置为6mm（见图11-26）。将管状体在垂直方向上和水平方向上都摆放在球体尽量靠近中央的位置，然后用对齐工具对齐管状体和球体的中心，现在你得到的形状应当和土星差不多（见图11-27）。选中这两个形状，然后转动90°，使圆环变成垂直状（见图11-28）。单击"土星"底部的黑色箭头将形状抬升至工作区的表面，如图11-29所示。

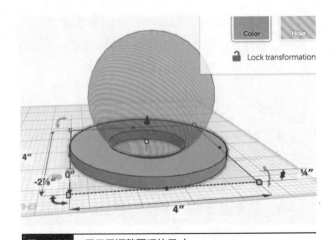

图11-26　用尺子调整圆环的尺寸

它向左转动90°，如图11-30所示。再次复制一个水平面上的圆环，然后在垂直方向上转动90°，如图11-31所示。

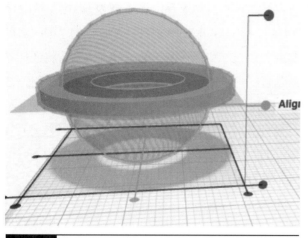

图11-27　对齐圆环和球体的中心

图11-30　将复制的圆环转动90°

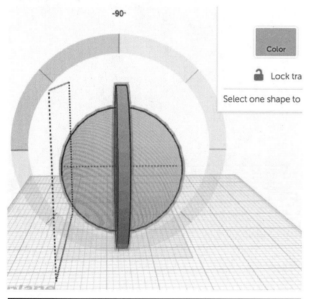

图11-28　转动"土星"

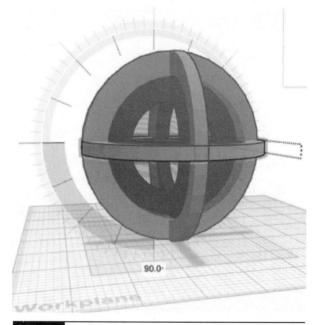

图11-31　垂直转动90°

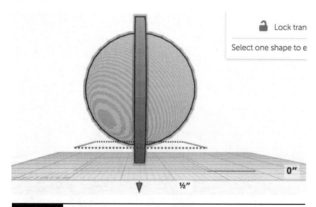

图11-29　将土星抬升至工作区的表面

第三步：复制、转动和分割

现在复制一个我们刚刚完成的环形，然后将

现在让我们回到最初的桨片圆环上。在后面我们需要将整个形状分成两半，因此我们在这里需要确保分离尽可能地精密。选中圆环，然后用四周的白方块将它的宽度从6mm变为3mm，如图11-32所示。复制一个3mm厚的圆环，将两个圆环并排摆放，这样它的形状就和改变宽度之前一样了，只不过现在我们多了一条很明显的分割线（见图11-33）。

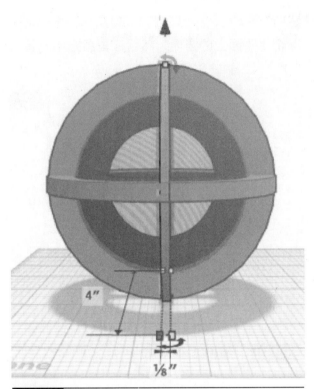

图11-32 将垂直的桨片分成3mm厚的两半

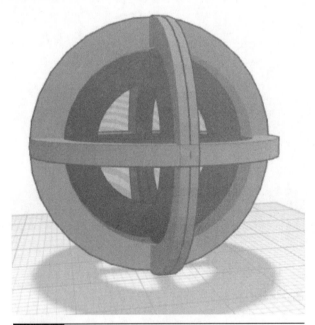

图11-33 两片并排的3mm厚的桨片

第四步：分割和组合

3D打印两个半球要比3D打印一个完整的球体简单得多。我们还需要一个分离桨片把Sphero放进去的方法。转动工作区使你面向刚才分成两半的

桨片。然后在工作区里加入一个12.5cm高、6.3cm宽、12.5cm长的长方体通孔。由于我们之前已经在桨片上画出了分割线的位置，现在只需要将通孔的侧面和分割线对齐即可，如图11-34所示。对齐之后，选中所有的形状将它们组合起来，我们就得到了最终需要打印的形状。将得到的半球转动90°，使平面与工作台表面平行，然后用黑色的箭头将它降到工作台的表面上（见图11-35）。

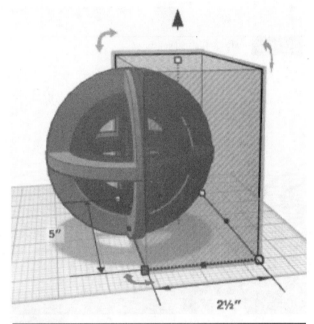

图11-34 长方体通孔的位置

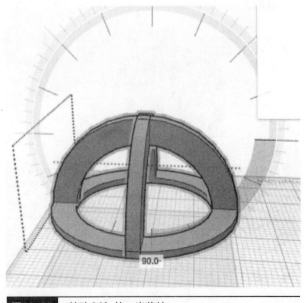

图11-35 转动90°的一半桨片

第十一章 3D打印 223

第五步：重新组合起来

最终我们需要打印两个这样的半球才能组装成一个完整的桨。但是在放进Sphero之后，我们需要找到一个方法将两半桨片固定在一起。因此，我们需要在桨片上开四个通孔，将它们如图11-36所示均匀地分布在桨片的四个部分。这样在将两个桨片组合之后，我们就可以用扎线带将它们固定在一起。

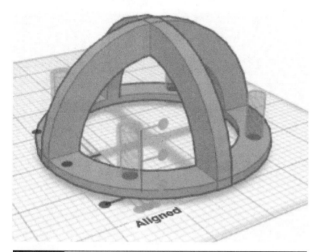

图11-36 对齐通孔

首先依然从加入一个圆柱形的通孔开始，将通孔的直径设置为6mm，然后复制三次。接下来在桨片的四个部分的中央各放置一个通孔，如图11-36所示。利用对齐工具，将两个通孔的中心对齐在一条直线上，然后转动桨片，重复对齐的过程，最后你需要确保四个通孔的中心位于一个正方形的四角上。对齐完成后，将所有的形状组合起来。

第六步：打印和玩耍

将最终完成的半边桨片放在工作区的中央，将模型下载下来，根据3D打印机的型号选择对应的文件格式。

打印完两个半球之后，你可能需要用美工刀稍微清理一下边缘部分。裁出两到三片直径2.5cm的3mm厚的工艺海绵，然后将它们垫在桨片和

Sphero之间，如图11-37所示。海绵能够防止Sphero在桨片中四处移动，从而使它在水中能够更好地转动桨片。如果发现Sphero能在桨片里自由转动，那么可能还需要多垫几片海绵。

图11-37 垫上海绵

在把Sphero放进桨片之前，检查它的电量是否充足。然后对齐桨片上的通孔，用扎线带牢牢地固定住两半桨片，如图11-38所示，将多余的部分修剪掉。在把Sphero丢进户外的水塘之前，记得先在一个小水盆里测试你的桨片和Sphero之间的适配性，同时一定要准备好紧急打捞方案！

图11-38 用扎线带固定桨片

挑战

- 怎样让 Sphero 在水里推动小船前进？
- 怎样改进桨片能让 Sphero 在水里前进得更快？
- 还能设计出哪些能搭配 Sphero 的小零件？

"3D打印"挑战

想想日常生活中有哪些东西可以通过小塑料零件改进或者修复。然后再思考怎样改进自己的设计让零件更加坚固和有效？

拍下你完成的设计，在推特上@gravescollen 或者@gravesdotaaron，或是在 Instagram 上使用 #bigmakerbook 标签来分享你的作品。我们会在主页上用一个相册专门陈列你们的作品。

第十二章

创客综合应用

在最后一章里，我们将会介绍如何组合创客空间里的各种元素。经过前面的内容，相信你的创客工具箱已经充满了内容，现在是时候将它们组合起来获取更多的乐趣了。

第十二章的挑战

"创客空间大杂烩"挑战。你已经学会了很多！接下来你能发明创造出什么呢？

设计48：给智能手机投影仪加上Makey Makey GO开关和littleBits音频设备

制作时间：10～15分钟

所需材料：

材料	描述	来源
之前的设计	智能手机的纸盒投影仪	第三章
智能手机的USB母头转接线	MicroUSB-USB母头转接线（安卓手机）、Lighting接口-USB母头转接线（iPhone）	网上商城
Makey Makey	Makey Makey GO和鳄鱼夹测试线	Joylabz.com、网上商城
littleBits组件	电源组件（p1）、麦克风组件（i21）和3.5mm音频线、滑动调光器组件（i5）、扬声器组件（o24）、9V电池	littlebits.cc

第一步：准备组装littleBits

首先把手机放在投影位置上，然后在盒子的底部挖一个小孔，把音频线穿过小孔插在手机上，接着将另一端插在麦克风组件上。

第二步：组合littleBits电路

接下来在麦克风组件上连接电源组件，在另一端连接滑动调光器组件。接着把扬声器接在调光器的另一端，littleBits电路就基本完成了。

将电源线接在电源组件上，将开关拨到开。图12-1中展示了完整的littleBits电路。你可以在手机上播放一个视频测试电路是否能正常工作，并且用调光器将音量调节到合适的水平。

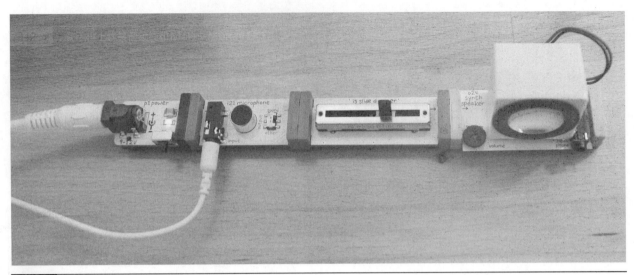

第三步：用Makey Makey GO制作控制开关

现在先把手机放在盒子里，然后用Mirco USB转接线在手机上添加一个能够连接Makey Makey GO的USB母头。通常来说这种转接线都很短，因此开孔的位置需要尽可能地靠近手机。接下来把Makey Makey GO插在转接线上的USB接口里，注意它最后不能放在纸盒里，因为它的灯光可能会影响手机的投影效果。如果你使用的是金属工作台，那么你需要在Makey Makey Go的下面垫上橡胶垫或者是一张纸，因为金属台面会使得电路出现短路。Makey Makey Go在与手机连接之后指示灯会闪烁几次，表示它开始正常工作了（见图12-2）。

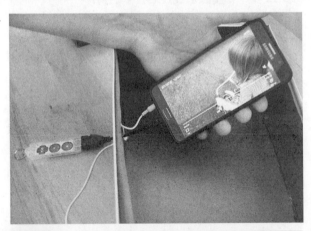

第四步：用比萨饼控制视频

叫个比萨外卖！但是吃比萨的时候肯定满手都是油，这时候怎么才能不弄脏手机屏幕呢？Makey Makey Go可以帮助我们控制手机视频的播放和暂停，但是它可能要用到一小片比萨。如果你实在太饿不想浪费比萨的话，可以用家里多余的香蕉来充当开关，毕竟和Makey Makey最搭配的还是香蕉！当然你也可以用家里养的小植物来充当开关。所有具备一定导电性的物体都可以用来充当这里的"播放"按钮。水果、奶酪、面包、织物、锅、碗、瓢、盆、甚至是人体都能够导电！将鳄鱼夹测试线的一端夹在充当开关的物体上，另一端夹在Makey Makey Go上。记住只要能导电的物体都可以用来充当开关，因此你可以尽情地实验使用不同的事物。在把测试线夹到Makey Makey上之后，它末端的指示灯会闪烁出几个不同的颜色，然后停留在蓝色，这就表示它已经可以开始发挥所用了。

夹上物体之后，单击Makey Makey GO上的播放按钮重新校准它的按键。此时Makey Makey会向物体发送大量的电子来测试物体的电容量。这样，当你按下"播放"开关（充当开关的物体）时，你会把身上的电子通过物体传输到Makey Makey上，从而告诉它该激活播放功能了！很棒吧！你可以把它看成是手机上的实体电源按键，智能手机的屏幕也能够支持触摸控制，但前提是给它通电启动。按照相同的原理，日常生活中有很多物体都可以储存电子，但是只有在连接了Makey Makey之后才能测量它们的容量（见图12-3）。

图12-3　　连接一片比萨

单击Makey Makey GO上的齿轮按钮可以让Makey Makey GO的按键在"单击鼠标左键"（此时尾部LED为蓝色）和"按下空格"（此时尾部LED为红色）之间进行切换。甚至你可以将Makey Makey Go上的按键重新映射成计算机上的任何按键，只需要访问Makey Makey官网，按照教程操作即可。但是注意一但将Makey Makey Go和所连接的设备断开，它的按键会重置成空格键。

如果按住GO上的播放按钮，它会进入灵敏度设置模式。如果连接比萨之后没法激活手机的播放/暂停功能，那么就需要调整GO的灵敏度了（见图12-4）。如果按压比萨的时候GO上出现了绿色的

指示灯，说明它可以成功地向手机发送控制信号。

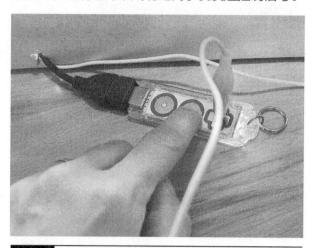

图12-4　　重新校准GO的灵敏度

在手机上打开你最爱的视频，然后不要忘记锁定屏幕的旋转方向，否则最后显示的画面会是上下颠倒的。现在你就可以轻按物体开始播放和暂停视频了（见图12-5）。这种方法适用于大多数的本地视频播放器，甚至还可以控制一些网站上的视频播放。

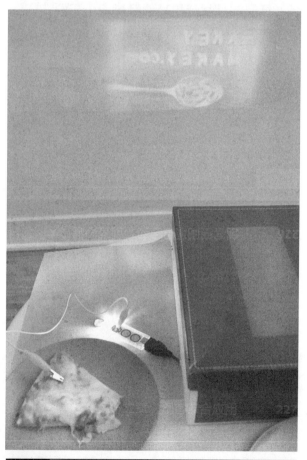

图12-5　　比萨暂停！

挑战

- 我们最后把 littleBits 电路放在了投影仪纸盒外面，想想看怎样能把它集成在纸盒里？
- 想想看还能给电路加上哪些 littleBits 组件让它变得更棒？
- 还有那些日用品可以连接 Makey Makey GO 充当按钮？
- 用 Makey Makey Go 还能实现哪些不同的交互方式？

设计49：用littleBits和Makey Makey制作彩纸屑弹弓和拍摄冲线快照

　　这个设计的实现方法是多样的，首先不一定要用导电物体触发，其次弹射的内容物可以是彩纸屑、乒乓球和其他轻量的小东西。你还可以用它触发计算机的某个行为。你可以用各种不同大小的纸盒来制作这个装置，只要它能够固定一个塑料勺子之后还有2.5cm的空余长度就可以了。我们在这里使用的纸盒尺寸为12.5×17.5×25cm。

　　制作时间： 15~30分钟

　　所需材料：

材料	描述	来源
之前的设计	Makey Makey 压力感应开关	设计38
胶带	布胶带	手工用品店
回收材料	硬纸板盒、塑料勺子、纸张、纸巾	旧物箱
littleBits	Makey Makey组件包括导线（w14）、舵机组件（o11）、电源组件、电源线（o1）和9V电池	littleBits.cc

第一步：将舵机居中

　　将纸盒翻至侧面朝上，然后标记出侧面短边

的中央位置。接着从这个位置开始沿着中央画一条对称轴线。将舵机放在短边的中央位置，使舵机的舵片与刚才的中轴线对齐。注意舵机的长度要刚好使长方形的主体部分和纸盒的边缘平齐。在主体的两侧都做一个标记，接着用螺丝刀在标记位置开孔。用这两个通孔和塑料扎线带将舵机固定在纸盒上（见图12-6）。

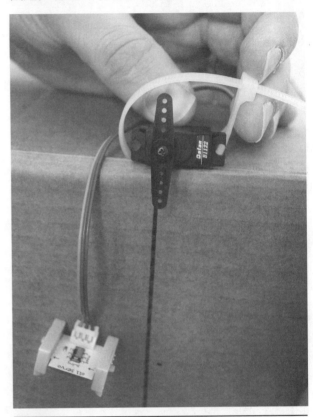

图12-6　标记、开孔然后将舵机居中固定

　　将舵机的舵片向右转到底，注意此时舵片应当和我们刚刚画出的中轴线对齐。如果它们之间不能对齐，你需要松开固定舵片的螺丝并取下舵片，将舵片和中轴线对齐，然后再用螺丝固定住舵片。将o11舵机组件上的开关拨到摇晃档位（Swing）。

第二步：固定和弯曲弹弓臂

　　我们经常会在学校的餐厅里看见学生用塑料勺子弹射豌豆来攻击同学。它的柔韧性和易得性使它很适合用来充当弹弓的发射臂，尤其是那种用来搅拌奶昔和冰茶的长柄勺！把勺子放在我们刚刚画出的中轴线上，注意让勺子那头的一半位于舵机边上。在离勾柄末端2.5cm的位置画一个标记。移开勺子，然后在标记位置用美工刀开一个小口，这个口子要有3mm的宽度才能方便我们将勺子塞在纸盒里（见图12-7）。

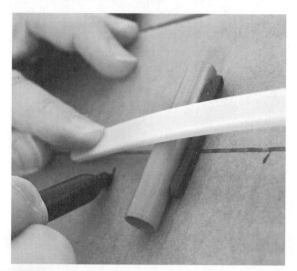

图12-7　标记勺子的开孔位置

　　剪出一片10cm长的布胶带，然后将一半粘在纸盒上，另一半固定住勺子（见图12-8）。接着在勺子插入纸盒的位置将胶带切开，将切开的胶带都缠绕在勺子上（见图12-9）。这样能让勺子可以轻微的左右移动，同时可以自由上下运动。

图12-8　将一半胶带粘在盒子上，另一半需要缠在勺子上

图12-9　切开并缠绕胶带

第三步：增加张力和装上负载

　　为了让勺子能够弹射出放在里面的负载，我们需要让它处于张紧的状态。只需要用一个笔盖或者橡皮擦就可以很简单地实现这点。舵机已经和中轴线对齐了，它的任务是拦着勺子，等到w14 Makey Makey组件制作的开关触发之后再让勺子弹起。将笔盖塞在勺子下面，调整笔盖的位置直到勺子能够弯曲得最厉害，同时又不会折断，并且要能固定在舵片下方（见图12-10）。用一片7.5cm得布胶带将笔盖固定在最佳的位置上。

　　勺子很适合用来发射豌豆，在想射出一团彩纸屑的时候，你需要一个更大的负载筒，比如小塑料杯就很适合用来装彩纸屑。注意负载筒需要尽可能地轻，并且用热熔胶或者布胶带固定在勺子上。现在你可以用手拨动舵片来测试你的勺子弹弓了。

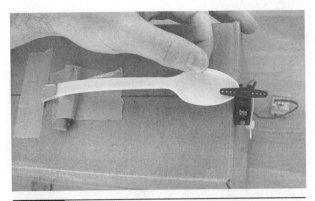

图12-10　张紧地勺子

上，这样当压力感应开关被激活之后，笔记本就能够拍到彩纸屑飞舞在空中的结束画面了（见图12-13）！

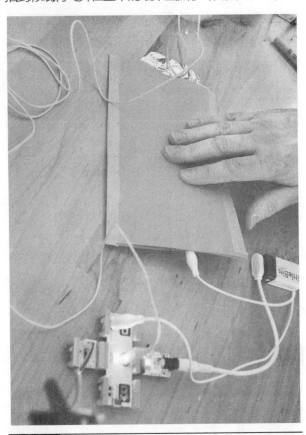

图12-11　完整的电路

第四步：连接触发开关

接下来我们需要用littleBits的Makey Makey组件制作一个开关来触发弹弓发射彩纸屑。这样当一场机器人竞赛结束的时候，你就可以用彩纸屑来庆祝了，不过我们也可以同时让Makey Makey触发计算机拍摄一张机器人冲线时的快照。当机器人经过开关的时候，它会触发笔记本电脑上的单击按键，从而拍摄出一张机器人冲线时的照片。首先我们需要制作一个和第八章里一样的压力感应开关。然后用鳄鱼夹将压力感应开关的一端和Makey Makey组件的单击输入连接在一起，将压力感应开关的另一侧和Makey Makey组件的接地端连在一起，接着把压力感应开关放在赛道的中央。

将w14 Makey Makey组件和o11舵机组件连在一起，然后在Makey Makey组件上连接电源组件并通电（见图12-11）。现在让我们把塑料杯里装上彩纸屑，测试一下压力开关，它能让勺子弹弓发射彩纸屑么？（见图12-12）

第五步：冲线快照

如果你的笔记本带有摄像头，那么可以用Photobooth这样的软件来让它拍摄照片。彩纸屑弹弓很适合给你的障碍赛结尾增添一些庆祝的色彩，同时用笔记本把它拍下来就更棒了。将Makey Makey组件通过Micro USB线和笔记本连起来，然后将鼠标悬浮在软件的"拍摄照片"（Take a Photo）按钮

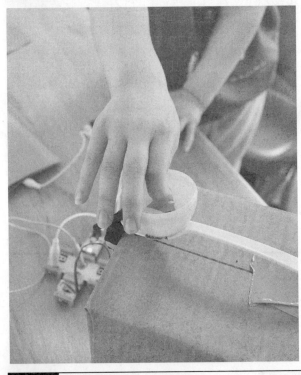

图12-12　装上彩纸屑

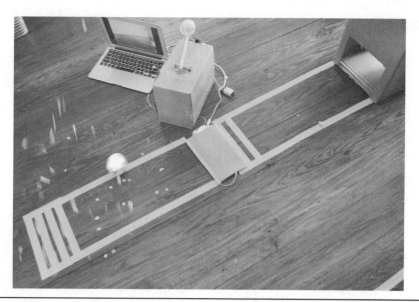

图12-13　拍下冲线和彩纸屑飞舞的场面

设计50：用Makey Makey GO改进音乐纸电路

如果你还没有完成设计21，那么现在赶紧去！这里介绍的Makey Makey GO升级是基于第五章里的基础纸电路实现的，我们将会给这个闪烁的迪斯科球电路加上音乐！

制作时间：15~30分钟

所需材料：

材料	描述	来源
之前的设计	迪斯科纸电路	设计21
智能手机或是计算机	计算机和USB连接线，或者智能手机和USB/Micro USB转接线	网上商城
Makey Makey GO	Makey Makey GO和鳄鱼夹测试线	Joylabz.com

第一步：收集素材

拿出尘封的设计21中的纸电路。现在让我们给这个极棒的灯光秀加上一些节奏。我们需要的Makey Makey GO、一些铝箔纸和一根鳄鱼夹测试线。铝箔纸需要剪出一小片，不过也会用到一长条铝箔纸。利用这些材料我们可以试着进行一个电容实验。

第二步：连接GO

将Makey Makey GO插在计算机的USB接口里。它的指示灯会闪烁之后停留在蓝色上，表示GO现在设置为"单击右键"的状态。要把GO模拟的按键换成"空格键"，我们需要按下GO上的齿轮按钮，之后GO的指示灯会变成红色。然后用鳄鱼夹跳线的一端夹住Go上的传感器按钮，另一端夹住纸电路上的铜箔拨片，如图12-14所示。

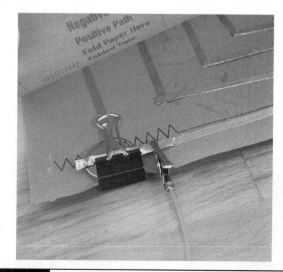

图12-14　夹住铜箔拨片的鳄鱼夹

第三步：测试和实验

首先，轻轻地用手按压拨片，看看能否激活Makey Makey GO。现在把纸电路折起来，然后从纸外面按压电池部分的拨片，现在GO能被激活么？不能，为什么？因为纸是不导电的，使得铜箔胶带上的电子并没有增多。

不过我们不需要每次都亲手来激活Makey Makey GO！我们可以通过其他导电性物体来增加连接了Makey Makey GO的物体电容量。在这个设计里，我们的Makey Makey GO连接在一条铜箔拨片上，因此只需要在纸电路的对应位置加上一些铝箔纸，这样当我们按压开关位置的时候，铝箔纸就会触碰到铜箔胶带，从而触发Makey Makey GO播放音乐了！和比萨饼开关一样，将Makey Makey GO连接到铜箔胶带上之后，我们需要按下GO上的播放按钮来进行电容校准，GO会测试出铜箔胶带的电容是多少。因此，当我们给纸电路加上铝箔纸，并且让它和铜箔胶带互相接触的时候，它就会改变铜箔胶带的电子容量，从而激活Makey Makey GO上的按钮。试试看用一小片铝箔纸和一大片铝箔纸能够得到怎样不同的效果（见图12-15）。

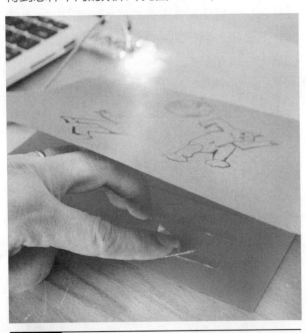

图12-15　测试开关

第四步：添加导体

确定了要使用的铝箔纸之后，在其一面贴上双面胶，然后将没有粘胶的一面放在铜箔胶带上，接着正常合上你的纸电路，铝箔纸就会被粘到对应的位置上了，如图12-16所示。

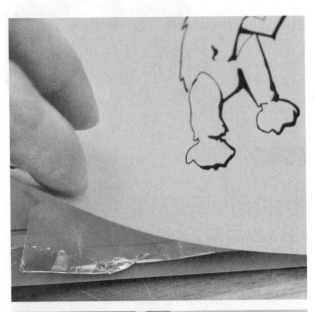

图12-16　正确固定铝箔纸的窍门

第五步：开始玩耍吧！

现在你可以在计算机上打开自己最爱的音乐或视频，然后随着节拍来控制迪斯科的闪烁！如果想要暂停和继续播放音乐的话，只需要轻轻地按下纸电路上铝箔纸的位置即可。只要Makey Makey GO上的指示灯变成绿色，就表示你成功激活了按钮（见图12-17）。

第六步：排错

如果音乐不能正常播放和暂停，那么首先检

查GO的按键是否变更为了空格键。单击GO上的齿轮按钮可以更换它所模拟的按钮，空格键对应的指示灯为红色，如图12-18所示。再次按下齿轮按钮可以将它变回单击右键，同时指示灯也会变回蓝色。如果按下纸电路上开关的位置时，GO的指示灯变绿，表示它能够正常被激活（见图12-19）。如果GO在连接到设备上之后不能正常工作，那么还需要检查计算机或者手机的设置是否正常。一般在计算机上，空格键可以用来控制绝大多数音乐和视频的播放/暂停！

图12-17　绿色表示开始！

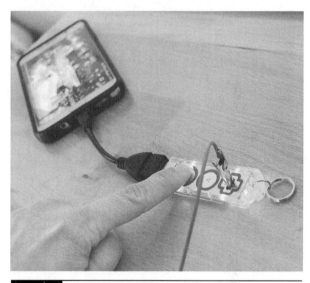

图12-18　将按键设置为空格键（红灯）

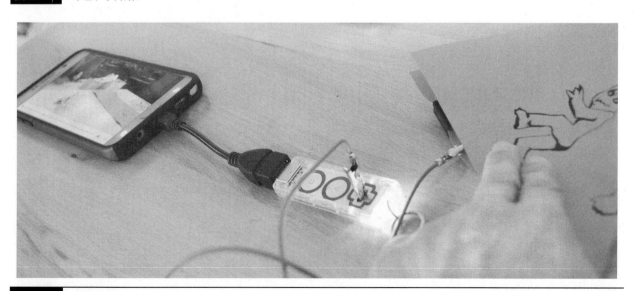

图12-19　测试绿灯！

设计51：结合littleBits的Sphero智能赛道

现在是时候让Sphero充分发挥它的机动性，并且利用你的编程技能来制作一个智能赛道了。我们需要一些障碍物，它可以是我们之前完成的设计，或者是你自己设计的新玩意儿。

制作时间：15~30分钟

所需材料：

材料	描述	来源
赛道素材	低黏性胶带、网格纸、铅笔	办公用品店、五金店
赛道工具	丁字尺（可选） 卷尺（可选）	五金店
之前的设计	Arduino littleBits设计	设计21
之前的设计	机器臂或活动闸门	设计41
之前的设计	闪烁彩虹灯或隧道	设计42
之前的设计	迷你高尔夫里的风车	设计43

第一步：障碍赛道的设计思路

设计赛道的时候，我们需要考虑到Sphero的性能和极限。比如，Sphero不能从静止状态下出发然后马上跳起5cm。同时，我们还需要考虑怎样才能让赛道变得更具趣味性？怎样让赛道的设计具有挑战性而又不是无法实现？怎样让赛道既具有趣味性又具有实用性？

第二步：初步设计并测试障碍物

在确定了要使用哪些障碍物之后，接下来可以开始规划赛道了。你可以在网格纸上先初步设计出赛道的形状，网格纸能够帮助你轻松确定赛道的长度和宽度。但是可能需要测试之前制作的障碍物来计算出Sphero正常前进所需的宽度。我们推荐在设计赛道时宽度不要少于2.5cm，不过宽度本身也可以成为障碍的一部分。

第三步：Arduino littleBits隧道

把第五章的Arduino littleBits设计拿出来，然后将灯光调节成合适的彩虹效果（见图12-20）。你可以利用接线组件（w1）来延长灯光组件可以摆放的位置，如图12-21所示。然后你可以像第十一章里那样为LED组件制作几个导轨（见图12-22）。

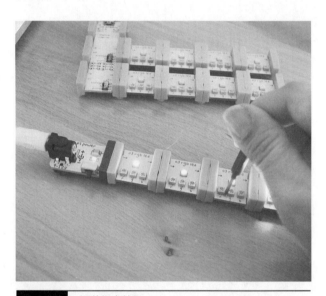

图12-20　调节灯光效果

图12-21　用接线组件延长电路

用塑料扎线带把Arduino组件和电源组件固定在纸盒上，如图12-23所示。

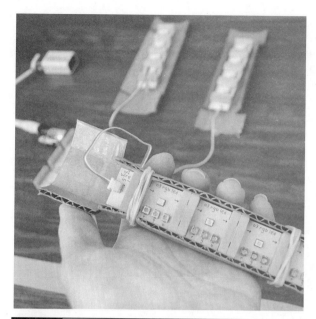

图12-22　固定在导轨里的littleBits组件

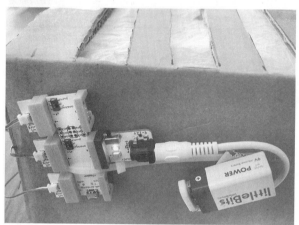

图12-23　固定组件

第四步：摆放赛道和测试

把所有的障碍物都摆放在赛道上，然后用间断的胶带贴出赛道的形状。多进行几次测试运行，然后根据Sphero的运行情况来调整赛道。确定了赛道之后，再用连续的胶带把赛道规划出来，并且将障碍物的位置固定住（见图12-24）。

图12-24　测试并调整赛道

第五步：编程和挑战

试着用Tickle软件或者SPRK Lightning Lab软件来编写程序让Sphero能够完成你的障碍赛道！同时你也可以和其他人比赛看看谁编写的程序完成赛道的速度最快，或者是精确度最高（见图12-25）。

教学提示：这也是和学生一起检查赛道设计的好时机。最好是在之前的课程中提前完成我们这里用到的一些智能障碍物，方便学生提前熟悉它们的功能和使用限制。

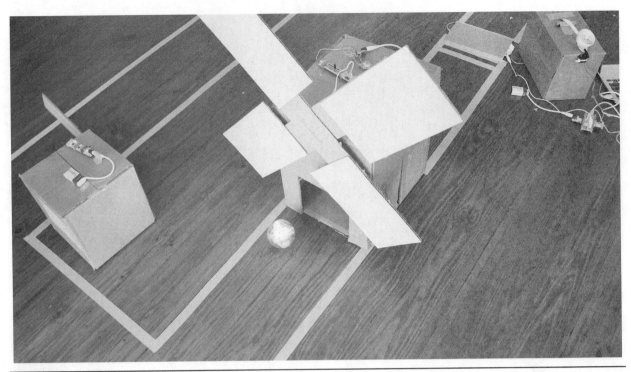

图12-25   编写程序让Sphero完成整个赛道

"创客空间大杂烩"挑战

多棒的一段学习经历啊！想想在本书中你学习和制作的各种设计！现在是时候向前迈进，自己尝试着设计一些新东西了。试着把littleBits和单弦吉他组合起来？刷子机器人上怎么使用Makey Makey？编辑程序让机器人来激活Makey Makey开关？把现有的玩具拆开然后用littleBits让它们焕然一新？

我们希望本书能够帮助你了解创客学习中的各种技能，帮助你准备好利用学会的新知识发明和创造出属于你的全新设计！现在是时候自己动脑来思考、设计、制作和改进一些全新的设计了！我们等不及想要看看你能够创造出什么！

附录

纸电路和缝纫电路模板

这些纸电路模板能够帮助你完成自己的电子卡片,将低科技含量的折纸和高科技含量的电路有机地结合在一起。你可以利用它们完成自己的电子卡片,或者帮助学生完成他们的电子卡片。

使用方法请参考第四章中的内容。

缝纫电路模板需要配合第七章里的内容使用。我们在模板中给出了详细的电路规划,以及一个绒毛吉他玩具的空模板供你自己设计电路。

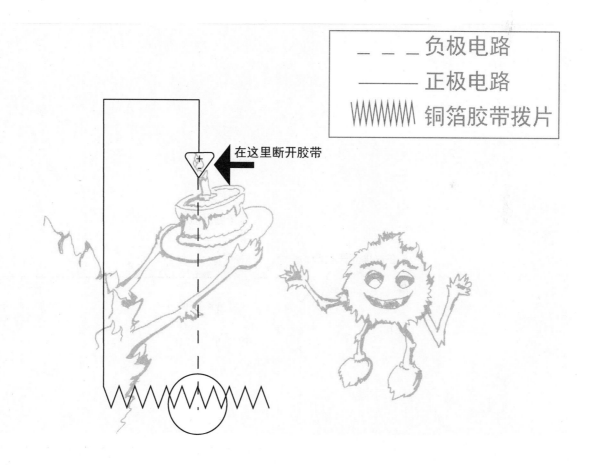

____ 负极电路

———— 正极电路

WWWWWWW 铜箔胶带拨片

在这里断开胶带

负极电路

正极电路

铜箔胶带拨片

折叠的铜箔拨片开关

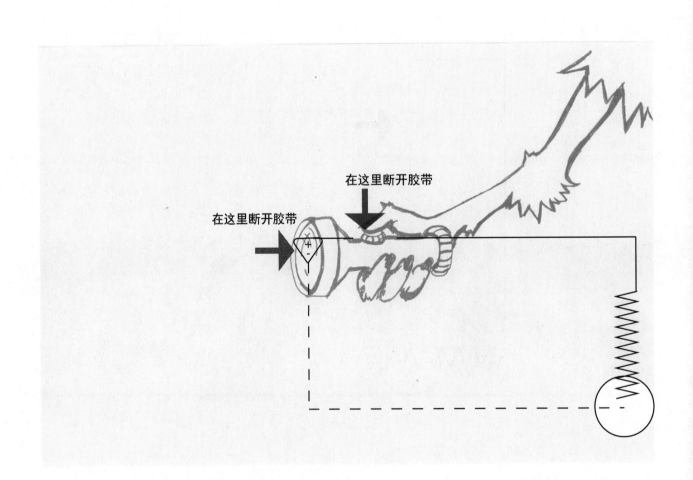

在这里断开胶带

在这里断开胶带

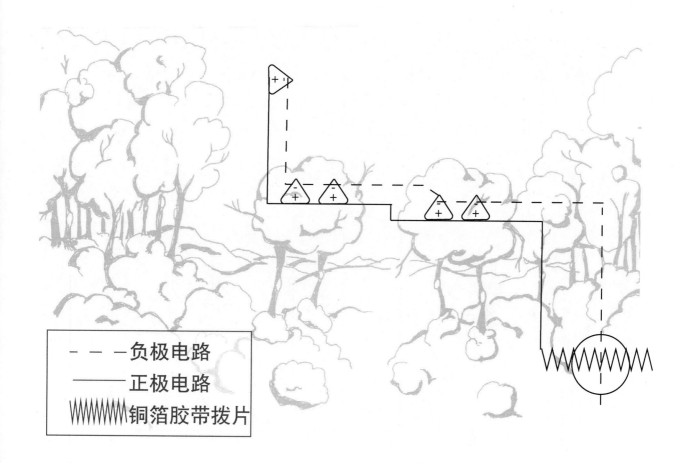

- - - - 负极电路
——————正极电路
WWWWWWW铜箔胶带拨片

- - - - 负极电路
———— 正极电路
····· 沿着虚线折叠纸张
WWWW 铜箔胶带拨片

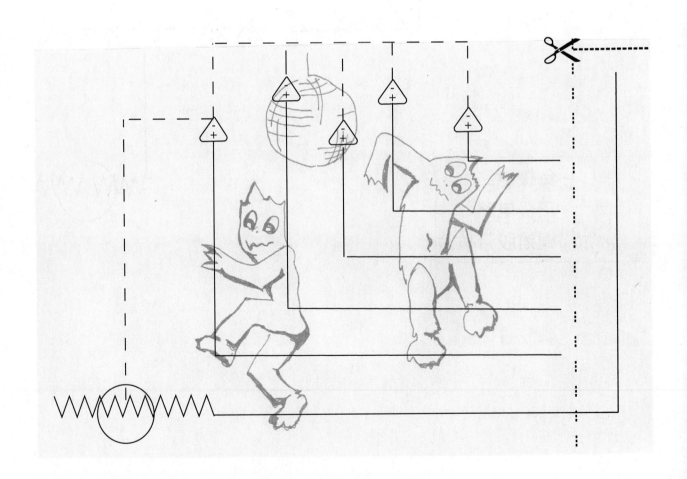

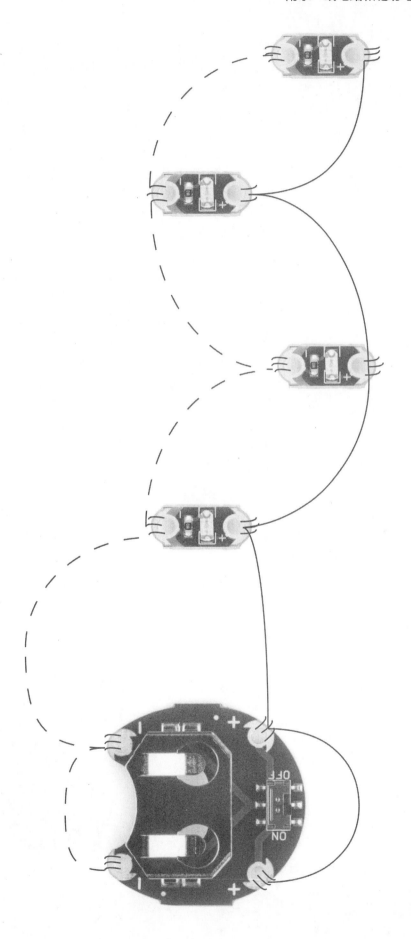

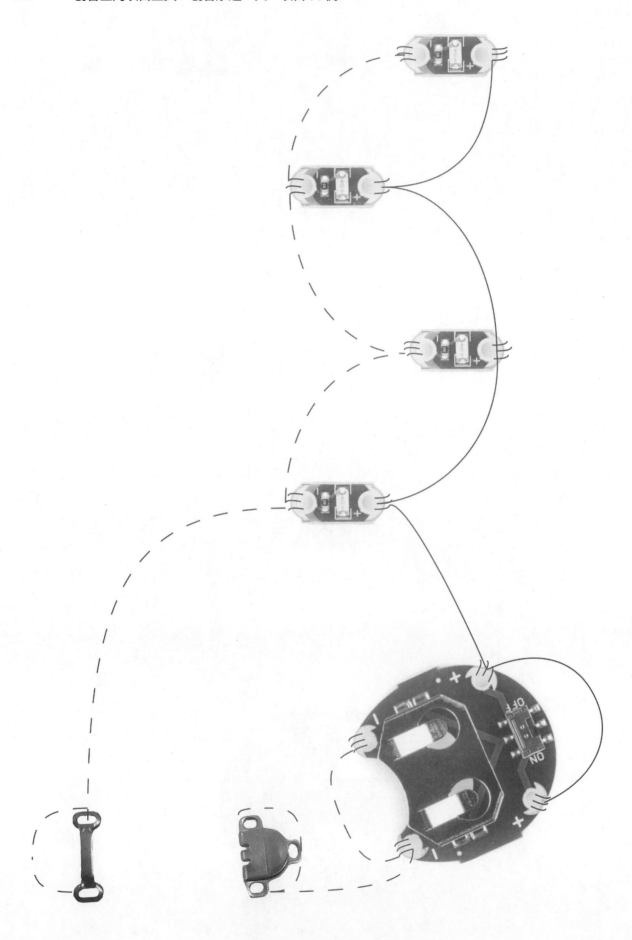

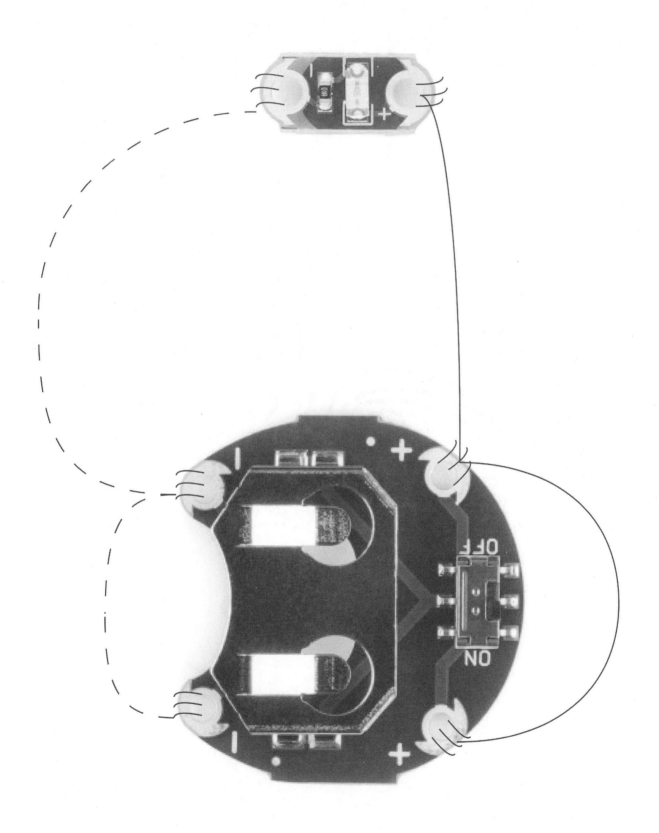

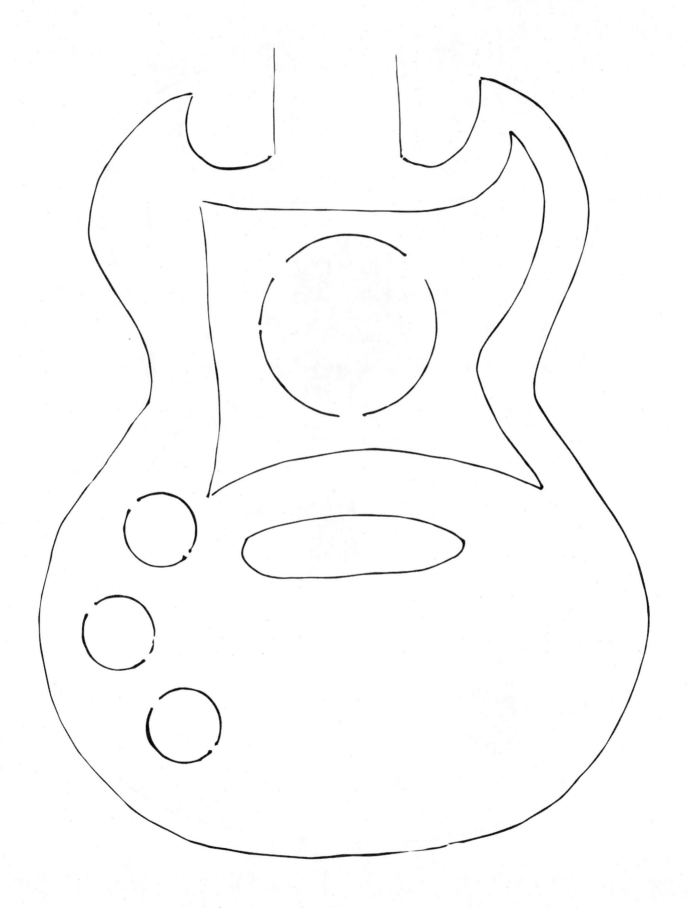

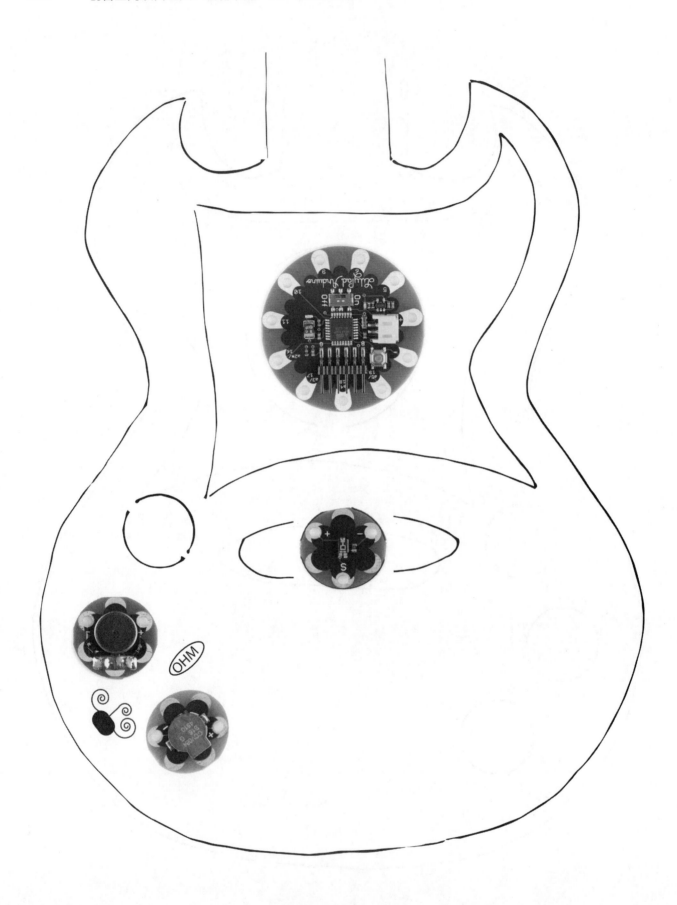

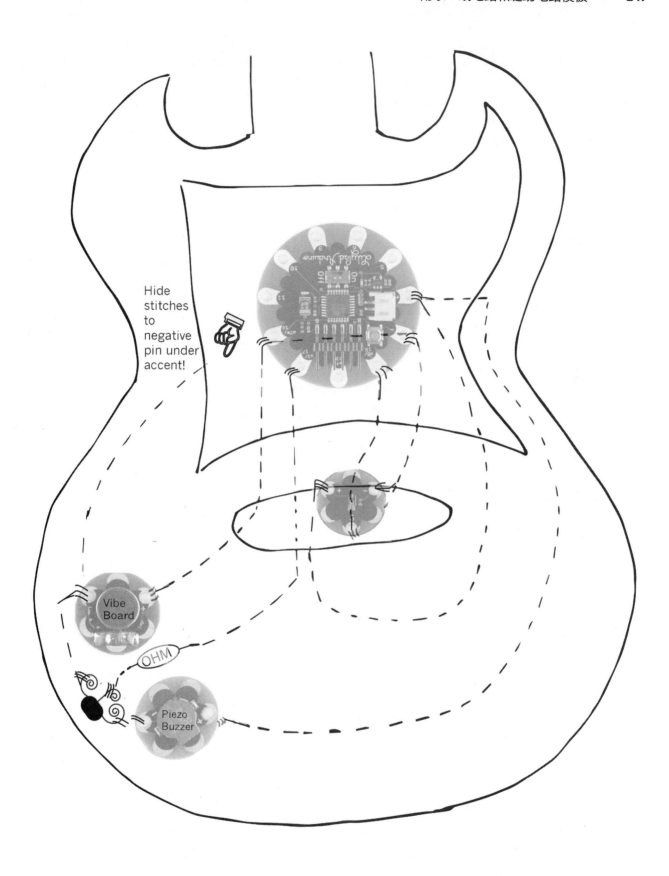

Hide
stitches
to
negative
pin under
accent!

Vibe
Board

OHM

Piezo
Buzzer